生鲜乳
质量安全风险评估理论与实践

◎ 郑 楠 等 编著

中国农业科学技术出版社

图书在版编目（CIP）数据

生鲜乳质量安全风险评估理论与实践／郑楠等编著 . — 北京：中国农业科学技术出版社，2019.6

ISBN 978-7-5116-4243-1

Ⅰ.①生… Ⅱ.①郑… Ⅲ.①鲜乳–质量管理–安全管理–风险管理–研究 Ⅳ.①TS252.7

中国版本图书馆 CIP 数据核字（2019）第 109518 号

责任编辑　金　迪　崔改泵
责任校对　李向荣

出 版 者　中国农业科学技术出版社
　　　　　北京市中关村南大街 12 号　邮编：100081
电　　话　（010）82109194（编辑室）　（010）82109702（发行部）
　　　　　（010）82109709（读者服务部）
传　　真　（010）82106650
网　　址　http://www.castp.cn
经 销 者　各地新华书店
印 刷 者　北京建宏印刷有限公司
开　　本　880mm×1 230mm　1/16
印　　张　14.5
字　　数　300 千字
版　　次　2019 年 6 月第 1 版　2019 年 6 月第 1 次印刷
定　　价　89.00 元

《生鲜乳质量安全风险评估理论与实践》
编著委员会

主 编 著：郑 楠

副主编著：刘慧敏　张树秋　张养东　韩荣伟　杨永新

　　　　　侯扶江　雷绍荣　丰东升　孟 璐　王加启

编著人员：（按姓氏笔画排序）

于瑞菊	于忠娜	文 芳	王 成	王丽芳
王建军	王玉莲	王 静	王召锋	王 军
毛建霏	包晓宇	谷 美	李松励	李爱军
李尚敏	李周敏	李慧颖	齐云霞	陈 贺
陈美莲	郑百芹	赵善仓	赵圣国	赵小伟
杨永新	赵艳坤	胡海燕	高亚男	姚一萍
欧阳华学	姜金斗	武晨清	陶大利	韩奕奕
程建波	邢萌茹	黄胜楠	董燕婕	董 蕾

前言
PREFACE

一杯牛奶，强壮一个民族。奶业发展密切关系民生保障，关系国民体质增强，是农业现代化的标志性产业，是食品安全的代表性产业。自 2008 年婴幼儿奶粉事件以来，我国奶产品质量安全状况备受国内外高度关注，消费信心低迷。这就要求我们要用科学的风险评估技术开展生鲜乳质量安全状况研究。经过近几年的努力，我国生鲜乳质量安全风险评估在运行机制、体系队伍、研究储备、工作基础及条件保障等各方面均取得了可喜进展。

《生鲜乳质量安全风险评估理论与实践》正是基于我国生鲜乳质量安全现状对生鲜乳质量风险评估研究的重新思考、理解和定位。在本书的编写过程中，我们选择性地参考了国内外相关领域的最新研究进展，同时集成了近些年来联合全国奶产品质量安全风险评估团队共 20 余家单位在生鲜乳质量安全风险识别、危害评价、质量特征评价、风险排序与预警等领域的科研成果及行业应用。由于风险评估技术的飞速发展，本书所能呈现的也许仅是一部分且可能具有片面性，但无论如何，我们仍希望本书的出版能够传达生鲜乳质量安全风险评估的理念、方法及其行业应用等。也希望为欲了解生鲜乳质量安全风险评估基本理论、国内外研究现状及相关评估案例的读者和从事生鲜乳质量安全风险评估研究的人员提供一些新的思路和帮助。

本书涉及的研究内容在国家公益性行业（农业）科研专项（201403071）、国家奶产品质量安全风险评估专项（GJFP2019026、GJFP2019027）、中国农业科学院科技创新工程（ASTIP-IAS12）、现代农业产业技术体系专项（CARS-36）等项目的大力支助下得以顺利完成。在此，对项目的经费资助方表示感谢！同时对为本书出版提出指导意见的专家和老师表示诚挚的谢意！

由于时间仓促，且写作水平有限，本书还有许多亟待解决的问题和不足，恳请广大读者提出批评指正。

编著者
2019 年 3 月

目录
CONTENTS

第一章　生鲜乳质量安全风险评估基本理论

第一节　生鲜乳质量安全风险评估的发展和意义

一、产生背景

自三聚氰胺事件之后，乳制品安全广受人们的关注，而生鲜乳作为生产乳制品的原料，其质量安全是保证乳制品安全的基础。近年来，中国奶业平稳发展，价格基本稳定，规模养殖特别是乳品企业自建牧场明显增加。这一时期监管严格，转型升级加快，生鲜乳质量安全整体水平呈现出快速提升的好势头。但在局部地区和个别环节，生鲜乳质量安全隐患依然存在，必须通过强化监管、加大检测力度，不断提升生鲜乳质量安全水平。为了确保生鲜乳的安全，我国相继颁布了《中华人民共和国农产品质量安全法》和《中华人民共和国食品安全法》，并对生鲜乳进行化学、生物性危害风险评估。传统的方法包括危害识别、暴露评估、危害特征描述、风险特征描述四个步骤（董燕婕等，2018）。它对食品中主要污染的致病菌进行半定量风险评估，也常用于风险排序。其优势在于比完全定量方法操作更简便，节省时间、人力、物力，并且可获得更多的信息。该方法评分标准较为明确，判断人员可以直接根据标准进行选择，使用时更为方便。

生鲜乳中危害物的风险评估技术

生鲜乳的化学危害物包括霉菌毒素、病原微生物、兽药残留等，其评估任务是找出生鲜乳中产生危害的化学物质并展开毒理学评价。危害物暴露评估是对通过生鲜乳摄入化学危害物的可能性进行定性或定量评估。

1. 霉菌毒素对生鲜乳的危害

饲料霉菌毒素污染在很大程度上威胁畜禽生产和人类食品安全。2002 年美国饲料年报将霉菌毒素列为仅次于二噁英的对人类食物链造成严重威胁的因素（魏晨等，2018）。在已被发现的 300 多种霉菌毒素中，黄曲霉毒素（Aflatoxin，AFT）被认为是毒性最大的霉菌毒素之一。AFT 是一类主要由黄曲霉（*Aspergillus flavus*）、寄生曲霉（*A. parasiticus*）、特异曲霉（*A. nomius*）和假溜曲霉（*A. pseudotamarii*）等霉菌产生的有毒的次级代谢产物。在各类毒素中以黄曲霉毒素 B_1（AFB_1）的毒性和致癌性最强，其毒性是砒霜的 68 倍、氰化钾的 100 倍，致癌作用比已知的化学致癌物都强，比二甲基亚硝胺强 75 倍（Hussein 等，2001）。反刍动物的急性 AFT 中毒症主要包括采食量下降、泌乳量骤降、体重减轻和肝脏损害等。自然条件下，反刍动物如果发生 AFT 慢性中毒，持续时间则较长，通常伴有饲料转化效率降低、免疫功能抑制、繁殖性能下降等症状，这种持续性的、长时间的慢性中毒现象给养殖者造成的经济损失可能比急性中毒所造成的损失要大。比如奶牛长期采食高剂量黄曲霉毒素（AFT 含量达到 $100\mu g/kg$）的玉米，不但奶中黄曲霉毒素 M_1（AFM_1）含量超标，还会出现腹泻、急性乳房炎、呼吸系统失调、直肠脱垂、脱毛，所产的犊牛小且不健康等症状（魏晨等，2018）。饲料 AFT 对反刍动物的采食量影响不明显，相关文献报道育肥牛日粮中 AFT 含量在 $300\mu g/kg$ 时，其采食量一般不会受到影响，如果日粮中 AFT 含量达到 $600\mu g/kg$ 时，牛的采食量呈显著降低（Kuilman 等，2000）。

人们关注 AFT 对奶牛危害的同时也非常关注牛奶的质量安全。奶牛 AFT 中毒的另一大特点是 AFB_1 在肝脏中被羟化为 AFM_1 和 AFM_2 后分泌到乳中，不但危害犊牛，同时造成动物性食品的污染，危及人类健康。奶牛采食被 AFT 污染的饲料 2d 后，乳中出现 AFM_1，但停喂 4d 后，乳中 AFM_1 就会消失。日粮 AFB_1 向牛奶中转化 AFM_1 的效率为 1%~2%，造成转化效率不同的因素很多，包括个体的健康状况、肝脏功能、个体消化率、日粮中 AFB_1 的含量，以及饲料原料种类等。有试验证明，高产母牛由于饲料采食量大，食入的 AFB_1 多，其转化成 AFM_1 的效率高达 6%（Helferich 等，1986）。因此，要降低牛奶中 AFT 含量，应从控制饲料中 AFT 含量入手。奥特奇公司 2010 年对全国各地不同饲料原料中霉菌毒素含量进行抽样调查，测定结果表明：大部分饲料原料的 AFT 含量均没有超标，只有部分玉米、酒糟蛋白（DDGS）、杂粕和青贮饲料中含量较高。有研究认为杂粕中花生粕的 AFT 发生率高达 84.0%，而其 AFB1 的含量在 $1~8\,000\mu g/kg$（陈波等，2013）。考虑到奶牛饲料来源的多样性（粗饲料、青贮、精料），有时某种原料的 AFT 含量严重超标，会导致全混合日粮（TMR）中黄曲霉毒素也随之超标，因此对饲料中黄曲霉毒素的防范要始终关注，以防鲜奶中 AFM_1 超标。

鉴于 AFM_1 的高致癌性，很多国家都设定了牛奶中 AFM_1 的限量值。我国及美国食品药品监督管理局（FDA）规定，牛奶中 AFM_1 的最高限量为 $0.5\mu g/kg$；欧盟规定牛奶中 AFM_1 的最高限量为 $0.05\mu g/kg$。通过查阅公开发表的科技文献和权威资料可知，目前各国牛奶中最关注的霉菌毒素仍是 AFM_1，奶业发展中国家如巴西、伊朗、阿根廷等表现尤为明显。与此同时，奶业发达国家也越来越关注 AFM_1 以外的其他霉菌毒素，英国、德国、瑞典、挪威等欧盟国家已经开展了牛奶中赭曲霉毒素 A（OTA）的风险监测。

2. 病原微生物对生鲜乳的危害

生鲜乳是一种天然的微生物培养基，各种细菌、霉菌、酵母以及病毒都极易在其中生存并高速繁殖，因此，微生物也是生鲜乳中生物危害物之一。在生鲜乳中发现的各种微生物中，仅致病菌属就有葡萄球菌、溶血性链球菌、大肠杆菌、沙门氏菌、赤痢菌、炭疽菌等数十种。生鲜乳中生物危害物的风险评估就是将这些致病菌作为重点分析对象，确定其对不同人群和个体的致病剂量，在进行定性分析的基础上，逐步对生物性危害产生的不良作用进行半定量、定量评估。生鲜乳中微生物污染主要包括两个方面：一是奶牛场饲养管理、挤乳、存放器具、贮藏运输方法不当造成的微生物污染；二是奶牛自身的内源性污染，比如乳房炎等。奶牛乳房炎（Mastitis）是奶牛的乳腺组织，受到物理、化学或微生物方面等因素刺激而引起一系列炎性反应的疾病，是制约奶牛养殖业发展最普遍、最重要的疾病之一，它不仅引起产奶量下降，降低牛奶的品质，甚至使奶牛失去生产性能，造成严重的经济损失。此外，由于治疗乳房炎大量使用抗生素造成药物残留等问题，严重危害人类健康。

引起奶牛乳房炎的病原微生物种类繁多，按种类可分为细菌、真菌、支原体和病毒，常见的病原菌有传染性病原菌，包括金黄色葡萄球菌、无乳链球菌；环境性致病菌有大肠埃希氏菌、克雷伯氏菌及除无乳链球菌外的其他链球菌等。

奶牛乳房炎不仅给乳制品加工业带来巨大损失，而且还危害公共卫生安全和人类的健康。多年以来，各国兽医工作者在控制奶牛乳房炎方面做了许多的努力。过去的几十年，人们治疗奶牛乳房炎的首选方法即运用抗生素治疗，但由于长期使用大剂量的抗生素反复治疗奶牛乳房炎，促使乳房炎的病原微生物对抗生素的耐药性越来越明显，治疗效果越来越差，而且残留在奶牛体内及牛奶中的抗生素也逐渐增多，致使奶牛由于经常使用超标药物导致无法确定休药期，消费者由于长期饮用"有抗奶"，造成正常人体内长期被动接受、积累抗生素，引发生理功能紊乱，对抗生素产生耐药性。目前几乎所有的病原菌均呈现出抗生素耐药性，其中我们要研究的金黄色葡萄球菌、无乳链球菌、大肠埃希氏菌和克雷伯氏菌作为引起乳房炎的主要致病菌，其耐药性引起了人们的广泛关注。

3. 兽药残留对生鲜乳的危害

奶牛养殖产业为人类提供了丰富的奶及奶制品，这些产品是人们日常生活中不可或缺的营养物质。国内外对奶牛乳房炎的研究工作已有 100 多年的历史，但时至今日尚未提出一个彻底解决的办法。我国对奶牛乳房炎的研究始于 20 世纪 80 年代，尽管研究工作取得了显著成绩，但远未彻底解决。目前，奶牛乳房炎的治疗仍然以抗菌药物治疗为主。近几年来随着奶牛产业的快速发展，消费者也越来越关注牛奶中是否含有违禁添加剂和违禁兽药等物质。在动物的养殖生产过程中，通常会使用兽药对疾病进行治疗或是提高生产性能。然而，随着兽药使用量的增加，会导致兽药在动物源性食品中如牛奶、肉品、内脏等中的残留，从而影响食品质量安全并进一步影响人类健康，比如产生耐药性、过敏反应以及毒性反应等（潘明飞等，2014；Zhang 等，2016）。目前用于奶牛疾病控制的药物主要有 β-内酰胺类、氨基糖苷类、四环素类、大环内酯类、林可胺类、喹诺酮类和磺胺类等抗生素，其中 β-内酰胺类是最常用的抗生素。合成抗感染药比如硝基呋喃类以及抗寄生虫的药物在我国是禁用的，硝基呋喃类药物主要包括呋喃妥因及呋喃西林等，抗寄生虫的药物主要包括甲硝唑及二甲硝咪唑等。美国禁用的药物主要是氟喹诺酮类，包括依诺沙星、二氟沙星等。

日本兽药残留限量标准由日本厚生劳动省制定，都收录在 2006 年颁布的肯定列表中。日本肯定列表用于管理日本食品中农业化学用品的残留问题，其中包括了农药、兽药和饲料添加剂。与欧盟、美国相比，日本肯定列表中有限量规定的兽药品种数量最大，共规定了 207 种兽药的残留限量标准。在 207 种有限量的兽药中，抗生素和合成抗菌药依然占近一半比例，达到了 48%；其次是抗寄生虫药，包括抗螨虫药、抗原虫药及杀虫剂，占 21%。除兽药外，日本还对养殖环境、饲料原料种植过程中使用的杀虫剂类农药在动物组织的残留限量进行了规定，如甲草胺、解草腈、双酰草胺等均制定了在动物性可食组织中的残留限量。这类既在种植业中使用也在畜牧业中使用的农业化学品共有 274 种（JFCRF，2017）。

我国目前畜禽产品中兽药残留限量标准仍然执行 2002 年发布的农业部第 235 号公告《动物性食品中兽药最高残留限量》。农业部第 235 公告中将兽药残留规定分为四大类：有最高残留限量规定的兽药，共 92 种（类）；禁止使用的抗菌药、激素和有机磷类兽药，共 31 种；允许使用但不得在动物组织中检出的麻醉药、镇静药、激素类、抗生素类药物，共 9 种；允许使用不需要制定最高残留限量（即豁免）的兽药，共 86 种（类）。由于实施管理不到位，奶牛饲养管理水平低以及奶农健康养殖知识的匮乏等，牛奶质量问题时有发生。中国奶牛养殖业中用药存在问题主要如下。

（1）不遵守用药规则：在用药过程中不注意药物的合理配伍及禁忌，随意将几种药物搭配在一起联合用药，会加大用药风险，增加药物的不良反应，甚至影响奶牛的生命。

（2）超剂量使用兽药：药物使用如果在安全剂量范围内使用，会取得良好的治疗效果。但有些奶农急于求成，认为药物剂量多多益善，在使用过程中加大剂量使用，这种错误的认识加剧了抗生素的过量和长期使用的现象。

（3）给药途径不当：在给禽畜治疗疾病时未按药品说明书上标注的方式进行用药，而是凭经验给药，会导致药物失效或是产生药物残留。

（4）未严格执行休药期规定：休药期的长短与药物在动物体内的消除率和残留量有关（郭晓娟，2011）。用药后部分养殖户为了利益而不按说明书严格执行休药期。

国家对许多兽药都明确规定休药期，但是由于我国畜牧业管理理念落后、技术生产力低下、政府监管力度不到位以及从业者水平不达标，休药期问题仍然面临严重挑战。

（5）专业技术水平不够：目前，大部分奶牛养殖产业都缺乏专业的科学技术人员，所以科学用药仍然是一个不可忽视的重大问题。大多数奶农对疾病诊断、合理用药缺乏专业知识，对不合格的兽药以及违禁药物也缺乏必要的了解，从而引起一些不必要的问题。

二、发展现状

为了确保生鲜乳的安全，目前我国相继颁布了《中华人民共和国农产品质量安全法》和《中华人民共和国食品安全法》，并对生鲜乳进行化学、生物性危害以及兽药残留风险评估。

（一）生鲜乳中化学危害物的风险评估技术

生鲜乳的主要化学危害物包括霉菌毒素、重金属、食品添加剂、兽药残留、农药残留等，其评估任务是找出生鲜乳中产生危害的化学物质并展开毒理学评价。危害物暴露评估是对通过生鲜乳摄入化学危害物的可能性进行定性或定量评估。而近年来国内外对生鲜乳化学危害物的风险评估主要是霉菌毒素，如 AFT、OTs、玉米赤霉烯酮（ZEA）等化学危害物。

随着计算机技术的快速发展，概率模型成为膳食暴露评估研究热点。近年来，欧盟、美国等发达国家都致力于研发各自的膳食暴露定量评估模型和软件，但多是针对农药残留和重金属等化学危害物。因概率性评估方法需要的数据量较大，而且部分参数的有效性基础数据较难获得，所以生鲜乳中霉菌毒素概率评估技术研究的报道较少。但近年来也有研究团队利用可获得的最大范围内的有效数据尝试构建概率评估模型。2002 年，FAO 的 JECFA 国际风险评估机构评估了牛奶中 AFM_1 的暴露风险。王加启等（2012）通过综述法、对比法对牛奶中真菌毒素进行了风险排序，明确了 AFM_1 为必须关注指标；OTA、ZEA 和 α-玉米赤霉烯醇（α-ZOL）为重点关注指标。2012 年，Signorini 等假设牛奶中的 AFT 含量呈累积分布，采用随机模拟模型对阿根廷生产的牛奶中 AFT、OTA、ZEA 等生物毒素进行了风险评估。

生鲜乳中的霉菌毒素主要来源于被霉菌毒素污染的饲料。因此，Coffey 等（2009）提出生鲜乳中霉菌毒素的风险评估模式，内容包括：饲料原料中霉菌污染程度→奶牛的暴露量（饲料中霉菌毒素的含量）→饲料中霉菌毒素的转化率→牛奶中霉菌毒素的含量（监测）→消费量→暴露评估→风险管理（法规、政策）。目前，世界各国主要对精料的部分霉菌毒素制定了限量标准，但是难以控制粗饲料和青贮饲料中的霉菌毒素污染，更难以通过限制饲料中霉菌毒素含量，达到控制生鲜乳中霉菌毒素含量的目标。因此，监测生鲜乳中霉菌毒素的含量是评估霉菌毒素危害最直接的方式，也是风险评估中霉菌毒素暴露评估的重要内容。

JECFA、EFSA 等国际风险评估机构对霉菌毒素进行风险评估均是采用点评估方法。即通过人群中相关食品的消费量与霉菌毒素污染浓度，再结合目标人群体重数据建立模型，得到平均暴露量或高端暴露量。该方法操作简单、成本低，但因为忽略了个体差异，所以评估结果保守，易受评估数据质量、来源、数量及评估范围限制。

（二）生鲜乳中生物危害物的风险评估

目前，国内外生鲜乳中微生物类的风险评估技术主要是通过建立模型预测来代表真实的暴露情况。Whiting 和 Buchan 将微生物预测模型分为三类，分别是初级模型、二级模型和三级模型。

初级模型是指描述微生物生长曲线的模型，就是通过数学方程来表示微生物与时间的关系，并利用特定参数来表示，一般采用 Gompertz、Logistic、Baranyi 模型。赵风等（2009）通过 SAS 9.1 软件和 MATLAB 7.6 软件，对不同温度下原料乳中金黄色葡萄球菌生长情况进行模拟，得到了 10～18℃ 条件下其最适生长模型为 Baranyi 模型；20～23℃ 条件下为 Logistic 模型；25～27℃ 条件下为 Gompertz 模型。

二级模型则描述了环境条件对初级模型的影响或对模型的主要特征（如迟滞期和指数期生长速率）的影响，其数字方程主要包括反应面方程、Arrhenius relationship 和平方根方程。闫军等（2010）用麦夸特法和通用全局优化法分析拟合了不同温度下原料乳中金黄色葡萄球菌的生长数据，结果发现 Gompertz 模型拟合效果最好，并以此建立了二级模型。

三级模型是在基本增殖模型和环境因素模型之上的综合模型。美国农业部、英国食品研究中心和日本国家食品研究所的研究人员已经基于不同的应用目的分别创建开发了 Pathogen Modeling Program（PMP）、Combined Data Base for Predictive Microbiology（Com Base）和 Microbial Responses Viewer（MRV）等预测微生物数据库，为相关领域的工作人员应用预测模型提供了便利。Lind 等在对新鲜干酪金黄色葡萄球菌的风险评估中，应用 PMP 模型模拟了金黄色葡萄球菌的生长规律。

2009 年 Heidinger 等对消费者摄入生鲜乳可能引起的金黄色葡萄球菌风险健康进行了定量评估。该报告收集了 2005—2008 年加利福尼亚 2 336个农场中共计 51 963 份生鲜乳样，进行了金黄色葡萄球菌污染浓度监测，采用 PMP 及 Com Base 两种模型对生鲜乳中的金黄色葡萄球菌健康风险进行了预测，结果显示，当生鲜乳中金黄色葡萄球菌浓度超过 10^5 CFU/mL 时，可能会引起潜在的健康风险。

2010 年，遇晓杰等用 RISK 软件概率评估的方法估计了黑龙江地区生鲜乳从挤奶结束到乳品厂过程中金黄色葡萄球菌的暴露程度，进而估算出产生肠毒素的可能性。

其中选用的生长预测模型分别为：$L(t) = A + Cexp\{-exp[-B(t-M)]\}$，$lnB = -4.377 + 0.193T - 0.003T2$以及$lnM = 5.743 - 0.223T + 0.003T2$。评估结果显示，在奶户运输和奶牛场集中挤奶的过程中，金黄色葡萄球菌的暴露浓度大于10^5 CFU/mL 的概率分别为25.59%和8.22%；敏感性分析表明，除了金黄色葡萄球菌初始浓度以外，奶站的储存温度与时间是影响肠毒素中毒风险的最大因素，乳品企业应当有针对性地建立防控措施。

2011 年，刘弘等人应用半定量风险评估软件 Risk Ranger，结合流行病学的调查和金黄色葡萄球菌检测，对上海市生鲜乳中金黄色葡萄球菌的污染风险进行了半定量的风险评估。评估结果显示，上海市金黄色葡萄球菌肠毒素性食物中毒占报告的细菌性食物中毒暴发事件的第 3 位；肠毒素性食物中毒的严重性中等、全人群易感；4—6 月生鲜乳中金黄色葡萄球菌污染率为 72.0%；假设生鲜乳在加工前金黄色葡萄球菌超过10^5 CFU/g 的概率为 1‰，则每人每天因食用污染金黄色葡萄球菌乳及乳制品引起食物中毒的概率为2.5×10^{-7}，每年因金黄色葡萄球菌污染乳及乳制品食物中毒病例数为862 人。

微生物风险评估主要是对消费者所摄入的食品中致病菌的数量、细菌毒素含量、食品消费情况（如消费量、消费频率等相关信息）进行评估。国内目前只研究了贮藏和运输这两个阶段的暴露水平，没有系统地对生鲜乳从牧场到餐桌进行全程监控和评估，导致评估报告可提供的信息量有限，对乳品消费时的微生物类风险因子不能做出更精准的预测和分析。

（三）生鲜乳中兽药残留的风险评估

目前用于奶牛疾病控制的药物主要有 β-内酰胺类、氨基糖苷类、四环素类、大环内酯类、林可胺类、喹诺酮类和磺胺类等抗生素，其中 β-内酰胺类是最常用的抗生素。

对于乳及乳制品来说，抗生素残留问题相对比较突出，这与奶牛这种大型经济家畜的病理生理特点、生产特性、产品特性有关。奶牛的常见感染性疾病主要有乳房炎、子宫炎、气管炎、肺炎等，都是必须用抗生素治疗的疾病，而且发病率和抗生素治疗率均很高。尤其在我国奶牛仍以农、牧民个体养殖为主，奶牛饲养管理技术水平很低，使得奶牛乳房炎和其他感染性疾病都显著高于发达国家，乳及乳制品的抗生素残留现象也就格外严重。

英国兽药残留风险排序体系包括药物性质（A）、毒性（B）、暴露量 1（C）、暴露量 2（D）、暴露量 3（E），以及残留量（F）。公式为：总分 =（A+B）×（C+D+E）×F。荷兰在关于抗生素的案例研究中，除了毒理学效应，抗生素的使用还可能对其发展产生副作用。因此，考虑抗生素的严重程度及其对抗生素耐药发展的影响，还考虑了其他因素。总体风险估计为：风险＝严重概率。设定危害的毒性（因子 A）、与耐药性发展有关对人类健康的影响（因子 B）、消耗的概率（因子 C）、在动物体内使用抗生素（因子 D）、动物产品中发现的残留量（因子 E）。用 Risk ＝（A+B）（C+1）（D+E）方程式来量化抗生素的风险大小。

美国使用 FDA 兽药多准则风险排序模型整体方案进行风险排序。NMPF（国家奶业联盟）认为 FDA 通过该排序管理模型将改变现有兽药残留监测体系，协助重新评估纳入牛奶的动物药物残留监测计划，以防止乳制品供应中的抗生素残留。具体步骤如下：第 1 步，确定用于评估的药物。根据已公布或发表的文献、公告，列出 300 多种可能用于奶牛的兽药列表；筛选出 54 种药物进行风险排序。第 2 步，确定用于评估的奶和奶产品。考虑到实际情况，本排序包含的奶和牛奶产品限于 12 种。选择奶和奶制品考虑的三个要素：消费模式、产品组成和乳制品加工方式。第 3 步，确定并定义每种兽药的评估标准和二级标准。第 4 步，收集数据并为每个标准和二级标准制定评分标准。第 5 步，为每个标准和二级标准分配一个权重。第 6 步，计算每种兽药或每一类药物的总分。第 7 步，根据基于多准则风险排序模型评分对兽药（和药物类别）进行排序。

三、发展趋势

（一）生鲜乳中黄曲霉毒素风险评估的发展趋势

AFT 是最重要的霉菌毒素之一，是黄曲霉和寄生曲霉的霉菌产生的有毒次级代谢产物，主要分为 B 族和 G 族两大类。在黄曲霉毒素的几种亚型（B_1、B_2、G_1、G_2 和 M_1）中，AFB_1 的毒性最强，被世界卫生组织（WHO）和国际癌症研究机构（IARC）认定为致癌物（Bakirci 等，2001）。AFB_1 可以直接污染饲料，或者间接污染食品。奶牛采食被 AFB_1 污染的饲料后，AFB_1 在奶牛体内代谢，通过羟基化作用转化成 AFM_1，部分被转运到牛奶中（Diaz 等，2006；Decastelli 等，2007）。AFM_1 主要存在于动物的乳、肌肉组织与动物的内脏器官中，对人体比较容易造成抑制免疫反应，诱导肿瘤发生等危害。由于 AFM_1 致癌性，IARC 在 2002 年将 AFM_1 从 2B 类致癌物提升为 1 类对人类致癌物。AFM_1 可导致畸形和突变效应，因此对人类健康构成巨大威胁（Sassahara 等，2005）。生鲜乳中 AFM_1 残留的普遍性和危害性，已经成为奶业发展中的一个重要问题，受到广泛关注。郭晓东等（2014）研究表明，AFM_1 在不同条件下残留量基本不发生变化，降解率低，稳定性好，很可能与其结构稳定有关，今后的关于生鲜乳中 AFM_1 的研究重点应主要集中在 AFM_1 吸附剂的研发及检测方法的开发，以确保生鲜乳及其他食品的质量安全。

孙思等（2017）对生鲜乳中 AFM_1 检测方法进行了综述，目前生鲜乳中 AFM_1 的检测方法主要有免疫亲和层析进化高效液相色谱法（Liquid chromatography-tandem mass spectrometry，LC-MS）、免疫法和质谱法，其中质谱法因其灵敏度高，回收率高达95%以上而被广泛应用。由此看出生鲜乳中黄曲霉毒素的污染，尤其是 AFM_1 的污染受到广泛关注，其检测技术也在不断地发展。

近几年农业农村部奶产品质量安全风险评估实验室（北京）组织全国奶产品风险评估团队对我国五个奶业主产区的生鲜乳中 AFM_1 污染状况进行风险评估，结果表明，当前我国生鲜乳中的 AFM_1 污染的风险控制要优于欧盟国家中的葡萄牙、意大利和克罗地亚，与英国相比还有差距，但是明显优于韩国、巴西、泰国和印度尼西亚，这表明我国 AFM_1 的风险得到有效控制，不存在系统风险。我国生鲜乳中 AFM_1 风险防控力度加大，取得明显成效，整体上达到较高质量水平（王加启等，2015；郑楠等，2016）。

（二）生鲜乳中有害重金属残留类风险评估的发展趋势

生鲜乳中的重金属残留包括铅、汞、镉、铬、砷等。正常情况下，生鲜乳中的重金属残留主要来源于饲料、饮水以及奶畜服用中草药而引起。重金属具有累积效应，在体内的降解速度缓慢，长期饮用含有重金属残留的乳品，会毒害人体肝脏、脾脏、骨髓和免疫系统（田西学等，2016）。生鲜乳中重金属的含量越来越受到重视，而优化生鲜乳中重金属的检测方法也变得日趋重要。我国乳业仍处于初步发展阶段，质量安全隐患较多，为适应乳业发展，应结合我国国情并及时调整和完善我国生乳中的污染物指标限量值。

（三）生鲜乳中违禁添加物风险评估的发展趋势

生鲜乳中的违禁添加物主要包括三聚氰胺、革皮水解物、β-内酰胺酶和碱类物质等添加物。

三聚氰胺是重要的氮杂环有机化工原料。添加三聚氰胺会使生鲜乳的总氮含量增高，从而使乳蛋白不达标的生鲜乳通过检测。三聚氰胺进入人体内后不能被代谢，而是从尿液中排出，在这个过程中会在身体内产生晶状体聚合物，而引起肾结石、膀胱结石等病症。皮革水解蛋白是来自制革工厂的边角废料。制革边角废料中含有重铬酸钾和重铬酸钠，用这种原料生产水解蛋白，重铬酸钾和重铬酸钠就会被带入到产品中。皮革水解蛋白添加到生鲜乳的作用是增加蛋白质含量。皮革水解蛋白进入人体后，重铬酸钾和重铬酸钠在体内无法分解，还会慢慢积累，可导致中毒，使关节疏松肿大，甚至造成儿童死亡。

β-内酰胺酶是β-内酰胺类抗生素耐药性细菌分泌的一种胞外酶。该酶能够选择性地分裂生鲜乳中的残留β-内酰胺类抗生素。对泌乳期奶牛用药不当或者不遵守休药期规定是生鲜乳中抗生素残留的主要原因。个别违法人员为了达到生产"无抗奶"的

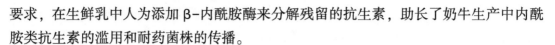

要求，在生鲜乳中人为添加β-内酰胺酶来分解残留的抗生素，助长了奶牛生产中内酰胺类抗生素的滥用和耐药菌株的传播。

碱类物质是可食用性碱性氧化物的总称，如硫氰酸钠（钾）、碳酸氢钠。高温季节运输生鲜乳或奶罐储藏设备制冷效果太差，人为在生鲜乳中加入碱性氧化物，可以预防生鲜乳酸败，起到抑菌效果。生鲜乳高温放置时间过长或储存不当，在微生物的作用下产生大量乳酸，加入碱性氧化物，可通过酸碱中和过量乳酸。碱性氧化物含量过高会引起乳蛋白发生变性，影响奶的质量。

影响生鲜乳中质量安全的隐患因子依然存在，例如，三聚氰胺仍然存在于玉米淀粉、豆粕等饲料中检出的情况、引起的饲料霉变现象依旧发生，个别地区β-内酰胺酶也有检出情况（田西学等，2016）。因此在生鲜乳违禁添加物方面仍要加强监管，加强奶畜养殖的标准化，并积极开展生鲜乳中已知和未知风险因子筛查与监测，提升产业风险预警能力。

（四）生鲜乳中兽药残留风险评估的发展趋势

生鲜乳中兽药残留是指奶畜在养殖过程中，由于兽药使用不规范，导致生鲜乳中残存兽药及其代谢物，其存在会严重影响奶产品的质量安全。兽药残留对人体健康有危害作用，尤其是细菌耐药性风险不断加剧。生鲜乳中体细胞数高低是判断养殖场奶牛乳房炎和兽药残留状况的重要指标（王加启等，2015）。美国、欧盟、澳大利亚、新西兰等国家均对生鲜乳中体细胞数进行了限量。我国生乳国标中虽未对生鲜乳中体细胞数进行规定，但是，我国近几年的风险评估数据结果表明，我国生鲜乳中体细胞数逐年显著下降，这也再次证明了我国生鲜乳中兽药残留的风险下降，生鲜乳质量安全水平不断提升（王加启等，2015）。王加启等（2017）的风险评估验证结果显示，我国生鲜乳中兽药残留处于较低水平，这说明，经过坚持不懈的科学监管，我国奶牛养殖过程中对兽药残留控制较为严格，生鲜区中兽药残留现象得到明显遏制，取得了较好效果。

（五）生鲜乳中主要致病菌微生物的耐药性风险评估的发展趋势

金黄色葡萄球菌是奶牛乳房炎的主要致病菌，也是生鲜乳中重要的条件致病菌。金黄色葡萄球菌感染可能会严重影响牛奶产量及质量。大肠杆菌是奶牛肠道中普遍存在的主要微生物，也是生鲜乳中重要的条件致病菌。大肠杆菌可能会在奶牛分娩期和泌乳早期侵染奶牛乳腺组织。抗生素是针对奶牛乳房炎治疗的常用方法，非科学的使用抗生素可能会导致大量耐药菌株的不断出现，这些耐药菌株的出现尤其是致病性大肠杆菌的出现可能会对生态环境及人类健康造成较大影响。无乳链球菌（*Streptococcus agalactiae*）是一种革兰阳性细菌，是链球菌属最主要的致病菌之一，也是链球菌属内感染性较强、传播速度较快的病原菌，是引起奶牛乳房炎的主要病原之一。

S. agalactiae 致病性主要由毒力因子和表面蛋白引起，毒力因子包括荚膜多糖、溶血素、菌毛岛屿、透明质酸酶、磷酸甘油激酶和 CAMP 因子，表面蛋白是 αC 蛋白、表面免疫相关蛋白、黏附蛋白、纤维蛋白原结合蛋白、层粘连蛋白结合蛋白和纤溶酶受体蛋白。

目前，*S. agalactiae* 耐药性的研究主要集中在耐药基因、毒力基因以及分子分型方法方面的研究，对其耐药机制研究甚少。建议下一步工作可针对 β-内酰胺类抗菌药物耐药机制找到新的突破口，开发 *S. agalactiae* 治疗的新型药物，为临床合理用药、优化治疗方案提供重要的科学依据（蔡建星等，2018）。

我国对生鲜乳中微生物耐药性的研究不断加强，但是与许多发达国家相比仍存在一定差距，今后需要从以下几方面开展深入研究，第一，从检测技术来看，仍多集中在传统的药敏测试方法上，而已知耐药基因的携带情况与实际耐药性表现的不完全匹配，也导致了无法通过现有方法真正实现耐药性预测，新的检测技术开发会成为今后的研究热点。第二，从研究对象看，目前多为生鲜乳中主要微生物类型的耐药性表现和耐药基因携带情况研究，其耐药基因的传递转移规律及其与产毒能力之间的关系尚不明确，仍需进一步研究。第三，从安全角度看，针对生鲜乳中可能存在的微生物耐药性现象，既符合国际合作通行准则又复合我国实际国情的风险评估技术，也应该成为今后的研究热点（王加启等，2017）。

四、现实意义

乳及乳制品是人类很重要的一部分食品，特别是对于儿童与老人，因此，对生鲜乳质量安全进行风险评估是非常有必要的，对人类健康具有重要的现实意义。对生鲜乳质量安全进行风险评估，公开报告我国奶产品质量安全状况，为指导奶业生产，政府质量安全监管提供参考，能够科学的引导消费，增强消费者的信心。影响生鲜乳质量和安全的直接因素是奶牛的种类、饲料的结构和质量、饲养环境、饲养方法和技术，以及疾病防治方法等（Tian 等，2019）。通过对生鲜乳质量安全风险因子的调查与分析，不断摸索与逐步完善，已经取得了重要的进展，主要风险因子包括违禁添加物、AFM1、兽药残留、重金属铅，微生物存在以及耐药性等。随着监管力度的加强和监管方式的不断升级，生鲜乳的整体质量和安全风险不断降低，质量安全水平不断提高。

（一）生鲜乳中违禁添加物风险评估的意义

自 2008 年三聚氰胺奶粉事件以来，我国奶产品质量安全一直受到国内外的高度关注，消费者信心受到严重打击。生鲜乳中主要违禁添加物包括三聚氰胺、革皮水解物和 β-内酰胺酶 3 种，通过对生鲜乳中违禁添加物进行风险评估，发现不存在系统风险，说明坚持不懈的科学监管和严厉打击取得了显著成效，我国生鲜乳中违禁添加物得到了基本遏制，但是今后的监管仍然不可松懈。

生鲜乳中违禁添加物的风险评估工作不只局限于目前出现的有害添加物，通过开展生鲜乳风险评估工作发现和鉴定新的有害添加物，对提高奶及奶产品质量安全以及人类的健康具有重要意义。

（二）生鲜乳中黄曲霉毒素与重金属风险评估的意义

通过表征不同人群的牛奶消耗和膳食暴露 AFM₁ 相关的致癌和非致癌风险，可以为牛奶质量和安全监管以及系统风险评估提供有用的信息和指导（Geng 等，2018）。生鲜乳中 AFT 的存在浓度，对奶产品的质量安全构成威胁。2016 年对婴幼儿奶粉生产商的生鲜乳进行 AFM₁ 风险评估，均未超过中国限量标准，并且发现生鲜乳在冬季具有更高的 AFM₁ 污染风险（Li 等，2018），所以通过生鲜乳中 AFM₁ 风险评估，加强了对奶及奶制品质量安全的监督监管工作，对保护消费者健康，进一步控制生鲜乳中黄曲霉毒素含量极为重要，同时增强了消费者对中国奶产品的信心。

生鲜乳中重金属含量超标主要导致人体多器官癌症和生殖毒性，对人类健康造成严重威胁，生鲜乳中含有较高水平的重金属主要是由农场周围的环境污染和饲料污染造成的（Gougoulias 等，2014），所以根据生鲜乳中重金属浓度对人体安全的潜在风险，应定期进行生鲜乳重金属质量安全风险评估。研究结果表明，牛奶和其他乳制品中的铅、镉、铜、锌和硒含量在区域或季节上都不同（Shahbazi 等，2016）。并且重工业集中的省份具有相对高毒性金属含量的生鲜乳样品；应特别注意工业地区。通过有毒元素水平相关的管理实践表明，应该有针对性地监督和降低生鲜乳中有毒元素水平（Qu 等，2018）。

（三）生鲜乳中兽药残留风险评估的意义

兽药在动物疾病治疗与防护过程中不可或缺，生鲜乳中兽药残留的监管与控制对人类健康具有重要意义。2014 年之后，疾病预防和控制的风险呈现较高的趋势（Tian 等，2019），是因为在动物疾病治疗过程中，兽药的不合理使用造成的；而在奶牛饲养过程中，不合理使用治疗药物和饲料药物添加剂，可能会导致生鲜乳中存在兽药残留现象。全世界兽药残留量的信息有限，因此必须开展大量工作以确定问题的严重程度，防止兽药残留的发生，使得动物卫生专业人员熟悉兽药的药代动力学、药效学和毒理学作用，以尽量减少动物源性食品中兽药残留的潜在公共卫生危害（Beyene 等，2016）。

兽药残留对人体健康有危害作用，尤其是细菌耐药性风险不断加剧，为了保证奶及奶制品中兽药残留安全，需要对生鲜乳中兽药残留进行风险评估，为制定相关的法律法规和监管体系提供参考，从而做到实时监控，有效防范。

（四）生鲜乳中微生物及其耐药性风险评估的意义

生鲜乳中微生物的存在对奶及奶制品质量与安全构成威胁，如未经巴氏杀菌的生鲜乳制成的芝士被认为是抗生素耐药菌以及耐药基因的重要来源（Flórez 等，2017）。

食源性病原微生物通过受污染的生鲜乳进入乳制品加工厂可导致这些微生物在生物膜中持续存在，随后污染加工奶制品并使消费者接触到致病菌；另外，巴氏杀菌可能无法消除牛奶中所有微生物，如蜡状芽孢杆菌和假单胞杆菌在巴氏杀菌乳中仍然能够检测到。蜡样芽孢杆菌能够产生肠毒素、呕吐毒素，从而引起食物中毒；假单胞杆菌可以造成奶及奶制品的腐败变质，缩短保质期，所以进行生鲜乳中微生物的风险评估，制定合理有效的措施以控制生鲜乳中的蜡状芽孢杆菌和假单胞杆菌污染，从而减少生鲜乳中细菌的流行。

生鲜乳质量与安全风险评估模型表明，农场的储存温度、储存时间以及牛奶热处理的温度，能够最大限度地降低生鲜乳中葡萄球菌中毒的风险，为政府和乳品加工商提供了有价值的信息，从而为提高牛奶安全性提供理论依据；还可以为中国消费者安全处理奶制品教育提供有价值的建议（Ding 等，2016）。

开展奶牛乳房炎病畜生鲜乳中致病菌以及耐药性风险评估工作，持续稳定的监测奶牛乳房炎主要致病菌的种类与发生率，有助于探明其变化规律，从而更好地防治奶牛乳房炎；对探明奶牛养殖期间不同致病菌的污染现状，监测不同地区不同致病菌耐药状况及耐药发展趋势，为奶牛乳房炎治疗合理用药提供科学依据，延缓耐药性的产生和发展具有重要意义。

抗生素在畜禽养殖业中的不合理使用，使得人类从动物源性食品中感染到耐药菌的风险不断增强。对生鲜乳中细菌耐药性进行风险评估，对进一步健全动物源耐药性监测系统，制定行之有效的措施以减少甚至避免耐药菌的传播和扩散具有指导意义。生鲜乳中主要病原微生物的耐药性风险评估包括金黄色葡萄球菌和大肠杆菌，所以应该加大对生鲜乳中主要病原微生物类型的监测力度，加大对抗生素使用和排放的监管，对科学掌握其耐药状况，分析其变化趋势，评估其传播途径及公共安全风险具有十分重要的意义。

综上所述，通过开展生鲜乳质量安全风险评估工作，能够更加清楚的了解目前生鲜乳质量安全所面临的困难与挑战。乳品企业应该建立反馈机制，加强行业自律；监管部门加强监督；超市等经销商加强自身建设；消费者学习如何区分不健康和健康的乳制品；政府制定相关的食品安全法等（Song 等，2018），都通过生鲜乳质量安全风险评估得到了借鉴与指导，所以开展生鲜乳质量安全风险评估是一项非常有意义的工作。

第二节　生鲜乳质量安全风险评估理论基础

一、风险评估

乳不仅是哺乳动物新生儿的重要的营养供给来源，也是不同年龄的人重要的食物，具有较好的营养价值，并且其中富含多种生物活性物质，对人体新陈代谢和健康有着重要影响。随着乳及乳制品在人们日常饮食消费中所占的比例增加，乳制品安全广受人们的关注，而生鲜乳是生产乳制品的原料，其质量安全是保证乳制品安全的基础。《食品安全国家标准　生乳》（GB 19301—2010）中生乳（也称生鲜乳）的定义是指从符合国家有关要求的健康奶畜乳房中挤出的无任何成分改变的常乳。为了确保生鲜乳的安全，我国相继颁布了《中华人民共和国农产品质量安全法》和《中华人民共和国食品安全法》，并对生鲜乳进行化学、生物性危害风险评估。风险评估是对某个/某些因素/物质可能产生的影响或造成的损失进行量化的评测方法，基本模式为：危害鉴定、剂量—反应关系的确定、暴露评估和风险特征评估。危害鉴定是通过收集包括有害物质的理化性质、毒理学性质、暴露途径和方式、药物代谢动力学，以及其在代谢转化等信息材料，科学地定性评估该物质危害机体健康的可能性。剂量—反应关系是根据环境等因素综合作用下可能的暴露量推导人体的极限摄入量，确定风险因子剂量与影响人体健康的可能定量关系。暴露评估是通过风险因子在环境中的浓度与分布和暴露人群的特征来定性说明暴露方式，并定量计算暴露量、暴露频率和暴露期。风险特征是利用上述三个评估环节得到的数据，评估在不同条件下，某种效应的发生概率或可能产生的危害程度，通过与每日允许摄入量（ADI）、每周暂定耐受量（PTWI）、非致癌物质摄入参考剂量（RFD）等标准值对比来评估风险的可能性，为风险决策及采取防范措施提供科学依据（Council，1983；Wiltse 等，2000；田帅等，2017）。农业农村部奶产品质量安全风险评估实验室（北京）对牛奶质量安全的主要风险因子，包括霉菌毒素污染、兽药残留、农药残留和激素类药物残留等，进行了分析和比较研究，形成了系列结果（王加启等，2012），并从 2013 年开始，每年都在全国范围内系统地开展生鲜乳质量安全风险评估研究，形成较为全面的研究结果，得出生鲜乳质量安全状况的基本结论，形成《中国奶产品质量安全研究报告》（2013—2017 年）。

生鲜乳的风险评估是保障乳制品安全的重要手段，是实现"从牧场到餐桌"全程安全质量控制的重要保障，对生鲜乳进行风险评估是实现乳制品从原料安全性到消费安全性的有效措施。

（一）生鲜乳中化学危害物的风险评估

鲜乳的化学危害物包括霉菌毒素、重金属、食品添加剂、兽药残留、农药残留等，其评估任务是找出生鲜乳中产生危害的化学物质并展开毒理学评价。危害物暴露评估是对通过生鲜乳摄入化学危害物的可能性进行定性或定量评估。生鲜乳中化学危害物剂量—反应关系是推导一种化学危害物的临界剂量水平，摄入量等于或小于这种剂量，就不会引起可观察到的健康危害。由于化学危害物在体内的半衰期长，可对化学危害物建立每周耐受量（PTWI）或每日耐受量（TDI），即用剂量—反应关系曲线来确定未产生有害作用的最高剂量（NOAEL）或基准剂量（BMD），考虑到不确定因素，最后以 NOAEL 或 BMD 除以不确定系数（UF）得出最大 PTWI 或 TDI。化学危害物暴露评估主要采取总膳食研究（TDS）方法、取样分析危害物主要来源，获得危害物在生鲜乳中的一般含量，即以某种危害物在生鲜乳中的浓度乘以某种生鲜乳的消费量，得出生鲜乳导致的某种危害物的摄入量，最后对生鲜乳导致的所有化学危害物摄入量进行加和。化学危害物风险特征是通过对暴露评估结果和化学危害物 PTWI 或 TDI 相比较，综合评估生鲜乳中化学危害物的风险。

风险评估过程中有许多不确定性。21 世纪初，模型方法被越来越多地用于风险评估，例如，模糊理论模型、随机模拟模型以及基于 GIS 技术的评估模型等。其中最常用的方法是随机模型，它是通过 Monte Carlo 来进行模拟。在风险分析政策中，美国环保署（EPA）为了实现不确定性分析，将随机模型定为风险分析基本方法。进入 21 世纪，风险评估对定量化和减小评估不确定性更加重视。在化学危害物的风险评估中，Monte Carlo 在不确定性分析与敏感性分析、以及确定敏感性变量方面发挥了重要作用。其原理是通过食品消费量和残留浓度，对个人的食品消费量乘以所有残余浓度得出多个摄入量的可能，消费量经过无数次这样的运算，得出摄入量分布曲线，曲线分布频率就被认为是摄入量发生率。

1. 生鲜乳中霉菌毒素的风险评估

不同国家和地区对奶及奶制品制定和颁布的 AFM_1 的限量标准不同，世界各国都把牛奶中黄曲霉毒素 M_1 污染的风险评估作为重点工作纳入国家计划，做到实时监控，有效防范（郑楠等，2012）。

从 2013 年至今，农业农村部奶产品质量安全风险评估实验室（北京）对我国生鲜乳中 AFM_1 进行了系统的风险评估研究，发现粗饲料中 AFB_1 的污染是生鲜乳中 AFM_1 含量高低的关键控制点，建立了通过控制含水量防止粗饲料霉变的技术，制定了《生鲜乳中黄曲霉毒素 M_1 控制技术规程》，从饲料收购、贮存、监测、使用，到奶畜饲养提出了明确的技术控制关键点，在奶牛生产中示范应用，有效降低了我国生鲜乳中 AFM_1 的污染风险。在 2016 年度出版的《中国奶产品质量安全研究报告》中总结到，风险评估的结果表明当前我国生鲜乳中 AFM_1 的污染情况得到有效控制，不存在系统性风险。

采用多抗体复合免疫亲和柱同时净化生鲜乳中多种霉菌毒素，使用具有高分辨率、高质量精度的四极杆—静电场轨道阱高分辨率质谱仪选择离子扫描提取各霉菌毒素的一级质谱精确质量数进行定性和定量，同时自动触发二级质谱采集到每个霉菌毒素的二级质谱图，与标准品的二级质谱图对照，进一步对化合物进行确认。对黄曲霉毒素类（B_1、B_2、G_1、G_2、M_1、M_2）、赭曲霉毒素（A，B），玉米赤霉烯酮类毒素

（β-玉米赤霉醇、β-玉米赤霉烯醇、α-玉米赤霉醇、α-玉米赤霉烯醇、玉米赤霉酮、玉米赤霉烯酮）共三大类14种霉菌毒素进行了同时测定。对前处理进行优化，使用水和少量乙腈对生鲜乳进行稀释，提高了回收率。在确保准确定性的同时，确保了良好的灵敏度和准确性，具有良好的应用前景，为保障生鲜乳食品安全提供有效支撑（Mao等，2018）。

2. 生鲜乳中有害元素残留的风险评估

随着我国工业化进程加快，生鲜乳中的重金属污染问题日趋严重。牛奶中污染物如重金属等对人体健康存在很大隐患，因而受到广泛关注（甄云鹏等，2012）。利用ICP-MS技术分析生乳样品中的铅、汞、砷、铬、镉、铝和镍等对人体有害的元素。并利用边缘暴露评估方法（MOE）对我国生鲜乳中有害元素的残留浓度对人体的影响进行评估。结果表明，铅、汞、砷、铬的检出值均没有超过我国限量标准（图1-1）。生鲜乳中的重金属蓄积与土壤和水中重金属的浓度呈现较大的相关性。对人体的评估结果显示，除镉

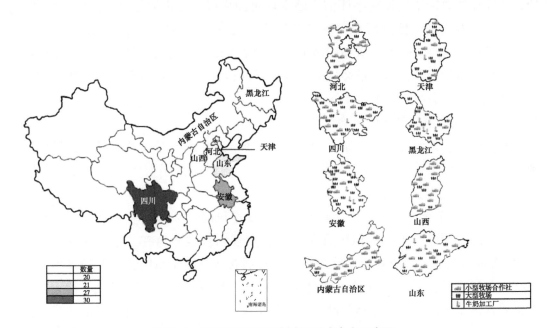

图1-1　牛奶有害元素残留空间分布参考示意图

之外的6种有害元素的MOE值均较高，表明我国生鲜乳中有害元素的残留对人体健康并无危害。但由于铅的评估参考值较低，儿童BMDL10为0.5μg/（kg bw·day），成人BMDL10为0.63μg/（kg bw·day）。因此，呈现一个较低的MOE值，说明相对于其他有害元素，铅存在一定的潜在风险，需要加以关注（Qu等，2018a）。相关性变化表明区域之间生鲜乳中的铅、砷、镉可能有不同的污染来源。通过普通克里金法，绘制不同区域铅、砷、镉空间分布图，并对预测值进行交叉验证，估计均方根标准化误差结果表明区域之

间的铅、砷和镉建模的差异化质量，用于为原料乳中的重金属污染物分布定义更合适的取样程序，以改善未来对研究区域中重金属污染的控制（Zhou 等，2019）。

3. 生鲜乳中兽药残留和农药残留的风险评估

生鲜乳中兽药残留是指奶畜在养殖过程中，由于兽药使用不规范导致生鲜乳中残存的兽药及其代谢产物严重影响奶产品质量安全（韩荣伟等，2012）。因此，开展生鲜乳中兽药残留风险评估工作，摸清我国奶畜养殖场中主要用药、使用方式、代谢规律以及残留风险，制定《生鲜乳中兽药残留防控技术规程》，对保障我国生鲜乳质量安全显得尤为必要。农业农村部奶产品质量安全风险评估实验室（北京）及全国奶产品风险评估团队对 15 个省（区、市）的生鲜乳中兽药残留状况进行了风险评估，开展了生鲜乳中兽药残留代谢规律及消除动力学研究，制定了《生鲜乳中兽药残留防控技术规程》。经风险评估研究结果确证，我国生鲜乳中未检测出违禁兽药，也没有超过我国限量标准的状况。

饲料种植中施用或者环境中残留的农药经迁移转化后有可能进入生鲜乳或乳制品，造成安全风险（许晓敏等，2012）。但是，这方面科学数据较少，风险评估研究薄弱。农业农村部奶产品质量安全风险评估实验室（北京）组织全国奶产品风险评估团队对我国五个省（区、市）生鲜奶中 36 种农药残留状况进行了风险评估。取样对象为牧场奶罐中经搅拌均匀的生鲜奶，取样方法严格按照《农业农村部生鲜乳质量安全监测工作规范》和《生鲜乳抽样方法》进行抽样，抽样后及时冷冻，用冷链运输至检测单位。风险评估验证的结果表明，当前我国生鲜奶中没有检出农药残留。这说明我国奶牛养殖过程中对农药残留控制较为严格，取得较好效果。

4. 生鲜乳中其他类有害化学污染物的风险评估

牛奶中激素类药物残留对人体健康危害较大，各国家及国际组织制定了相关的标准和法规（屈雪寅等，2012）。尽管我国要求对奶牛禁止使用部分激素类药物，并且对动物食品中激素类药物的残留制定了限量。但是，由于动物本身的生理条件、环境条件等因素，导致动物体内天然的固醇类激素浓度范围变化较大。利用 HPLC-MS/MS 对生乳样品中的 22 种天然类固醇激素的浓度测定，并利用边缘暴露评估方法（MOE）对天然类固醇激素的残留浓度对婴幼儿的健康风险进行了评估。结果表明，可的松和孕酮均有检出，检出的所有可的松浓度均低于日本制定的生鲜乳中最大残留限量。对 1~5 岁的婴幼儿人体风险的评估结果显示，暴露于检出的生鲜乳中类固醇浓度下，风险较低。分别以检出的平均值和最大值计算，从生鲜乳加工为乳制品摄入激素的风险占总膳食的 0.85% 和 0.95%（男孩），1.48% 和 1.6%（女孩）（Qu 等，2018b）。

植物蛋白因来源广泛和成本低廉，很可能作为掺假物添加到乳及乳制品中，用于提高蛋白含量，而且更容易以水解物的形式出现在液态奶中。然而，植物蛋白中有许多蛋白成分会引起人体的过敏反应，未标识的添加会引起一定的健康风险。利用高效液相色谱串联质谱开发一种检测牛奶中植物蛋白掺假的检测方法。结果表明，样品在经高速离心处理和胰蛋白酶消化后，高效液相色谱分离的肽段丰度数据可将各样品按掺假物进行分类识别。依据掺假物中特定的肽类，掺假样品均可以和对照样品分离开。样品中掺入的大豆蛋白（SP）、豌豆蛋白（PP）和水解小麦蛋白（HWP）均可以被质谱鉴定出来，然而，掺入水解大米蛋白的样品却并未鉴定出有大米蛋白，可见蛋白的水解程度会影响掺假物的鉴定。该方法可用于检测占总蛋白0.5%以上的植物蛋白的掺假（Yang等，2018a）。利用二维凝胶电泳分离掺假牛奶中的蛋白成分，通过对比纯牛奶的电泳图，发现可用于标记掺假的非牛奶蛋白点，随后的质谱对非牛奶蛋白点来源进行判定。质谱鉴定结果显示，这些蛋白分别为大豆中β-conglycinin和glycinin、豌豆中的legumin、vicilin和convicilin，以及小麦蛋白中的β-amylase和serpin。此外，研究方法的检出限为4%（Yang等，2018b）。

硝酸盐是一种食品添加剂，国家规定允许用于肉制品，作为发色剂。硝酸盐本身无毒性，但是如果被还原成亚硝酸盐，而且超过限量标准，则对人体造成危害风险。比如，亚硝酸盐与血液中的亚铁血红蛋白发生氧化生成高铁血红蛋白，造成人体缺氧中毒；亚硝酸盐还能够与人体中的胺类形成具有强致癌性的N-亚硝基化合物——亚硝胺。世界卫生组织（WHO）及一些国家对奶及奶制品中亚硝酸盐污染的调查分析指出，奶及奶制品中亚硝酸盐的污染客观存在，植物饲料和地下水含有一定量的亚硝酸盐，奶制品加工过程中的环境或工艺控制不到位时，也容易造成亚硝酸盐污染。预防奶及奶制品中亚硝酸盐污染的主要措施是过程防控，重点是饲料、饮水、加工和贮存等关键点控制。为此，不同国家或组织对奶产品中亚硝酸盐都制定了严格限量标准。风险评估结果揭示我国各地区奶业养殖管理部门和养殖场对亚硝酸盐的过程控制现状。

生鲜乳中其他有害化学物质三聚氰胺、硫氰酸钠、皮革水解物、β-内酰胺酶、工业用碱等的以及生鲜乳中违禁添加非食品物质的现象得到基本控制，整体情况得到转变。

（二）生鲜乳中生物危害物的风险评估

微生物耐药问题已经成为全球关注的焦点，严重威胁食品安全和人类安全，不仅仅出现在医药领域，抗生素在畜牧养殖业的不合理使用，使得养殖场成为耐药菌的风险点之一，有可能成为耐药菌及耐药基因的重要贮存库。目前我国农业农村部正在深入实施《全国遏制动物源细菌耐药行动计划（2017—2020年)》，着力推荐"退出行动""监管行动""检测行动""监控行动""示范行动"及"宣教行动"6项行动，以进一步加强动物源细菌耐药性监测工作。在农业农村部制定的《2018年动物源细菌耐药监测计划》中，生鲜乳被列为采样对象，以深入开展细菌耐药性的风险评估。

生鲜乳中病原微生物的存在可能会影响动物及人体健康。金黄色葡萄球菌和大肠杆菌作为生鲜乳中最为常见的病原微生物种类，其耐药菌株的出现在各国频见报道。此外，分离生鲜乳中的其他病原微生物也逐渐表现一定的耐药性。金黄色葡萄球菌是奶牛乳房炎的主要致病菌，也是生鲜乳中重要的机会致病菌。金黄色葡萄球菌感染可能严重影响牛奶产量和质量。qPCR 结合 SDS 和 PMA 可以有效检测到牛奶中活的金黄色葡萄球菌（Dong 等，2018）。实际生产中针对奶牛乳房炎的治疗通常选择抗生素，而抗生素的非科学使用可能会导致大量耐药菌株的不断出现，这些耐药菌的出现可能会对生态环境及人类健康造成较大的影响。金黄色葡萄球菌可能分泌一些耐热或耐蛋白酶的毒素，以帮助细菌在奶牛乳房组织中定植。严格按照 GB 4789.10—2012 及 CLSIM100S 26th Edition 检测方法执行，在对搅拌均匀的牧场奶罐生鲜乳中存在的金黄色葡糖球菌对 18 种抗生素的耐药性及毒力基因进行风险评估发现，耐药基因型与耐药表现型之间存在一定相关性，青霉素抗性菌株携带 blaZ 基因，红霉素抗性菌株检测到 $erm(A)$、$erm(B)$、$erm(C)$、$msr(A)$、$msr(B)$ 的 8 种不同基因组合。对庆大霉素、卡那霉素及苯唑西林表现抗性的所有菌株分别携带 $aac6'-aph2''$、$ant(4')-Ia$ 和 $mecA$ 基因。两株 $tet(M)$ 阳性菌株同时携带 Tn916-Tn1545 转座子。超过一半的菌株携带超过一种毒性基因，包括肠毒素基因 sec、sea 和杀白细胞素基因 pvl（Liu 等，2017）。

大肠杆菌是奶牛肠道中普遍存在的主要微生物，也是生鲜乳中重要的条件致病菌。大肠杆菌在奶牛分娩期和泌乳早期侵染奶牛乳腺组织，致病性大肠杆菌可能会威胁人类及动物的健康。实际生产中大量抗生素的非科学使用已经导致大量大肠杆菌耐药菌株的不断出现，对生态环境和人类健康造成较大影响。严格按照 GB 4789.38—2012 及 CLSIM100S 26th Edition 检测方法执行，在对搅拌均匀的牧场奶罐生鲜乳中存在的大肠杆菌对 18 种抗生素的耐药性及毒力基因进行风险评估发现，供试菌株均表现一定的耐药性，包括氨苄西林、阿莫西林—克拉维酸、四环素、复方新诺明和头孢西丁；检出携带主要的 β-内酰胺类抗性基因，其中 bla_{TEM}，bla_{CMY}，bla_{SHV}，bla_{CTX-M} 基因的检出率较高。

在国际上，生鲜乳中体细胞数高低是判断养殖场奶牛乳房炎和兽药残留状况的重要指标。美国限量标准是每毫升生鲜乳中不超过 75 万个，欧盟限量标准更严，要求不超过 40 万个。针对我国缺少生鲜乳中体细胞数风险评估数据的状况，农业农村部奶产品质量安全风险评估实验室（北京）及全国奶产品风险评估团队从 2013 年至今对我国生鲜乳中体细胞数开展了全面系统的风险评估工作。评估结果表明，我国生鲜乳中体细胞数逐年显著下降，这是证明我国生鲜乳中兽药残留的风险下降、生鲜乳质量安全水平逐年提升的又一有力证据。生鲜乳体细胞数评估结果与兽药残留风险评估结果高度一致，相互验证了风险评估研究工作的科学性、有效性。这表明在国家惠农政策的大力支持下，我国奶牛养殖方式发生了根本性变化，标准化规模养殖已经成为产业的主体，技术进步的巨大支撑作用日益明显，预示着我国奶业发展前景充满希望。

二、风险防控

生鲜乳的风险防控是保障乳制品安全的重要手段，是实现"从牧场到餐桌"全程安全质量控制的重要保障，对生鲜乳进行风险防控是实现乳制品从原料安全性到消费安全性的有效措施。该措施能够维护奶农利益，是保障人民群众身体健康的迫切要求，对于重塑消费者信心、引导乳品市场消费、加快奶业恢复和振兴发展意义重大。对于生鲜乳的风险防控主要从养殖环节、生鲜乳源头、收购过程进行，另外需要建立完善的生鲜乳质量安全科技支撑体系、积极创办生鲜乳质量安全第三方检验室，并且广泛开展宣传教育，推动产业健康发展。

（一）加强养殖环节监管，严把奶源品质关

一个好的奶牛场，必然是一个健康的奶牛场；一个健康的奶牛场，必有健康的奶牛；只有健康的奶牛，才能提供优质的生鲜乳。积极提倡建立规模化、集约化、标准化的养殖是必然趋势。规模化是养殖环节的基础，只有推行奶牛养殖规模化，才能广泛运用先进技术。集约化是养殖环节的核心，其本质就是在规模化的实施基础上，集成各项先进实用技术手段，进行集约化经营。标准化则是养殖环节的关键，通过标准化生产，把各项集成的科学技术落在实际生产中。广泛实施规模化、集约化、标准化的养殖，有利于实行严格的奶牛养殖、卫生防疫和环境控制标准，提高养殖水平，使生鲜乳质量提高，增强市场竞争力（刘维华，2011）。

在养殖环节中，奶牛场日常良好的管理可以明显改善生鲜乳中微生物数量。建立奶牛场良好管理规范，对于奶牛，需要确定完善的养殖方案，记录每一个奶牛的耳标，从奶牛引进牛场开始记录，养育胎次，对牛舍、运动场的面积，清洁记录在案。生鲜乳安全质量要从养殖环节入手，从养殖环境制定监控记录，比如温度和湿度，建立养殖日志。在奶牛饲养环节，详细记录饲喂条件，对投入品进行监督管理，从饲料种类、饲料喂养时间、饲喂间隔和饲喂量上对应奶牛编号进行记录，输入终端设备（刘进远和邹成义，2012）。记录饮用水量、对奶牛饮用水进行定期检测。对奶牛生病全过程的信息进行记录，建立奶牛疾病具体情况日志和具体疾病救治措施，对每一批的检测数据详细记录，形成详细的电子档案，并输入到终端，确保从源头上优化养殖模式。另外，需要提升饲料和兽药的检测和监管力度，有重点地对饲料企业生产的奶牛饲料和养殖场自配料进行检查，杜绝违禁药物在饲料中的添加。积极引导和监督饲料生产企业严格落实生产记录，建立留样观察和可追溯制度。

在养殖过程中，威胁生鲜乳质量安全的另一个主要因素就是霉菌毒素污染，生鲜乳中霉菌毒素主要来源于奶牛食用的霉菌毒素污染的饲料，因此预防生鲜乳中霉菌毒素污染的关键是做好饲料霉菌毒素的防控。这样才能保证奶源的品质。最重要的是阻

止饲料原料中霉菌生长。霉菌毒素只出现在污染霉菌的饲料或饲料原料里，因此控制霉菌毒素的第一道防线就是降低霉菌的生长，使其含量降至最低。在收获期，防止谷粒过度损伤也很重要，因为过度损伤的谷粒在储存期间易于霉菌的污染，并且小心收割谷类作物可降低霉菌的污染和霉菌毒素的产生，因此，在适当的收割日期，用合适的设备及细致的收割程序可使谷物损伤降到最低；同时，去除损伤的作物和水分含量较高的植物部分是获得高品质饲料原料的重要步骤（王丽芳等，2017）。

（二）筛选最优挤奶方式，追踪生鲜乳源头

保证良好的生鲜乳源头是建立生鲜乳质量安全的关键。其中，最重要的就是筛选最优的挤奶方式。结合奶牛养殖场实际情况，记录挤奶模式，记录乳头消毒液使用名称和使用量，记录每头奶头的挤奶时间，挤奶量，以及奶罐型号，运输模式，奶罐的清洗次数，确保干净卫生。每一批次奶奶牛的情况记录在案，从养殖场到奶企能够做到溯源（曹庆臻，2015）。实施标准化生产，提高生鲜乳竞争力。通过生鲜乳质量安全追溯系统的开发和应用，发挥辐射作用，规范奶牛养殖和生鲜乳健康生产，有利于推动生产水平全面提升，从源头上提高动物产品的市场竞争力，满足消费者对安全、健康产品的需求，而且能够促进生乳养殖健康及持续发展，提高农民增收和人民生活水平。拓宽生鲜乳销售渠道，促进农业增产、农民增收。开展农产品质量安全追溯系统的开发和应用，经济效益、社会效益和生态效益显著，同时可促进相关产业发展，带动畜禽产业化发展。

在挤奶过程中，良好的挤奶环境也是必需的。挤奶厅周边环境中的污染源，如牛粪堆、渗水厕所等，对挤奶厅内部微生物的繁殖有很大影响，会导致这些微生物通过空气、水源等进入奶牛乳包。部分待挤区设在奶厅内部，若不及时清理其中的粪便，同样会使挤奶厅成为微生物生长繁殖的适宜场所。挤奶过程中的防控主要是为了控制生鲜乳中的微生物数量，需要注意的情况，一是挤奶工的卫生状况。如果挤奶工的双手未经消毒直接接触奶牛乳包，会造成乳包污染，细菌趁机侵入，严重时会使生鲜乳中的微生物数量超过 $1×10^8 CFU/mL$。二是乳房清洗是否彻底。未使用消毒毛巾或做不到一牛一巾，擦洗乳包的过程中，毛巾上的脏水会污染乳房，还会引起不同奶牛的交叉感染。三是，丢弃头三把奶。头三把奶中微生物数量高，若不在榨乳前挤弃，会导致生鲜乳中微生物大量繁殖和数量的增高。四是，挤奶设备清洗是否到位。挤奶杯、管路和制冷罐中的奶垢是微生物生长、繁殖的温床。通过对生鲜乳中微生物数量超过 $1×10^6 CFU/mL$ 的奶牛场进行调查发现，将所有设备消毒、清洗干净后，生鲜乳中微生物数量完全可以控制在 $1×10^5 CFU/mL$ 以下（许红岩，2013）。

（三）抓好奶站规范化建设，严把收购质量关

加强对生鲜乳收购站的检查力度。对奶站逐个严格检查，确保不存在违法添加三聚氰胺等有毒有害物质的情况是保证乳制品安全的关键所在。同时，配合各级各部门加强生鲜乳质量检查力度，全面监控、不留死角，保证生鲜乳质量安全。要重点检查奶站的生产场区、卫生环境是否严格执行消毒制度，检查配方饲喂、人畜混住等情况，对在检查中发现的问题要监督整改、复查验收（张立田等，2013）。全程监督收购生鲜乳的过程中，严格做到"五查看"：① 查奶牛健康状况，检查奶牛的免疫记录、饲料来源、兽药使用情况，确保奶牛健康状况良好；② 查牛奶质量状况，督促奶站加强常规检测；③ 查器具和环境消毒状况，指导和监督奶站落实卫生防疫消毒措施；④ 查冷链设施运转状况，指导奶站加强设施设备维护，确保生鲜乳不变质；⑤ 查销售运输状况，对销售运输过程进行监督，决不允许添加违禁物或有害物质（曹庆臻，2015）。内蒙古①开通了全国首个省级生鲜乳生产收购管理网站，对生鲜乳收购进行数字化、规范化和公开化管理（董峻，2009）。

奶牛饲养过程中，由于不合理使用治疗药物和饲料药物添加剂，可能导致生鲜乳中存在兽药残留现象。兽药残留对人体健康有严重的危害作用，所以，为了保证生鲜乳的质量安全，应该制定完善的相关法律法规和监控体系，做到实时监控，有效规范。另外，各部门需要进一步完善奶站各项管理制度。组织各县（区、市）奶站质量监督员、经营人员认真学习《乳品质量安全监督管理条例》，抓好贯彻落实（卢岩川，2016）。根据奶站现有条件，帮助建立健全挤奶、收购、冷却、运输等各项管理制度和操作规程，建立卫生消毒制度、生鲜乳日常检测制度、质量监督员工作制度、奶站购销台账制度和运输交验制度。

定期开展专项整治，查出问题，限期整改。对奶牛养殖场、生鲜乳收购站定期开展大检查，采取地方自查和重点督查相结合的方式，加大生鲜乳违禁物添加专项整治力度。全面检查生鲜乳收购站标准化建设与管理、日常监管和奶源建设情况，生鲜乳违禁物质监测及执法查处情况，以及生鲜乳质量安全监管体系建设情况（卢岩川，2016）。对发现的问题及时提出整改意见，督促其尽快整改并严格验收，对整改不符合要求的予以处罚或取缔。通过检查推出一批好典型，做好正面宣传，形成良好舆论氛围和环境，维护奶业持续健康发展。向养殖场和奶站派驻经验丰富的技术人员，针对在专项整治中发现的问题，对经营管理者进行有关法律法规、职业道德和专业技能的培训，提高从业人员素质，保障生鲜乳质量安全。

（四）创建和完善生鲜乳质量安全科技支撑体系

为了保障生鲜乳的质量安全需要创建和完善生鲜乳质量安全科技支撑体系。通过基础攻关研究和调查分析，揭示目前生鲜乳质量安全低下的原因，在生鲜乳质量安全方面攻克几项关键技术，建立生鲜乳乳蛋白和乳脂肪形成及调控的基本理论和方法，

---

① 内蒙古自治区的简称，全书同。

通过技术成果转化，形成具有典型特点的示范基地等。同时加快生鲜乳质量安全法律法规和标准体系的建设。加快生鲜乳及乳制品药物残留、动植物疫病以及有害有毒物质限量的行业标准的制定和修订进程，加快奶牛养殖产地环境、生产技术规范和产品质量安全标准的制定并完善配套，逐渐统一地方标准和企业标准（刘维华，2011）。从安全角度看，针对生鲜乳中可能存在的微生物耐药性现象，应该建立既符合国际通行准则又符合我国实际国情的风险评估技术，这将会成为今后的研究重点。

（五）积极发挥生鲜乳质量安全第三方检验室职能

原农业部 2009 年初启动实施了全国生鲜乳质量安全监测计划，以三聚氰胺等违禁添加物为重点指标，以生鲜乳收购站和运输车辆为重点环节，采取例行监测、飞行抽检和隐患排查监测等多种方式，加强日常监管和巡查，加大抽检频次，不断强化生鲜乳质量安全监测力度（董峻，2009）。北京、上海、辽宁、安徽、江苏、四川等多个省市也都制定了省（市）级生鲜乳质量安全监测计划。内蒙古首家生鲜乳质量第三方检测中心挂牌成立，为解决奶农与乳品企业的质量安全纠纷提供仲裁检验服务。

积极发挥生鲜乳质量安全第三方检验室职能必须完善生鲜乳质量安全监测基础设施，建立完善的部级、区域、省级、市县级监测体系。从产业规模或质量安全形势考虑，实施生鲜乳第三方检测将产生多方面的作用。第三方检测能为奶农和乳制品企业提供公正的交易平台，与按质论价价格体系相结合后，将有利地保障养殖与加工利益均衡，促进奶农主动提高生鲜乳质量安全。第三方检测机构应具有权威性，由政府授予检测和仲裁权，对生鲜乳生产和销售各环节进行独立而权威的检验检测。第三方检测需要在每次收奶时施行现场操作或者取样，并将测定结果尽可能地当场反馈给奶农或者奶站。应具有统一的组织结构，独立的工作人员，固定的经费来源和必要的设备及运输工具。还需要制定相关的标准、制度，确定常规检测项目和定期检测项目，统一测定方法，并在关键问题上进行科学合理地协调，以便乳品企业和奶农达成共识（刘维华，2011）。

（六）广泛开展宣传教育，推动产业健康发展

积极宣传，营造良好氛围。利用新闻媒体广泛宣传生鲜乳质量安全知识和相关法律，举办政策法规讲座，开展公众开放日活动。通过发放张贴明白纸，现场宣传讲授，使生产者、经营者和消费者进一步增强法律意识和维权意识，为进一步规范生鲜乳生产收购营造氛围，形成全社会共同关注生鲜乳质量安全的良好局面。内蒙古各级农牧业主管部门多次组织"蒙牛""伊利"两大企业奶源部及相关部门，对生鲜乳收购站业主、生鲜乳收购站管理人员、奶农开展生产管理技术及相关法律法规培训。

正确引导，提振消费信心。对养殖场、奶站和奶业企业经营者进行守法经营、诚信经营的教育和引导，提高他们的责任意识、质量意识、自律意识，增强他们的社会

责任感，使其自觉加强企业内部管理，重视抓好产品质量，引导和帮助他们做有社会公德心、有良知、有正义感的企业家。引导消费者科学、健康消费，提振消费信心，共同营造奶业发展良好环境。

三、风险交流

2008 年三聚氰胺婴幼儿奶粉事件是一起重大的食品安全事件，也是我国奶业质量安全的转折点。自此之后，乳品安全广受人们的关注，而生鲜乳作为生产乳制品的原料，其质量安全是保证乳品安全的基础。为了确保生鲜乳的安全，我国相继颁布了《中华人民共和国农产品质量安全法》和《中华人民共和国食品安全法》，并对生鲜乳进行化学、生物性危害风险评估。近年来政府在保障乳品质量安全方面做了很多努力，我国乳品安全总体上处于历史较好水平，但由于乳品安全的敏感性、传播媒介的多样性和社会网络等舆论环境的复杂性，围绕乳品质量安全的各类谣言时有发生，甚至有制作传播乳品质量安全谣言的黑色利益链，引发社会公众担忧和恐慌，影响了乳品产业健康发展和公共安全（林少华等，2017）。在 2012 年的蒙牛黄曲霉素超标事件中，由于错误的媒体报道与传播，一个不造成危害的个案事件却造成公众恐慌，事件前后"黄曲霉素"的（百度）搜索指数增长近 30 倍（刘昭阁等，2018）。2014 年国家卫生计生委办公厅发布《关于印发食品安全风险交流工作技术指南的通知》，可见国家各级主管部门对乳品质量安全谣言也采取主动出击的策略，而这必然离不开生鲜乳质量安全风险交流。

（一）风险交流的基本概念

"风险交流"一词在 20 世纪 70 年代由美国环保署首任署长威廉·卢克希斯首次提出。1983 年美国国家科学研究委员会发布的《联邦机构风险评估：过程管理》，首次提出风险交流是风险评估过程中的重要元素，并成立了风险认知和交流委员会专门指导相关研究工作。1989 年，该委员会出版了《改善风险交流》，对风险交流做出了定义，并第一次确立了风险交流的"互动"特性。2006 年，世界卫生组织/联合国粮农组织（WHO/FAO）出版《食品安全风险分析——国家食品安全管理机构应用指南》给出食品安全风险交流的定义。

WHO/FAO 出版的《食品安全风险分析——国家食品安全管理机构应用指南》中明确指出，"风险交流是在风险分析全过程中，风险评估人员、风险管理人员、消费者、企业、学术界和其他利益相关方就某项风险、风险所涉及的因素和风险认知相互交换信息和意见的过程，内容包括风险评估结果的解释和风险管理决策的依据"（EFSA）。简单来说，风险交流是一种公开的、双向的信息观点的交流，以使风险得到更好的理解，并做出更好的风险管理决定。这意味着风险分析涉及的所有人都是风险交流的参与者，包括政府管理者、风险评估专家、消费者、企业、媒体和非政府组织等。欧洲食品安全局（EFSA）对此的描述是："我们要在正确的时间通过正确的方式将正确的信息传达给正确的人"（FAO/WHO，2008）。

（二）风险交流的原则

1. 公开性原则

无论是食品安全管理过程，还是食品安全风险分析过程，都要有一定的开放性。当相关企业、消费者及其他相关利益者参与或知情时，才能真正参与其中，以便更好地开展下一步的工作。同时，透明性是建立在公开性之上的。

2. 透明性原则

透明性有利于各利益相关方的密切合作，提高食品安全管理体系的认同感。在遇到食品安全问题时，利益相关方都能积极发表自己的意见，让消费者及时了解相关信息，增强消费者信心，真正把相关信息透明化。

3. 及时性原则

食品安全事件有时具有突发性、涉及的消费者范围广泛、媒体及公众关注度高等特点。及时的风险交流可以降低事件升级为危机的可能性，降低消费者的担忧和急躁情绪。让消费者或涉事人员尽早知晓应采取的措施和应有的行动。

4. 应对性原则

风险交流重点在于沟通，而沟通应该是双方甚至是多方的事。因此，在交流时就应根据不同的受众对象选取不同的沟通方法、策略及语言进行交流，确保沟通顺畅进行。

（三）风险交流的重要性

风险交流是风险分析方法中必不可少的组成部分，在食品风险的管理决策过程中起着极其重要的作用。风险交流贯穿食品安全风险分析的整个过程，是风险分析过程中联系政府、企业、媒体、公众等利益各方的重要纽带。成功的风险交流有助于风险分析过程的透明化，是有效的风险管理和风险评估的前提。风险信息交流的过程并不是简单的"告知"和"被告知"的关系，它是一个双向的互动过程，要求具有科学性、时效性和有效性，还要有战略性的思路，也需要投入资源去实施必要的风险交流。但在具体实践过程中，如果食品安全事务管理者对食品安全风险信息交流的重要性认识不足，就会导致利益各方不能及时、有效、充分地进行风险交流，从而会造成公众对食品安全信息的担忧、恐慌或者对食品安全谣言信以为真，这也是食品安全风险信息管理决策和实施不到位的不良后果（De 等，2009）。例如我国乳品质量安全风险交流中存在着一些不正常的现象，当乳品出现质量安全问题时，往往引起一片质疑，同时引起某些媒体的过度夸大和民众的过度担心。因此，积极科学的乳品质量安全风险交流是减少信息不对称和减少民众误解的一个良策（刘飞，2014）。

（四）国际食品安全风险交流现状

风险交流在食品安全管理方面意义重大，几乎已经成为发达国家的共识，各主要发达国家或地区均建立起了有效的风险交流制度。

1. 欧盟

欧盟在确立食品安全管理体系框架的基础上，于2002年成立欧洲食品安全局（EFSA）负责食品安全风险评估和风险交流工作，由于欧盟是一个经济联合体，所以欧洲食品安全局作为整个欧盟食品安全风险交流的核心，需要负责欧盟和成员国两个层面的风险交流。

欧洲食品安全局于2009年发布《2010—2013年欧洲食品安全局交流战略》，明确了其在风险交流方面的工作目标、所应该采取的交流策略和交流方法，并提出风险交流是双向的互动式交流，强调各个利益相关方的参与。在信息交流方面，根据不同的受众选择相关的利益团体和组织进行特定的风险交流，再通过他们与消费者进行交流（罗季阳等，2011）。另外，欧洲食品安全局还注意通过网站、报纸、热线电话等形式与消费者进行直接的风险交流。

除了进行一般的风险交流工作，欧洲食品安全局还组织相应的调查研究，以了解受众对于风险的认知和对风险交流的评价，从而根据受众的反馈和研究结果制定更有效率的风险交流方案。

2. 美国

国家层面上，美国将风险交流作为过程透明的立法工作的一部分（杨丽，2005）。在食品安全方面，美国将制定法律法规和相关行业标准的基础和依据的信息向全社会公布，并安排专家利用公共媒体向公众解释。在出现紧急食品安全事件时，政府通过相关的通信体系，使全民都能了解到风险。美国正推进风险交流工作向更加开放、透明的方向发展，比如：食品召回时立法机构除了向公众通告，也会在网站上展示；定期报告对食品行业的监管工作，包括采取的监管行动和实施的相关法律法规等。美国政府为提高风险交流工作的效率，对交流对象的风险接收、风险感知水平进行深入调查，分析研究不同消费者对于风险交流的需求和偏好，针对不同交流对象定制风险信息，实现全面的风险交流计划。

机构层面上，美国食品药品监督管理局（FDA）负责除肉类和家禽外所有国内和进口食品的监管，十分注重食品安全的风险交流工作，于2009年制定了《FDA风险交流策略计划》，确立了自身风险交流工作的目标、策略和所采取的方法。它提出的"结果导向性风险交流"强调自身作为风险交流的主题应发挥积极的导向作用。

3. 日本

日本政府为维护对民众的信任，于2003年发布《食品安全基本法》，设立了直属内阁的食品安全委员会作为上层监督机构，负责食品安全风险评估和风险交流工作。其下设的风险交流专家委员会和秘书处负责食品安全的风险交流工作。包括召开国际会议与国外政府、组织等相关部门进行交流（王芳等，2008），通过网站、热线电话等与国内民众进行交流，以获得各方的意见和建议。食品安全委员会每周还召开一次公开会议，在其网站公布会议议程保证风险评估的透明性，让公众了解政府的食品安全工作进展。食品安全委员会还从各县选拔任命专业的食品安全监督员，由他们发放调查问卷来了解人们对食品安全事件的关注程度、风险感知和信息需要等信息，制定有效的风险交流运作机制，协助各地方组织进行信息交流。

4. 加拿大

加拿大卫生部作为一个国家级部门处理特别广泛的风险问题，也高度重视风险交流工作。风险交流是加拿大卫生部风险管理过程的不可或缺的组成部分。因此，在其制定的《战略风险交流框架》中强调用一种战略性系统方法来制定和实施有效风险沟通。具体包括：5个指导原则、实施指南以及战略风险沟通的详细过程。另外，还描述了加拿大卫生部内部与确保战略风险沟通动作成功相关的职业职责和义务，同时框架中也要求加拿大卫生部的每名员工都有职责和义务帮助确保风险交流工作的有效性，以符合加拿大公民的利益。

（五）风险交流工作基础条件

国家卫生计生委办公厅《食品安全风险交流工作技术指南》对风险交流工作的基础条件做出了指示。

1. 组织机构与人员

应当明确各级食品安全相关机构开展风险交流的职责与任务，并确定机构内风险交流的归口管理部门（人员），建立机构内部统一领导、各相关部门（人员）参与的工作机制，有条件的食品安全相关机构应当配备风险交流的专职人员。

2. 风险交流专家库

风险交流专家库的主要作用是为风险交流工作提供科学建议与策略支持，并根据需要参与风险交流相关活动。专家库成员应当涵盖食品安全、医学、社会学、心理学、传播学、公共关系和法律等领域。

3. 人员培训

食品安全相关机构应当开展多种形式的风险交流技能培训，培养风险交流人才队伍。培训内容包括食品安全基础知识、风险交流基础理论与技巧、媒体沟通原则与技巧、危机处理技巧、公共关系和心理学基本理论等。

4. 经费保障

风险交流经费应当纳入工作预算，以确保涉及食品安全政策、食品安全标准解读与宣贯、科普宣教与培训、食品安全舆情监测与应对、有关食品安全的突发公共卫生事件处理等方面的风险交流工作顺利进行。

（六）生鲜乳质量安全风险交流的有效开展

食品安全问题需要全民行动，不能仅靠食品行业，更需要科学的风险交流机制和健康的舆论导向。尤其是当今社会对食品质量安全问题高度敏感。对于一些很复杂的科学问题，如转基因工程，如果说得非常复杂，对于没有相关基础的人，可能会越听越糊涂。因此需要用公众能够听懂的语言进行解释，努力把复杂的事情解释得让公众了解。我国消费者对食品安全状况误解很深，很多食品安全事件对健康并不足以造成危害，却使得消费者对其过度担心。例如："某企业牛奶黄曲霉毒素超标140%"以及"喝牛奶致癌，牛奶越喝越缺钙"等谣言，对乳品行业的影响都是巨大的，严重影响了消费者对我国乳品的信心。消费者产生的某些不必要的恐慌正是由于缺乏乳品质量安全常识以及对食品生产重要环节的不熟悉引起的，这种不必要的恐慌却会给生产者和经营者带来巨大的压力（陈君石，2009）。这也表明，虽然我国在风险监测与评估和风险管理方面已经做了大量扎实的基础工作，但风险交流还没有得到有效的开展。目前我国生鲜乳质量安全风险交流相对薄弱，对群众的科普宣传力度低，许多科学信息在相关机构、团体和个人之间未能及时的沟通，导致理解和行动上的不一致，不利于生鲜乳质量安全问题的解决。

生鲜乳质量安全风险交流的有效开展需要社会共治，生鲜乳质量安全社会共治的主体和风险交流的主体是契合一致的，包括生产者、监管者、行业协会、公共媒体、网络平台、消费者、消费者权益保护组织、专家学者、商业保险机构等主体。社会共治和风险交流之间，是相辅相成、相互依赖、相得益彰的关系。有效的风险交流是生鲜乳质量安全社会共治的重要基础（罗云波，2015）。生鲜乳质量安全风险交流是对公众进行科学普及、谣言科学辟谣和评估结果科学发布的方式，需要以科学为基础来进行，乳品质量安全风险交流还需要在法律允许的框架内开展。根据国务院要求，任何组织和个人未经授权不得发布国家乳品质量安全总体情况、食品安全风险警示信息，不得发布或转载不具备我国法定资质条件的检验机构出具的乳品质量检验报告，以及据此开展的各类评价、测评等信息。一旦发现违法、违规发布乳品安全信息，应严肃查处，并向社会公告。只有充分且有科学依据的风险信息交流才有可能形成积极的合力，共同推动乳品质量安全属地管理责任、企业主体责任、部门监管责任的落实，同时政府、企业、专家或媒体应积极回应社会。媒体有意无意地夸大误导，乳品质量安全恐慌浪潮就这样一浪高过一浪，不仅破坏产业发展，影响我国乳品的国际贸易，破坏国家形象，还损害公众对政府以及对科学家的信任。子虚乌有、误报夸大的不实报道，也是因为政府和媒体、科学家和媒体之间缺乏有效的风险交流而得以放大其不良后果（余硕和张聪丛，2015）。

　　积极推进生鲜乳质量安全风险交流可以从以下四个方面开展。第一，建立高效的信息披露机制，是解决生鲜乳质量安全信息或风险信息不对称的有效途径，也是遏制网络谣言肆意传播的有效途径。当下诸多乳品质量安全问题事件大多源于政府监管和生产者之间、科学事实与媒体和消费者之间的信息真空，这可归因于风险交流的缺失。不能把风险交流简单理解为危机公关和维稳的需要，这会阻断风险交流的预防、预警和教育的功能。因此，建设高效的信息采集、信息分析评价及信息发布、信息共享服务机制，解决生鲜乳质量安全信息不对称问题，可以最大程度确保生鲜乳质量安全风险信息的及时有效发布。第二，构建生鲜乳质量安全风险预警防范体系，这有助于生产和监管者防患于未然，减少生鲜乳安全风险。第三，全力培养公众的生鲜乳质量安全的科学素养，改善生鲜乳质量安全风险交流效果。在法规保障下的生鲜乳质量安全教育制度化和科学化，是提高公众和媒体生鲜乳质量安全认知水平的关键。例如，全民乳品安全宣传是一种很好的公众教育方式，还可以建立第三方民间风险交流平台。在全民风险交流能力建设中，培养一批专业素质高、沟通技巧强的媒体从业人员和公众人物也是非常必要的。第四，充分发挥专家在乳品生产企业风险交流中的作用，有良好风险交流素养的专家可以为公众传递信息、传递信赖、传递信心。当某一企业或行业面临质量安全事件危机时，政府相关部门、科研院所、大专院校的专家对外应该第一时间担负起与消费者和社会各界风险交流的责任。当乳品安全事件发生后，专家要掌握尽量多的信息，要全方位观察，不盲目夸大，不只有信息量充足的风险交流才能获得消费者的信赖，这是专家在风险交流中发挥作用的必要前提。

参考文献

蔡建星，赵艳坤，王帅，等. 2018. 无乳链球菌耐药性及分子分型方法的研究进展［J］. 微生物学杂志，38（6）：114-124.

曹庆臻. 2015. 中国农产品质量安全　可追溯体系建设现状及问题研究［J］. 中国发展观察：31-35.

陈波. 2013. 霉菌毒素对奶牛的危害及防治［J］. 中国乳业（10）：26-28.

陈君石. 2009. 风险评估在食品安全监管中的作用［J］. 农产品质量与安全（3）：4-8.

董峻. 2009. 从源头抓起　重塑奶业新安全——全国生鲜乳专项整治行动综述［J］. 农产品加工（创新版），1-1.

董燕婕，冯温泽，赵善仓，等. 2018. 国内外农产品质量安全风险排序研究进展［J］. 中国食物与营养，24（10）：31-35.

郭晓东，郑楠，宋真，等. 2014. 生鲜乳中黄曲霉毒素 M1 在不同储存条件下的稳定性研究［J］.

中国奶牛，19（20）：39-42.

郭晓娟. 2011. 兽药残留产生的原因及危害［J］. 养殖技术顾问（3）：202.

韩荣伟，王加启，郑楠，等. 2012. 牛奶质量安全主要风险因子分析 Ⅲ. 兽药残留［J］. 中国畜
牧兽医，39（4）：1-10.

林少华，王辉，句荣辉，等. 2017. 风险交流在乳品质量安全中的重要性［J］. 中国乳业（11）：
62-65.

刘飞. 2014. 风险交流与食品安全软治理［J］. 学术研究（11）：60-65.

刘弘，顾其芳，吴春峰，等. 2011. 生乳中金黄色葡萄球菌污染半定量风险评估研究［J］. 中国
食品卫生杂志，4：293-296.

刘进远，邹成义. 2012. 饲料品质对生鲜乳质量安全的影响［J］. 中国奶牛：50-53.

刘昭阁，李向阳，李亘. 2018. 案例驱动下乳品安全事件应对的风险交流策略生成方法［J］. 系
统工程理论与实践，38（12）：3162-3173.

卢岩川. 2016. 当前影响生鲜乳质量安全的主要因素与防范措施［J］. 兽医导刊：233-233.

罗季阳，张晓娟，李经津，等. 欧盟食品风险交流机制和策略研究［J］. 食品工业科技，2011，
32（7）：360-362.

罗云波. 2015. 食品质量安全风险交流与社会共治格局构建路径分析［J］. 农产品质量与安全
（4）：3-7.

潘明飞，王俊平，方国臻，等. 2014. 食品中农兽药残留检测新技术研究进展［J］. 食品科学，
35（15）：277-282.

屈雪寅，王加启，郑楠，等. 2012. 牛奶质量安全主要风险因子分析 Ⅴ. 激素类药物残留［J］.
中国畜牧兽医，39（5）：7-13.

佘硕，张聪丛. 2015. 基于社会媒体的食品风险信息公众传播行为研究［J］. 情报杂志，34
（09）：123-128.

孙思，王安波，杨梅，等. 2017. 生鲜乳中黄曲霉毒素 M1 检测技术研究进展［J］. 畜牧兽医科技
信息（4）：12-13.

田帅，刘光磊，叶耿坪，等. 2017. 生鲜乳质量安全风险评估技术研究进展［J］. 中国奶牛（5）：
45-48.

田西学，李宏，李胜，等. 2016. 生鲜乳中危害因子与奶业质量安全分析［J］. 畜牧兽医杂志，
35（1）：46-50，53.

王芳，陈松，钱永忠. 2008. 国外食品安全风险分析制度建立及特点分析［J］. 世界农业（9）：
44-47.

王加启，郑楠，许晓敏，等. 2012. 牛奶质量安全主要风险因子分析 Ⅰ. 总述［J］. 中国畜牧兽
医，39（02）：1-5.

王加启，郑楠，李松励. 2017. 2017 年中国奶产品质量安全研究报告［M］. 北京：中国农业科学
技术出版社.

王加启，郑楠. 2015. 2015 年中国奶产品质量安全研究报告［M］. 北京：中国农业科学技术出版社.

王丽芳，杨健，姚一萍，等. 2017. 影响生鲜乳质量安全的风险因子——霉菌毒素［J］. 畜牧与

饲料科学，38：41-44.

魏晨，郭永鹏，计成，等. 2018. 黄曲霉毒素生物降解技术在反刍动物生产上的应用前景 [J].
　　饲料工业，39（19）：64-68.

许红岩. 2013. 生鲜乳中微生物控制浅析 [J]. 中国乳业：52-53.

许晓敏，王加启，郑楠，等. 2012. 牛奶质量安全主要风险因子分析Ⅳ. 农药残留 [J]. 中国畜
　　牧兽医，39（05）：1-6.

闫军，遇晓杰，汤岩，等. 2010. 金黄色葡萄球菌在生乳中生长预测模型的建立 [J]. 中国食品
　　卫生杂志，22（6）：502-505.

杨丽. 2005. 美国食品安全风险分析与评价 [J]. 中国食物与营养（1）：15-18.

遇晓杰，闫军，苏华，等. 2010. 原料乳中金黄色葡萄球菌的风险评估及防控策略的建立 [J].
　　中国乳品工业，38（9）：53-58.

张立田，郑百芹，齐彪，等. 2013. 浅谈生鲜乳质量安全问题与防范措施 [J]. 中国畜牧兽医，
　　40：119-120.

赵风，曲行光，吕学娜，等. 2009. 原料乳中金黄色葡萄球菌生长模型的建立 [A]. 中国奶业协
　　会 2009 年会论文集 [C]. 北京：242-244.

甄云鹏，王加启，郑楠，等. 2012. 牛奶质量安全主要风险因子分析Ⅵ. 污染物 [J]. 中国畜牧兽
　　医，39（06）：6-11.

郑楠，李松励，王加启. 2016. 2016 年中国奶产品质量安全研究报告 [M]. 北京：中国农业科学
　　技术出版社.

郑楠，王加启，韩荣伟，等. 2012. 牛奶质量安全主要风险因子分析 Ⅱ. 霉菌毒素 [J]. 中国畜
　　牧兽医，39（03）：1-9.

FAO/WHO. 2008. 食品安全风险分析：国家食品安全管理机构应用指南 [M]. 北京：人民卫生
　　出版社：97.

Bakirci I. 2001. A study on the occurrence of aflatoxin M1 in milk and milk products produced in Van
　　province of Turkey[J].Food control,12(1):47-51.

Beyene T. 2016. Veterinary drug residues in food-animal products:its risk factors and potential effects on
　　public health[J].J Vet Sci Technol,7(1):1-7.

Coffey R,Cummins E,Ward S. 2009. Exposure assessment of mycotoxins in dairy milk[J].Food Control,
　　20:239-249.

De S J,Mounierjack S,Coker R. 2009. Risk communication and management in public health crises. [J].
　　Public Health,123(10):643-644.

Decastelli L,Lai J,Gramaglia M,et al. 2007. Aflatoxins occurrence in milk and feed in Northern Italy dur-
　　ing 2004—2005[J].Food Control,18(10):1263-1266.

Diaz G J,Espitia E. 2006. Occurrence of aflatoxin M1 in retail milk samples from Bogota,Colombia[J].
　　Food additives and contaminants,23(8):811-815.

Ding T,Yu Y Y,Schaffner D W,et al. 2016. Farm to consumption risk assessment for *Staphylococcus au-
　　reus* and staphylococcal enterotoxins in fluid milk in China[J].Food Control,59:636-643.

Dong L,Liu H,Meng L,et al. 2018. Quantitative PCR coupled with sodium dodecyl sulfate andpropidium monoazide for detection of viable Staphylococcus aureus in milk[J].Journal of Dairy Science,1(6): 4936-43.

FAO/WHO. 2002. Evaluation of certain Veterinary drug residues in food(Fifty-eighth report of the Joint FAO/WHO Expert Committee on Food Additives). WHO Technical Report Series,No. 911.

FDA. 2018. Approved Animal Drug Products. https://animaldrugsatfda. fda. gov/adafda/views/#/home/ searchResult,Accessed:29 October 2018.

FDA/DHHS. 2015. Multicriteria-based Ranking Model for Risk Management of Animal Drug Residues in Milk and Milk Products.

Flórez Ana B,Vázquez Lucía,Baltasar M. 2017. A Functional Metagenomic Analysis of Tetracycline Resistance in Cheese Bacteria[J].Frontiers in Microbiology,8:907.

Geng M M,Xu M F,Wang Y,et al. 2018. Risk assessment of aflatoxin M1 in milk by Monte Carlo simulation[J].ShipinKexue/Food Science,39(5):226-233.

Gougoulias N,Leontopoulos S,Makridis C. 2014. Influence of food allowance in heavy metal's concentration in raw milk production of several feed animals[J]. Emirates Journal of Food & Agriculture (EJFA),26(9).

Hedinger J C,Winter C K,Cullor J S. 2009. Quantitative microbial risk assessment for Staphylococcus aureus and Staphylococcus enterotoxin A in raw milk[J].Journal of Food Protection,72:1641-1653.

Helferich W G,Garret W N,Hsieh D P,et al. 1986. Feedlot performance and tissue residues of cattle consuming diets containing aflatoxins[J].Journal of Animal Science,62:691-696.

Hussein H S,Brasel J M. 2001. Toxicity,metabolism,and impact of my- cotoxins on humans and animals [J].Toxicology,167:101134.

International Agency for Research on Cancer. 2002. Monograph on the evaluation of carcinogenic risk to humans:Chemical agents and related occupations. A review of human carcinogens[J].Lyon,France:International Agency for Research on Cancer. ,100F:224-248.

Joint FAO/WHO Expert Committee on Food Additives. 2002. Evaluation of certain mycotoxin in food[J]. WHO Technical Report Series,906:8-16.

Kuilman M E, Maas R F, Fink - gremmels J. 2000. Cytochrome P450 me-diated metabolism and cytotoxicity of aflatoxinB1 in bovine hepa- tocytes[J].Toxicology inVitro,14:321-327.

Li S,Min L,Wang G,et al. 2018. Occurrence of Aflatoxin M1 in Raw Milk from Manufacturers of Infant Milk Powder in China[J]. International journal of environmental research and public health,15 (5):879.

Liu H,Li S,Meng L,et al. 2017. Prevalence,antimicrobial susceptibility,and molecular characterization of Staphylococcus aureus isolated from dairy herds in northern China[J].Journal of Dairy Science,100 (11):8796-8803.

Mao J,Zheng N,Wen F,et al. 2018. Multi-mycotoxins analysis in raw milk by ultra high performance liquid chromatography coupled to quadrupoleorbitrap mass spectrometry[J].Food Control,84:305-311.

National Research Council(US) Committee on the Institutional Means for Assessment of Risks to Public Health. 1983. Risk Assessment in the Federal Government: Managing the Process[J]. Washington (DC): National Academies Press(US).

Qu X Y, Zheng N, Zhou X W, et al. 2018. Analysis and risk assessment of seven toxic element residues in raw bovine milk in China[J]. Biological trace element research, 183(1): 92-101.

Qu X, Su C, Zheng N, et al. 2018b. A survey of naturally-occurring steroid hormones in raw milk and the associated health risks in Tangshan city, Hebei province, China[J]. International Journal of Environmental Research and Public Health, 15(1): 8.

Sassahara M, Netto D P, Yanaka E K. 2005. Aflatoxin occurrence in foodstuff supplied to dairy cattle and aflatoxin M1 in raw milk in the North of Parana state. Food and chemical toxicology, 43(6): 981-984.

Shahbazi Y, Ahmadi F, Fakhari F. 2016. Voltammetric determination of Pb, Cd, Zn, Cu and Se in milk and dairy products collected from Iran: An emphasis on permissible limits and risk assessment of exposure to heavy metals[J]. Food chemistry, 192: 1060-1067.

Signorini M L, Gaggiotti M, Molineri A, et al. 2012. Exposure assessment of mycotoxins in cow's milk in Argentina[J]. Food and Chemical Toxicology, 50: 250-257.

Song Y H, Yu H Q, Lv W. 2018. Risk analysis of dairy safety incidents in China[J]. Food control, 92: 63-71.

The Japan Food Chemical Research Foundation. 2017. Maximum residue limits(MRLs) list of agricultural chemicals in foods[DB/OL]. [2017-4-3]. http://www. M5. Ws001. squarestart. ne. jp/foundation/search. Html.

Tian D, Li C. 2019. Risk assessment of raw milk quality and safety index system based on primary component analysis[J]. Sustainable Computing: Informatics and Systems, 21: 47-55.

Wiltse J A, Dellarco V L. 2000. U. S. Environmental Protection Agency's revised guidelines for carcinogen risk assessment: Evaluating a postulated mode of carcinogenic action in guiding dose-response extrapolation[J]. Mutation Research, 464(1): 105-115.

Yang J, Zheng N, Soyeurt H, et al. 2018a. Detection of plant protein in adulterated milk using nontargeted nano-high-performance liquid chromatography-tandem mass spectroscopy combined with principal component analysis[J]. Food Science & Nutrition, 7(1): 56-64.

Yang J, Zheng N, Yang Y, et al. 2018b. Detection of plant protein adulterated in fluid milk using two-dimensional gel electrophoresis combined with mass spectrometry[J]. International Journal of Dairy Technology, 55(7): 2721-278.

Zhang D, Park Z Y, Park J A, et al. 2016. A combined liquid chromatography-triple-quadrupole mass spectrometry method for the residual detection of veterinary drugs in porcine muscle, milk, and eggs[J]. Environmental Monitoring & Assessment, 188(6): 1-16.

Zhou X, Qu X, Zheng N, et al. 2019. Large scale study of the within and between spatial variability of lead, arsenic, and cadmium contamination of cow milk in China[J]. Science of the Total Environment, 650: 3054-3061.

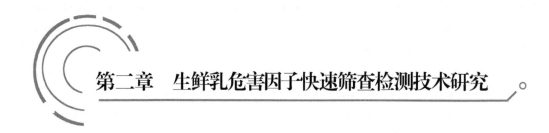

第二章　生鲜乳危害因子快速筛查检测技术研究

第一节　国内外研究进展

生鲜乳中存在的安全风险因子较多，随着科学进步、技术水平的提高，随时会发现更多的风险安全因子。就目前而言，生鲜乳中的安全因子主要来自于在饲养过程中泌乳动物的饲料、饮水、土壤、饲养环境及健康状况等因素导致乳中可能含有的农药残留、兽药残留、重金属、生物毒素（霉菌毒素、肠毒素等）、环境污染物（如氯酸盐、高氯酸盐、二噁英等）及致病菌等风险。另外还随时存在非法添加的有毒有害物质都对生鲜乳构成了严重的安全隐患。其中有些风险可人为的加以有效控制，如兽药残留可在奶畜患病用药期间生产的奶进行无害化处理等加以控制。而有些风险则无法消除，只能尽量将风险降至最低，如致病菌及其代谢产物（肠毒素）等。基于上述情况，自工业化生产乳与乳制品以来，国内外对检测各种安全指标都极为重视，尽可能研究新的检测技术以对已知的各种风险危害进行检测。近年来随着科技进步，在检测技术及手段上有了长足的发展：例如，为能有效检测各种有害因子，大型的精密仪器被广泛用于检测中。现在可通过各种仪器手段检测几乎所有已知的危害因子，如农兽药残留、重金属、霉菌毒素、非法添加物等。虽然仪器方法在定性、定量测定方面有其明显优势，但就目前而言，因仪器昂贵、技术要求高、操作复杂、无法高通量检测等因素无法满足生乳样品量大、时效性强的特点。就目前该类方法研究现状，绝大多数技术都是只能测定某种或几种目标物，对残留组分复杂的样品（如农药残留、兽药残留就分别多达上百种，需多次测定才能完成），这就急需至少能同时测定常用的所有兽药残留、农药残留等。另外近年来包括生物技术在内的其他高通量快速检测技术也发展迅速，如酶联免疫技术等在兽药残留、霉菌毒素等方面的检测技术也逐渐成熟并被广泛用于实际检测中。生物芯片、生物传感器等前沿技术最新引入到食品检测，并进行了大量研究，发表了大量论文，但在实际应用中仍处于初级阶段。由于该类技术在生乳大批量、快速、实时监测等方面有明显优势，已成为食品安全检测领域最热门的研究项目。本项目在设计研究方案中充分了解了国内外最新检测技术研究现状，基于解决生鲜乳检测中遇到的技术问题，确定了相应的研究内容及技术路线：兽药残留采用 UPLC-MS-MS 技术实现对所有组分一次性检测技术的研究及采用生物芯片技术高通量研究；农药残留采用 GC-MS-MS 技术实现一次性检测所有常见农药残留的检测技术研究；霉菌毒素利用 UPLC-MS-MS 技术实现同时检测常见的 6 种霉菌毒素检测技术的研究，考虑到霉菌毒素属强致癌物质、对人体危害极大，为能及时发现危害风险，就需研究开发灵敏度较高的检测技术。为此开展了利用生物传感器技术开展了黄曲霉毒素 M_1、B_1 及赭曲霉毒素等的研究，使其可检测到 pg 级的含量水平。同时也开展了重金属不同形态检测技术研究等内容。本课题所研究的内容可达到国际先进水平甚至领先水平（如生物传感器测定牛乳中黄曲霉毒素 M_1 的技术）。

第二节　项目成果及成效

一、项目主要创新成果

通过对该项目中设置的检测技术研究，取得了相应的成果，建立了相应的检测方法；同时开发了生物芯片等产品：

（1）建立了 UPLC-ESI-MS/MS 法同时检测生乳中霉菌毒素多残留含量。

（2）建立了 HPLC-ICP-MS 法测定生乳中不同汞形态含量方法。

（3）建立了 HPLC-ICP-MS 分别测定生乳中不同砷形态含量方法。

（4）建立了 HPLC 法同时测定生乳中不同价态铬含量方法。

（5）建立了 ICP-MS 法同时测定生乳中多元素含量方法。

（6）生物芯片法同时测定生乳中 15 种磺胺类残留量。

（7）微矩阵生物芯片法同时测定生乳中 6 种喹诺酮类残留量。

（8）生物传感器法测定生乳中黄曲霉毒素 M_1、B_1 含量。

（9）6 种奎诺酮微矩阵生物芯片研制。

二、应用效果和取得成效

自 2014 年项目开始至今，本着研究成果及时转化，服务于行业的要求，通过举办全国质检机构及企业培训、风险项目中直接采用取得的成果及转化为行业标准等形式进行成果的转化与应用，取得了显著成效。培训推广由农业农村部乳品质量监督检验测试中心（上海）和四川省农业科学院每年组织全国质检及企业分别在上海与成都举办培训班的方式进行培训推广，培训人数达千人次以上。主要培训推广已取得的研究成果，使其在相关部门得以推广应用，解决了风险监测及日常检测中的技术问题，取得了显著成效。

（一）培训推广

培训内容如下。

（1）生物芯片、生物传感器技术研究及应用。

（2）生物芯片同时测定生乳中 15 种磺胺类残留研究与应用。

（3）微矩阵生物芯片同时测定生乳中 6 种喹诺酮类药物残留研究与应用。

（4）UPLC-MS-MS 法同时测定生乳中 61 种兽药残留研究与应用。

（5）GC-MS-MS 法同时测定生乳中 52 种农药残留研究与应用。

（6）HPLC 法同时测定生乳中三价铬与六价铬含量研究与应用。

（7）HPLC-ICP-MS 同时测定 5 种形态砷含量研究与应用。

（8）ICP-MS 同时测定 21 种矿物元素含量研究与应用。

（9）快速检测新技术在生乳中检测技术最新研究进展与他应用。

（二）在生乳风险监测中的应用

中国农业科学院北京畜牧兽医研究所牵头组织全国 20 家质检机构连续开展了农业农村部生鲜乳质量安全风险评估项目，其中部分研究成果通过转化为奶业创新团队标准及其他形式直接用于风险监测工作中：

（1）UPLC-MS-MS 法同时测定生乳中 61 种兽药残留含量。

（2）GC-MS-MS 法同时测定生乳中 52 种农药残留含量。

（3）ICP-MS 法同时测定生乳中重金属多残留含量。

（三）研究成果转化为行业标准

UPLC-MS-MS 法同时测定生乳中 61 种兽药残留含量上报为农业农村部行业标准。

第三节　展望及拓展

一、未来展望

随着技术的进步、环境条件的变化及人们生活水平的提高，对食品安全的要求也会越来越高，提供安全、营养、健康的食品是大势所趋。除现已确定的风险因子，还会随时出现其他潜在的风险。为此需时刻关注新发现的安全隐患，研究解决检测技术问题。另外本项目研究的高通量快速地检测新技术应尽快实现全面推广应用，如生物传感器技术利用高灵敏度、高选择性的优势通过应用及时发现风险予以提前预警与防范；同时根据需要进一步研究其他安全因子的生物传感器技术。因生物传感器采用了常用的血糖仪作为检测器，成本低廉，且可在现场进行检测，这为大量用于检测提供了良好的条件，其应用前景广阔。生物芯片技术则进一步研究其他风险项目的生物芯片研制与应用，如常见的危害因子兽药残留、霉菌毒素、非法添加物等其他未列入本研究范围的项目都可制成生物芯片用于日常检测中。所以在此项目结束后可延续研究其他新的检测技术。

二、其他拓展

本研究主要针对生乳中风险因子的检测技术所开展后取得了成果，其安全指标实际上其他食品也都涉及。为此对研究建立的针对生鲜乳的检测技术通过对样品处理的优化等方式可用于其他食品，从而扩展了研究成果的应用范围。如目前研制的微矩阵生物芯片已成功在肉制品行业中得到应用：如瘦肉精、呋喃及代谢产物、三聚氰胺、头孢类药物、黄曲霉毒素 M_1 等。已研制成功的生物芯片如磺胺类、喹诺酮类都可用于其他食品中药物残留的测定。生物传感器技术可进一步开发研究诸如肠毒素等其他生物毒素来满足食品安全风险监测的需要。

第三章 危害评价技术

第一节 建立 GC-MS-MS 法同时检测生鲜乳中农药多残留含量

一、原理

随着人们生活水平的提高，食品安全日益成为人们关注的内容，而随着乳和乳制品进入人们饮食的同时，乳品安全成为关注的重点。目前农药种类繁多，建立一种有效的多组分农药残留的分析方法，检验评价生鲜牛乳中农药残留污染物的污染情况，十分必要。通过有效的检测方法，才能正确判断我国生鲜乳的农药残留污染现状，为保证我国乳品安全奠定基础。

目前，检测食品中农药残留的方法主要为气相色谱法和气相色谱质谱法。前者使用仪器成本低，但由于所用方法种类繁多，检测通量和检测效率比较低，不便于多组分的同时测定，并且定性的可靠性较气质联用法差。按照当前的发展趋势，使用通用的高通量的样品提取、净化方法，使用气质联用仪检测乳及乳制品中的农药残留将成为主要手段。本方法能同时测定 53 种农药和化学品残留量，检出限为 0.00014 ~ 0.0036mg/kg。牛奶用乙腈振荡提取，提取液经浓缩后用 C18 固相萃取小柱净化，用乙腈洗脱农药及相关化学品，用气相色谱串联质谱测定，内标法定量。

二、材料与方法

（一）仪器设备及材料

1. 气相色谱串联质谱联仪（配有电子轰击源）；
2. 分析天平，感量 0.01mg 和 0.01g；
3. 振荡器；
4. 离心机：转速在 4 200r/min 以上；
5. 旋转蒸发器；
6. C18 固相萃取小柱（2 000mg/12mL）。

（二）试剂

1. 乙腈，色谱纯。

2. 正己烷，色谱纯。

3. 甲苯，优级纯。

4. 丙酮，色谱纯。

5. 氯化钠，分析纯。

6. 硫酸镁（MgSO4）：分析纯。

7. 农药及相关化学品：纯度≥95%。

8. 标准储备液及内标溶液的配制。

（1）标准储备液的配制：分别称取 5~10mg（精确到 0.1mg）农药及相关化学品各标准物质分别放入 10mL 容量瓶中，根据标准物质的溶解性，分别选用甲苯、甲苯+丙酮溶剂定容（溶剂选择见附录 A）。标准储备液在 4℃，避光保存，可使用一年。

标准混合溶液：根据每种农药及相关化学品在仪器的响应灵敏度，各吸取相应的量配成 52 种农药及化学品的混合标准溶液，用甲苯定容（其中每个标准物质的浓度见附录 A）。该混合标准溶液在 4℃下，可避光保存一个月。

（2）内标溶液的配制：准确称取 3.5mg 环氧七氯 B 于 100mL 容量瓶中，用甲苯定容。

（3）基质混合标准工作液：取 2.0mL 混合标准工作液加入到近干的混合基质中，再加入 80μL 内标溶液，超声混匀，过 45μm，上机。

（三）操作步骤

1. 样品制备

（1）提取：称取 15g±0.2g 牛乳为样品于 50mL 离心管中，加入 20mL 混合有机溶剂（丙酮：乙腈＝1：9），4g 硫酸镁，1g 氯化钠，剧烈振摇 10min，再超声 10min，4 200转/min 离心 8min，吸取上清液于用 20g 无水硫酸钠过滤于 100mL 蒸发瓶中，再用 20mL 乙腈提取一次，合并提取液，于 40℃旋转蒸发至约 1mL。

（2）净化：过 C18 小柱，用 10mL 乙腈活化小柱，上样后再分别用 5mL、5mL、10mL 乙腈分三次洗脱小柱于蒸发瓶中，在 40℃温度下旋转蒸发到约 1mL，用 5mL 正己烷交换两次。最后加入 2mL 甲苯，内标溶液环氧七氯 80μL，超声混合均匀后，过 0.45μm 滤膜，上机。

同时取不含农药及化学品的空白样品制取空白试样基质标。

2. 测定

（1）仪器参考条件。

①气相色谱参考条件

进样口温度：270℃。载气流速：1.2mL/min。程序升温：初始温度40℃→保持1.5min→25℃/min→90℃，保持1.5min→25℃/min→180℃，保持0min→5℃/min→280℃，保持0min→10℃/min→300℃，保持5min。进样方式：脉冲不分流进样。分流流速：30mL/min。分流时间：0.8min。进样量：0.5μL。

②质谱仪器条件

EI+电离源。离子源温度：300℃。传输线温度：280℃。溶剂延迟：7.5min. 碰撞气：氩气。扫描模式：SRM多选择离子模式。发射电流：25μA。

（2）测定。

①标准混合溶液与样液测定：吸取0.5μL混合标准溶液与样液按仪器参考条件上机测定。农药各组分选择离子质谱图见附录A；保留时间、定性定量离子及碰撞能量见附录B。

②定性：一般情况下，只需采用定量离子对定性即可。如测定中存在干扰或需进一步确证，可以再选2~3对定性离子验证。

③定量：本标准采用内标法加空白样品基质标以消除基质干扰，采用表中给出的灵敏度较高的定量离子对进行定量测定。

三、分析结果的表述

试样中农残各组分的含量按式（1）计算：

$$X_i = c_s \times \frac{A}{A_S} \times \frac{c_i}{c_{si}} \times \frac{A_{si}}{A_i} \times \frac{V}{m} \times \frac{1\,000}{1\,000} \tag{1}$$

X_i——试样中被测物的残留量，单位为mg/kg。

c_s——基质标准工作液中被测物的浓度，单位为μg/mL。

A——试样溶液中被测物色谱峰面积。

A_S——基质标准工作液中被测物的色谱峰面积。

c_i——试样溶液中内标物的浓度，单位为μg/mL。

c_{si}——基质标准工作液中内标物的浓度，单位为μg/mL。

A_{si}——基质标准工作液中内标物的峰面积。

A_i——试样溶液中内标物的峰面积。

V——试样最终定容的体积，单位为mL。

m——试样溶液所代表试样的质量，单位为g。

计算结果应扣除空白。

附录A　51种农药组分的混合标准物质和生鲜乳样品的选择离子质谱图

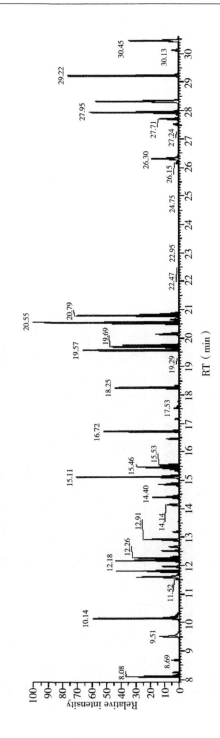

51种农残标准样的选择离子质谱图图

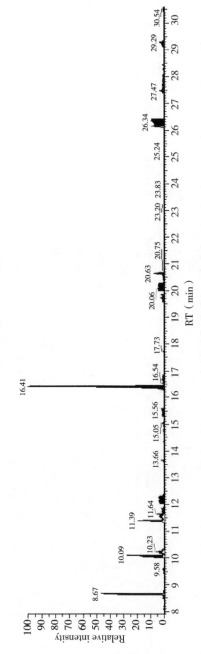

生鲜牛乳农残选择离子的样图

附录 B 51 种农药及相关化学品和内标物的保留时间、定量/定性离子及碰撞能量

序号	组分名称	保留时间（min）	定量离子对	定性离子对	最佳碰撞能量（eV）	备注
1	甲胺磷	8.03	141.0/94.8	94.0/64.0	8	
				141.0/64.0	8	
				141.0/79.0	8	
				141.0/126.0	8	
2	乙酰甲胺磷	9.50	136.0/94.0	136.0/42.1	8	
					8	
3	甲萘威	10.12	144.0/116.1	115.0/89.0	8	
				116.2/115.3	8	
4	久效磷	11.56	127.0/109.0	96.9/82.1	8	
5	甲拌磷	11.79	121/65.0	75.0/47.0	10	
				260.0/75.0	10	
6	α-666	11.95	182.8/109.0	182.8/146.7	30/10	
				218.8/183.0	10	
7	乐果	12.23	93.0/93.0	87.0/42.1	8	
				125.0/79.0	8	
8	克百威	12.23	149.0/121.0	121.9/94.0	8	
				164.0/103.1	8	

（续表）

序号	组分名称	保留时间（min）	定量离子对	定性离子对	最佳碰撞能量（eV）	备注
9	β-666	12.49	180.9/145.0	180.9/10.9	30/10	
				218.7/181.0	10	
10	γ-666	12.64	180.9/74.0	180.9/108.9	30	
				180.9/146.0	10	
				218.7/145.0	20	
11	二嗪磷	12.90	137.1/84.1	179.1/137.1	10	
				179.1/163.6	20	
12	δ-666	13.16	182.8/111	182.8/144.9	30/10	
				218.8/180.9	10	
13	抗蚜威	13.52	152.1/55.0	152.1/96.0	20/10	
				224.1/152.1	10	
14	甲基毒死蜱	14.11	285.9/207.9	125.0/47.0	8	
				287.8/93.1	8	
15	七氯	14.36	99.8/65.0	271.8/116.9	10/30	
				271.8/234.9	10	
16	甲霜灵	14.42	234.1/146.1	160.1/130.1	8	
				206.0/105.2	8	
17	杀螟硫磷	14.81	125.0/79.0	260.0/150.3	8	
				277.0/125.0	8	

（续表）

序号	组分名称	保留时间（min）	定量离子对	定性离子对	最佳碰撞能量（eV）	备注
18	甲基嘧啶磷	14.83	290.1/151.0	276/244.1	8	
				290.1/125.0	8	
				305.1/276.1	8	
				305.1/290.1	8	
19	马拉硫磷	15.08	173.1/99.0	173.1/117.0	8	
				173.1/145.1	8	
20	艾氏剂	15.30	292.8/220.0	292.8/221.5	20	
				292.8/256.7	10	
21	倍硫磷	15.33	278.0/109.0	278.0/125.0	8	
				278.0/245.0	8	
22	毒死蜱	15.40	313.9/257.9	196.9/168.9	8	
				198.8/135.7	20	
				124.9/79.0	8/10	
				138.9/109.0	8	
23	对硫磷	15.44	108.9/81.0	139.0/81.1	10	
				263.0/79.0	20	
				291.0/109.1	8	
24	三唑酮	15.48	208.0/180.7	180.7/126.9	8	
				208.0/74.9	8	
				209.7/128.9	8	

（续表）

序号	组分名称	保留时间（min）	定量离子对	定性离子对	最佳碰撞能量（eV）	备注
25	环氧七氯	16.40	252.7/217.7	252.7/181.0	8	
				352.7/262.9	8	
26	喹硫磷	16.68	146.0/118.1	146.0/91.0	8	
				157.1/129.0	8	
				157.1/130.2	8	
				298.0/156.1	8	
27	稻丰散	16.69	273.9/121.0	120.9/77.0	8	
				245.9/121.0	8	
28	顺-氯丹	17.10	372.8/265.8	372.8/336.8	20/10	
				374.7/263.8	20	
				376.6265.9	20	
29	反-氯丹	17.31	372.7/263.7	374.7/303.0	8	
30	α-硫丹	17.46	240.6/203.9	194.7/159.4	8/8	
				194.7/125	8	
31	β-硫丹	17.49	240.6/205.8	158.9/123	8/8	
				240.6/135.8	8	
				194.7/159	10	
32	p，p'-DDE	18.18	246.0/176.1	317.8/246.0	28/20	
				317.8/248.0	18	

（续表）

序号	组分名称	保留时间（min）	定量离子对	定性离子对	最佳碰撞能量（eV）	备注
33	狄氏剂	18.27	236.6/142.9	236.6/140.8	20	
34	硫丹硫酸盐	19.22	238.7/203.9	262.8/227.8	20	
35	p,p'-DDD	19.50	236.8/165.0	271.7/236.8	8/8	
36	o,p'-DDT	19.62	236.8/165.0	235.0/200.1	10/20	
37	乙硫磷	19.69	152.9/97.0	236.8/200.6	10	
38	三唑磷	20.14	161.0/134.1	236.8/164.8	8/22	
49	敌瘟磷	20.51	109.0/65.1	96.9/65.0	8	
40	丙环唑-1	20.51	259.0/173.0	230.9/128.9	8	
41	p,p'-DDT	20.75	235.0/165.1	91.0/65.0	8	
42	丙环唑-2	20.82	259.0/191.0	161.0/105.7	8	
43	咪酰胺	26.26	180.0/138.1	172.9/109.0	8	

（续表）

序号	组分名称	保留时间（min）	定量离子对	定性离子对	最佳碰撞能量（eV）	备注
44	氯氟菊酯-1	27.47	163.0/91.1	163.0/109.0	8	
45	氯氟菊酯-2	27.66	163.0/91.1	180.0/152.1	8	
46	氯氟菊酯-3	27.81	163.0/91.1	180.9/151.9	8	
				180.0/152.1	8	
47	氯氟菊酯-4	27.88	163.0/91.1	208.8/116.1	8	
				163.0/127.1	8	
48	氟氰戊菊酯-1	27.91	157.0/107.0	180.9/152.2	8	
59	氟氰戊菊酯-2	28.28	199.0/157.1	199.1/157.1	10	
				156.9/107.1	8	
50	氰戊菊酯	29.19	166.9/125.0	125.0/89.0	8	
				225.0/91.1	8	
51	溴氰菊酯-1	30.14	252.8/173.9	225.0/119.0	8	
				173.7/93.1	8	
52	溴氰菊酯-2	30.47	252.8/173.9	181.0/152.1	8	
				173.7/93.1	8	
				181.0/152.1	8	

第二节　建立了测定生鲜乳中不同元素含量方法

一、ICP-MS 法同时测定生鲜乳中多元素含量方法

（一）原理

人体是由 80 多种元素组成的，根据元素在人体内的含量不同，可分为常量元素和微量元素两大类。凡是占人体总重量的万分之一以上的元素，如钙、镁、钠、钾、碳、氢、氧、氮、磷等，称为常量元素；凡是占人体总重量万分之一以下的元素，如铁、锌、铜、锰、硒、铬、氟等，称为微量元素。微量元素虽然在人体内的含量不多，但是对人的生命起着至关重要的作用。它们的摄入过量、不足、不平衡或缺乏都会不同程度地引起人体生理的异常或发生疾病。

牛奶中不仅可以补充人体所需的蛋白质、维生素，而且还可以补充人体所必需的常量元素和微量元素。在国家标准中，钙、镁、钠、钾、铁、锌、铜、锰等元素经常采用的分析方法是火焰原子吸收法或电感耦合等离子体发射光谱法，铅、铬等采用石墨炉原子吸收法，硒、汞、砷等采用氢化物原子荧光光谱法，这些方法的缺点是：①原子吸收和原子荧光需要逐个元素进行分析，且时间长，速度慢；②不同元素之间存在干扰问题，干扰较大，使检测结果的准确性降低。

而带碰撞池的电感耦合等离子体质谱仪（Inductively Coupled Plasma Mass Spectrometry，简称 ICP-MS）法与以上几种方法相比，具有快速、多元素同时测定、线性范围宽、精密度高、准确性好、检出限低、抗干扰能力强等优点。

牛奶经微波消解仪消解后，由电感耦合等离子体质谱仪测定，以元素特定质量数（质荷比，m/z）定性，采用外标法，以待测元素质谱信号与内标元素质谱信号的强度比与待测元素的浓度成正比进行定量分析。

（二）仪器

1. 电感耦合等离子体质谱仪（ICP-MS）。

2. 微波消解仪：配有聚四氟乙烯消解内罐。

3. 超声水浴箱。

4. 电子天平：感量 0.1mg。

（三）试剂

1. 硝酸：优级纯。

2. 混合标准储备液：铅、镉、锰、镍、锑、镁、铜、锡、钼、锶、钡、锌、铊、铝、铁、铬、砷、硒。

3. 质谱调谐液：Ba、Be、Ce、Co、In、Mg、Pb、Rh、U 浓度为 10μg/L。

4. 内标溶液：Sc、In、Bi 浓度为 100μg/L。

5. 仪器参考条件：仪器条件见表 3-1。

表 3-1　电感耦合等离子体质谱仪操作参考条件

参数名称	参数	参数名称	参数
射频功率	1 500W	雾化器	高盐/同心雾化器
等离子体气流量	15L/min	雾化室温度	2℃
载气流量	0.8L/min	辅助气流量	0.4L/min

在调谐仪器达到测定要求后，编辑测定方法，根据待测元素的性质选择相应的内标元素，待测元素和内标元素的 m/z 见表 3-2。

表 3-2　待测元素选择的同位素和内标元素

序号	元素	m/z	内标	序号	元素	m/z	内标
1	Pb	208	^{209}Bi	13	Al	27	^{45}Sc
2	Cd	111	^{115}In	14	Na	23	^{45}Sc
3	Ni	60	^{115}In	15	K	39	^{45}Sc
4	Sb	123	^{115}In	16	Mn	55	^{45}Sc
5	Tl	205	^{209}Bi	17	Sn	118	^{115}In
6	Mg	24	^{45}Sc	18	Zn	66	^{115}In
7	Cu	65	^{115}In	19	Se	78	^{115}In
8	Mo	95	^{115}In	20	Fe	57	^{45}Sc
9	Sr	88	^{115}In	21	Cr	52	^{45}Sc
10	Ba	137	^{115}In	22	As	75	^{115}In

（四）分析步骤

1. 样品制备

称取牛乳 1g（精确至 0.1mg）于微波消解内罐中，加入 8mL 硝酸，放置过夜，旋紧罐盖，按照微波消解仪标准操作步骤进行消解（微波消解参考条件见表 3-3）。冷却后取出，缓慢打开罐盖排气，用少量水冲洗内盖，将消解罐在超声水浴中超声脱气 5min，用水定容至 25mL，同时做空白试验。

表 3-3　微波消解参考条件

步骤	频率（W）	控制温度（℃）	升温时间（min）	恒温时间（min）
1	800	100	5	3
2	800	150	5	8
3	800	180	3	35

2. 测定

（1）标准曲线的制作：将混合标准溶液注入电感耦合等离子体质谱仪中，测定待测元素和内标元素的信号响应值，以待测元素的浓度为横坐标，待测元素与所选内标元素响应信号值的比值为纵坐标，绘制标准曲线。

（2）试样测定将空白溶液和试样溶液分别注入电感耦合等离子体质谱仪中，测定待测元素和内标元素的信号响应值，根据标准曲线得到消解液中待测元素的浓度。

（五）分析结果表述

待测元素的计算：

$$X = \frac{\rho \times v \times f}{m \times 1\,000}$$

式中：

X——试样中待测元素的含量，单位为毫克每千克（mg/kg）；

ρ——测定液中待测元素的浓度，单位为纳克每毫升（ng/mL）；

v——试样消化液定容体积，单位为毫升（mL）；

f——试样稀释倍数；

m——试样称取质量，单位为克（g）。

二、HPLC-ICP-MS 分别测定生乳中不同砷形态含量方法

（一）原理

砷是一种广泛分布于自然界的元素。各种不同的砷形态其物理、化学性质、毒性亦各不相同。其中无机砷的毒性最大，如 As（Ⅲ）和 As（Ⅴ），有机砷的毒性较小如 MMA 和 DMA，而 AsB，AsC 和砷糖等通常被认为是无毒的。因此，分析砷在食品的形态对评价砷对人体危害的风险分析具有重要意义。国家对液态乳总砷限量要求为 0.1mg/kg，乳粉中为 0.5mg/kg。

砷不同形态分析研究近年来报道较多，主要集中在水产品及环境样品等，而其他食品特别是生乳及乳制品中不同砷形态含量的分析研究方面少有报道。由于通用的原子荧光仅能对样品中的无机砷或经消化处理后的总砷进行测定。其他测定不同砷形态

方法如微波萃取—原子荧光光谱法、离子色谱法也有报道，但目前对测定不同砷形态仍以 HPLC-ICP-MS 方法最多。乳品类样品基质复杂，本研究重点集中在样品前处理优化方面：通过酶水解解决了对不同砷形态的吸附问题，通过采用萃取小柱以脱去脂肪。从而实现了对乳品中五种不同砷形态的准确测定。

样品中的无机砷和有机砷经过提取、净化后，用液相色谱方法进行分离，再导入电感耦合等离子体质谱仪进行外标法定量测定。

（二）仪器与设备

1. 液相色谱仪。

2. 电感耦合等离子体质谱仪（ICP-MS）。

3. 酸度计：最小分度值 0.01pH。

4. 分析天平：感量 0.1mg。

5. 漩涡混合器。

6. 恒温水浴锅。

7. 超声波清洗器。

8. 高速冷冻离心机：转速不低于 8 000r/min。

9. 阴离子交换柱（IonPac ASG19 250mm * 4mm）。

10. 聚二乙烯基苯聚合物反相固相萃取小柱（PEP-2SPE），200mg/6mL。

（三）试剂

1. 碱性蛋白酶（20 万 u/g）。

2. 柠檬酸钠水溶液：[12%（m/v）]。

3. 氢氧化钠水溶液（0.5mol/L）。

4. 流动相 A：10mmol/L 无水乙酸钠 + 3mmol/L 硝酸钾 + 2mmol/L 磷酸二氢钠 + 0.2mmol/L 乙二胺四乙酸二钠，用 4% 氢氧化钠调 pH = 10.7。

5. 流动相 B：无水乙醇。

6. 标准品：砷甜菜碱，一甲基砷，二甲基砷，砷酸根，亚砷酸根标准品。

（四）分析步骤

1. 样品处理

（1）提取

称取生乳样品 30g（精确至 0.1mg）或乳粉样品 6g（精确到 0.1mg）于锥形瓶中，乳粉用 30mL 温水溶解样品。用浓度为 0.5mol/L 的氢氧化钠溶液调 pH 值 = 9.5 后分别加入 0.2g 碱性蛋白酶（20 万活力单位），放入 60℃ 恒温箱中水解 30min。取出后分别加入质量分数为 12% 柠檬酸溶液 4.0mL，转入 50mL 容量瓶中定容。4℃ 冰箱中静止 5min，将部分样液转入离心管中，以 8 000r/min 离心 10min，同时做试剂空白实验。

（2）净化

将 PEP-2SPE 小柱置于固相萃取装置上，用 5mL 甲醇活化，用 5mL 去离子水过柱并排干，吸取 2mL 样液过柱弃掉后，再吸取 3mL 样液通过小柱，并接收于试管中，通过 0.45μm 滤膜过滤后用于测定。

2. 分析方法

（1）色谱条件

①色谱柱：阴离子保护柱 IonPac AG 19（50mm×4mm，11μm）；

②阴离子分析柱 IonPac AS 19（250mm×4mm，7.5μm）；

③柱温 35℃；流速 1.0mL/min；

④流动相［10mmol/L 无水乙酸钠+3mmol/L 硝酸钾+2.0mmol/L 磷酸二氢钠+0.2mmol/L 乙二胺四乙酸钠，用 4.0% NaOH 溶液调节 pH 值为 10.7］：无水乙醇为 99∶1。

⑤流速：1.0mL/min；

⑥进样量 50μL。

（2）质谱条件

积分时间 1s；功率 1 100W；玻璃同心雾化器；载气流量 1.0L/min；辅助气流量 1.2L/min；

采集质量数 74.921 6；灵敏度≥260mg/L；进样管内径≤0.2mm。

（3）标准曲线绘制

分别用 1% 柠檬酸钠水溶液将 5 种形态砷标准贮备溶液逐级稀释，配制成质量浓度为 0.0，1.0，2.0，5.0，10.0ng/mL 的标准系列溶液。按设定的仪器条件上机分别测定，绘制标准曲线。

（4）样品测定

吸取样液按上述设定的仪器条件上机测定，通过标准曲线定量。

（五）分析结果表述

试样中各种砷形态含量按下式计算：

$$X_i = \frac{(c_i - c_0) \times V \times f}{m \times 1\,000}$$

式中：

X_i——各种砷形态组分的质量浓度，单位 mg/kg；

c_i——从标准曲线上查得样品中各种形态砷的质量浓度，单位 ng/mL；

c_0——从标准曲线上查得空白中各种形态砷的质量浓度，单位 ng/mL；

V——样品定容的体积，单位 mL；

f——样液的稀释倍数；

m——称取样品的质量，单位 g。

其中，无机砷的含量：$X = \sum_{i=1}^{2} (X_{\text{III}} + X_V)$

X_{III}——三价砷的质量浓度，单位 mg/kg；

X_V——五价砷的质量浓度，单位 mg/kg。

计算结果保留 3 位有效数字。

（六）精密度及检出限

1. 精密度

在重复性条件下获得的两次独立测定结果的绝对差值不得超过算术平均值的 10%。

2. 检出限

As（III），As（V），AsB，DMA，MMA 的检出限依次为：0.001mg/kg，0.001mg/kg，0.001mg/kg，0.002mg/kg，0.002mg/kg。

三、HPLC 柱后衍生同时测定生乳中不同价态铬含量方法

（一）原理

铬（Cr）是自然界中广泛存在的一种元素，主要分布于岩石、土壤、大气、水及生物体中。它主要以三价铬（CrIII）和六价铬（CrVI）的形式存在。三价铬是人体和动物体的必需微量元素，参与人体糖和脂肪的代谢；六价铬则是明确的有害元素；主要以（CrO_4^{2-}）和（$Cr_2O_7^{2-}$）形式存在，在不同的 pH 值下可相互转换。研究发现，六价铬的化合物不能自然降解，会在生物和人体内长期积聚富集，是一种重污染环境物质能使人体血液中某些蛋白质沉淀，引起贫血、肾炎、神经炎等疾病；长期与六价铬接触还会引起呼吸道炎症并诱发肺癌或者引起侵入性皮肤损害，严重的六价铬中毒还会致人死亡。

目前有关铬元素的分析方法主要有分光光度法、离子色谱法（液相色谱法）、液相色谱—等离子体发射光谱质谱法（HPLC-ICP-MS）、原子吸收光谱法（总量）。

牛奶样品经淋洗液溶解，使不同价态的铬游离出来，三价铬与 PDCA 形成络合物，同时用硝酸沉淀蛋白，经离子型色谱柱分离后进电感耦合等离子体发射光谱质谱仪测定，外标法定量。

（二）仪器设备

1. 液相色谱仪。

2. 离心机。

3. 可调式加热板。

（三）试剂

1. 硝酸（HNO_3）：分析纯。

2. 2,6-吡啶二羧酸（PDCA）：分析纯。

3. 乙酸铵（CH_3COONH_4）：分析纯。

4. 磷酸二氢钠（$NaH_2PO_4 \cdot H_2O$）：分析纯。

5. 碘化钾（KI）：分析纯。

6. 氢氧化锂（LiOH）：分析纯。

7. 淋洗储备液：2,6-吡啶二羧酸（PDCA）1.67g，乙酸铵19.25g，磷酸氢二钠3.58g，碘化钾8.3g，氢氧化锂0.6g，定容至500mL。

8. 淋洗液：将淋洗储备液稀释10倍，并调节pH值6.7~6.8，过0.22μm滤膜。

9. 柱后衍生剂：0mL硫酸缓慢溶解到500mL水中，另取0.5g 1,5-二苯碳酰二肼（PDC）溶于150mL甲醇中，两相混合后定容至1 000mL，过0.22μm。

10. 33%硝酸溶液：硝酸与水1:1混合。

11. 三价铬标准储备液（1 000mg/L），六价铬标准储备液（1 000mg/L）。

12. 三价铬、六价铬混合标准中间液：分别吸取2mL三价铬、六价铬标准储备液于100mL容量瓶中，用水定容至刻度配制成混合标准中间液（I）浓度分别为20mg/L；再吸取2.5mL混合标准中间液（I）于100mL容量中，用水定容至刻度配制成混合标准中间液（II）浓度为500μg/L。

（四）分析步骤

1. 试样制备

（1）提取：准确称取混匀的牛奶试样5g（精确到0.1mg）于25mL容量瓶中，加入2.5mL淋洗储备液（7），涡旋混合均匀，静止5min，加入0.1mL 33%硝酸溶液，置加热板上加热并煮沸2min，取下冷却至室温，用水定容至刻度，混合均匀，转移至50mL离心管中5 000r/min离心10min，取上清液待净化。

（2）净化：用10mL一次性注射器分别取10mL甲醇、10mL水通过RP净化柱，流速小于5mL/min，再取10mL上清液缓慢通过RP净化柱，流速小于1mL/min，弃去前3mL流出液后收集流出液过0.22μm滤膜上机待测。

2. 液相色谱参考条件

（1）色谱柱：色谱柱IonPac CG5A 250 * 4.0mm分析柱，IonPac CG5A 50 * 4.0mm保护柱。

（2）流动相流速：1mL/min。

（3）进样量：100μL。

（4）柱温：30℃或室温。

（5）衍生剂流速：0.4 mL/min。

（6）衍生反应器温度：30℃或室温。

（7）检测波长：三价铬365nm，六价铬530nm。

（8）进样量：100μL。

3. 测定

（1）铬标准曲线的绘制：分别吸取0、0.5mL、1.0mL、2.0mL、4.0mL、8.0mL混合标准中间液（Ⅱ）于25mL容量瓶中，分别加入2.5mL淋洗液，在加热板上煮沸2min，冷却至室温用水定容至刻度；配制的Cr^{3+}和Cr^{6+}混合标准系列浓度分别为0、10μg/L、20μg/L、40μg/L、80μg/L、160μg/L分别吸取各标准系列溶液100μL注入液相色谱仪中，以浓度为横坐标，峰面积为纵坐标绘制标准曲线。

（2）样品测定：吸取试样处理液100μL注入液相色谱仪中，得到样品峰面积，由标准曲线计算样品中Cr^{3+}、Cr^{6+}的浓度。

（五）分析结果表述

试样中碘含量按下式计算：

$$X = \frac{c \times V}{m \times 1\,000}$$

式中：

X——试样中被测组分含量，单位为毫克每千克（mg/kg）；

c——从标准工作曲线得到的被测组分溶液浓度，单位为微克每升（μg/L）；

V——样品溶液最终定容体积，单位为毫升（mL）；

m——最终样品溶液所代表的试样质量，单位为克（g）。

（六）说明及注意事项

1. 本方法适合于牛奶中Cr^{3+}、Cr^{6+}的测定，检出限分别为1μg/kg。

2. 铬标准储备液、标准中间液配制后应储存于聚乙烯瓶中，避光保存。

第三节　建立UPLC-ESI-MS/MS法同时测定生乳中兽药多残留含量的方法

一、原理

兽药残留是"兽药在动物源食品中的残留"的简称，根据联合国粮农组织和世界卫生组织（FAO/WHO）食品中兽药残留联合立法委员会的定义，兽药残留是指动物产品的任何可食部分所含兽药的母体化合物及（或）其代谢物，以及与兽药有关的杂质。所以，兽药残留既包括原药，也包括药物在动物体内的代谢产物和兽药生产中所伴生的杂质。随着人们对动物源食品由需求型向质量型的转变，动物源食品中的兽药残留已逐渐成为全世界关注的一个焦点。食品添加剂和污染物联合专家委员会从20世纪60年代起开始评价有关兽药残留的毒性，为人们认识兽药残留的危害及其控制提供了科学依据。

在动物源食品中较容易引起兽药残留量超标的兽药主要有抗生素类、磺胺类、呋喃类、抗寄生虫类和激素类药物。而抗生素类药物的残留更是成为人们关注的一个焦点，大量、频繁地使用抗生素，可使动物机体中的耐药致病菌很容易感染人类；而且抗生素药物残留可使人体中细菌产生耐药性，扰乱人体微生态而产生各种毒副作用。

目前兽药残留最常见的分析方法有波层色谱法（TIC）、气相色谱法（GC）、高效液相色谱法（HPLC）、气相色谱-质谱法（GC-MS）、液相色谱-质谱法（LC-MS）、酶联免疫法（ELISA）、快速试剂盒法，特别是液相色谱-质谱法近些年在兽药残留检测方面得到了广泛的应用。

试样经乙腈水溶液提取，用通过的方式过 Oasis PRiME HLB 固相萃取柱净化，液质质联用仪分析，外标法定量测定试样中多兽药残留的含量。

二、仪器与设备

1. 液质质联用仪（UPLC-MS-MS）。

2. 涡旋混合器。

3. 高速冷冻离心机。

4. 超声波清洗器。

5. 固相萃取装置。

6. Oasis PriME HLB 固相萃取柱，60mg/3mL。

三、试剂

1. 乙腈，色谱纯。

2. 甲醇，色谱纯。

3. 甲酸，色谱纯。

4. 标准品：标准品目录见附录 C。

5. 标准品配制：除头孢噻呋、头孢氨苄、头孢洛宁、头孢喹肟标准品用水溶解，其余均用甲醇溶解。

四、分析步骤

(一) 试样处理

1. 试样提取

取 1g（精确到 0.1mg）样品于 15mL 离心管中，移取适量内标混合溶液，加入 4mL 0.2%甲酸乙腈溶液，涡旋混合 1min，10 000r/min 离心 5min.

2. 试样净化

将上清液转入 Oasis PriME HLB 固相萃取柱中，保持 1s1 滴的速度，并用 3mL 80% 乙腈溶液淋洗，收集全部流出液，45℃ 氮气吹至液面低于 1mL，并用水定容至 1mL，混匀后过 0.22μm 滤膜上机。

同时取牛奶空白样品，按 1、2 步骤操作，制成基质空白样品。

(二) 测定

1. 液相色谱条件

(1) 色谱柱：HSS T3 柱，1.8μm，10mm×2.1mm（i. d.），或相当者。

(2) 流动相：A 0.1%甲酸水（含 10%甲醇）；B 乙腈（含 10%甲醇）。

(3) 流速：0.3mL/min。

(4) 柱温：40℃。

(5) 进样量：5μL。

洗脱程序见表 3-4：

表 3-4　液相色谱的梯度洗脱程序

时间（min）	A（%）	B（%）	曲线
0	95	5	6
0.5	95	5	6
5	70	30	6
6	5	95	6
7.5	5	95	6
10	95	5	1

2. 质谱条件

(1) 离子源温度：150℃。

(2) 脱溶剂气温度：450℃。

(3) 脱溶剂气流量：650L/h。

（4）扫描方式：正离子扫描（氯霉素为负离子扫描）。

（5）检测方式：多反应监测。

（6）定性、定量雷子对、锥孔电压、碰撞能量参数见附录D。

3. 定性测定

被测组分选择1个母离子，2个以上子离子，在相同实验条件下，如果样品中待检测物质与基质标准溶液中对应的保留时间偏差在±2.5%之内，且样品谱图中各组分定性离子的相对丰度与浓度接近的标准溶液谱图中对应的定性离子的相对丰度进行比较，相对丰度偏差不超过表3-5所规定的范围，则可判断样品中存在相应的被测物。

表3-5　定性时相对离子丰度的最大允许偏差

相对离子丰度（%）	$K>50$	$20<K<50$	$10<K<20$	$K\leqslant10$
允许的相对偏差（%）	±20	±25	±30	±50

4. 定量测定

根据样液中被测化合物的含量情况，选定浓度接近的标准工作溶液进行分析。按浓度由小到大的顺序依次分析混合基质标准工作溶液，得到混合基质标准工作溶液浓度与峰面积的工作曲线。混合基质标准工作溶液和样液中待测化合物的响应值均应在仪器的检测线性范围内。对混合基质标准工作溶液和样液等体积参差进样测定，在上述色谱和质谱条件下，标准物质多反应监测（MRM）色谱图参见附录D。

五、分析结果的表述

试样中各残留量按下式计算：

$$X = \frac{c \times V}{m} \times \frac{1\,000}{1\,000}$$

式中：

X——试样中被测组分残留量，单位为毫克每千克（mg/kg）；

c——从标准工作曲线得到的被测组分溶液浓度，单位为毫克每升（mg/L）；

V——样品溶液最终定容体积，单位为毫升（mL）；

m——最终样品溶液所代表的试样质量，单位为克（g）。

六、说明及注意事项

（1）该方法可同时测定牛奶中45种兽药残留的测定。包括［β-内酰胺类13种、大环内酯类3种、酰胺醇类1种、磺胺类17种、四环素类4种、喹诺酮类7种］。

（2）方法检出限见附录C。

附录 C　标准品目录及检出限

序号	类型	中文名称	英文名称	CAS	检出限 μg/kg
1		泰乐菌素	Tylosin	1401-69-0	1
2	大环内酯类	红霉素	Erythromycin	114-07-8	1
3		螺旋霉素	Spiramycin	8025-81-8	1
4		环丙沙星	Ciprofloxacin	85721-33-1	5
5		达氟沙星	Danofloxacin	119478-55-6	5
6		恩诺沙星	Enrofloxacin	93106-60-6	5
7	喹诺酮类	麻保沙星	Marbofloxacin	115550-35-1	5
8		沙拉沙星	Sarafloxacin	98105-99-8	5
9		奥比沙星	Orbifloxacin	113617-63-3	5
10		双氟沙星	Difloxacin	98106-17-3	5
11		青霉素 G	Penicillin G	41372-02-5	5
12		氨苄西林	Amopicillin	7177-48-2	5
13		青霉素 V	Penicillin V	132-98-9	5
14		阿莫西林	Amoxicillin	61336-70-7	5
15		苯唑西林	Oxacillin	7240-38-2	5
16		萘夫西林	Nafcillin	7177-50-6	5
17	β-内酰胺类	氯唑西林	Cloxacillin	7081-44-9	5
18		双氯西林	Dicloxacillin	3116-76-5	5
19		哌拉西林	Piperacillin	66258-76-2	5
20		头孢噻呋	Ceftiofur	80370-57-6	5
21		头孢氨苄	Cefalexin	23325-78-2	5
22		头孢洛宁	Cefalonium	5575-21-3	5
23		头孢噻肟	Cefotaxime	118443-89-3	5

（续表）

序号	类型	中文名称	英文名称	CAS	检出限 μg/kg
24		磺胺醋酰	Sulfanilacetamide	144-80-9	2.5
25		磺胺吡啶	Sulfapyridine	144-83-2	2.5
26		磺胺嘧啶	Sulfadiazine	68-35-9	2.5
27		磺胺甲基异噁唑	Sulfamethoxazole	723-46-6	2.5
28		磺胺噻唑	Sulfathiazole	72-14-0	2.5
29		磺胺甲基嘧啶	Sulfamerazine	127-79-7	2.5
30		磺胺二甲异噁唑	Sulfisoxazole	127-69-5	2.5
31		磺胺甲噻二唑	Sulfamethizol	144-82-1	2.5
32	磺胺类	磺胺二甲嘧啶	Sulfamethazine	57-68-1	2.5
33		磺胺对甲氧嘧啶	Sulfameter	651-06-9	2.5
34		磺胺甲氧哒嗪	Sulfamethoxypyridazine	80-35-3	2.5
35		磺胺间甲氧嘧啶	Sulfamonomethoxine	38006-08-5	2.5
36		磺胺氯哒嗪	Sulfachlorpyridazine	80-32-0	2.5
37		甲氧苄胺嘧啶	Trimethoprim	738-70-5	2.5
38		磺胺喹噁啉	Sulfaquinoxaline	59-40-5	2.5
39		磺胺邻二甲氧嘧啶	Sulfadoxine	2447-57-6	2.5
40		磺胺苯吡唑	Sulfaphenazole	526-08-9	2.5
41		金霉素	Chlorotetracycline hydrochloride	64-72-2	5
42	四环素类	土霉素	Oxytetracycline hydrochloride	2058-46-0	5
43		四环素	Tetracycline hydrochloride	64-75-5	5
44		去甲金霉素	Demeclocycline hydrochloride	64-73-3	5
45	酰胺醇类	氯霉素	Chloramphenicol	56-75-7	0.1

附录 D 监测离子、锥孔电压、碰撞电压

序号	中文名称	保留时间	监测离子（m/z）	锥孔电压	碰撞电压
1	阿莫西林	2.03	366.1/349	15	9
			366.1/114		20
2	磺胺醋酰	2.45	215.1/108	25	25
			215.1/156		10
3	磺胺嘧啶	2.92	251.1/108	20	20
			251.1/156		15
4	磺胺噻唑	3.45	256.2/108	25	20
			256.2/156		15
5	磺胺吡啶	3.57	245.0/184	30	18
			245.0/156		16
6	头孢喹肟	3.74	529.2/134	26	16
			529.2/396		16
7	磺胺甲基嘧啶	3.84	265.1/172	25	20
			265.1/156		15
8	头孢洛宁	4.00	459.1/123	18	10
			459.1/152		20
9	甲氧苄胺嘧啶	4.09	291.0/230	40	24
			291.0/262		26
10	麻保沙星	4.21	363.3/320	32	16
			363.3/345		21
11	氨苄西林	4.22	350.1/106	20	19
			350.1/114		15
12	头孢氨苄	4.23	348.1/158	18	8
			348.1/174		20
13	土霉素	4.43	461.2/426	24	20
			461.2/443		13
14	磺胺二甲嘧啶	4.47	279.1/186	35	15
			279.1/156		15

（续表）

序号	中文名称	保留时间	监测离子（m/z）	锥孔电压	碰撞电压
15	磺胺对甲氧嘧啶	4.56	281.1/108	30	27
			281.1/156		17
16	环丙沙星	4.58	332.1/288	25	20
			332.1/314		23
17	磺胺甲噻二唑	4.61	271.0/108	28	22
			271.0/156		14
18	四环素	4.65	445.2/154	24	25
			445.2/410		20
19	磺胺甲氧哒嗪	4.71	281.1/108	28	17
			281.1/156		28
20	达氟沙星	4.76	358.0/283	30	20
			358.0/340		25
21	恩诺沙星	4.85	360.3/245	45	30
			360.3/316		20
22	螺旋霉素	4.90	422.4/101	20	20
			422.4/174		16
23	奥比沙星	4.97	396.4/295	33	25
			396.4/352		18
24	去甲金霉素	5.16	465.3/430	32	22
			465.3/448		18
25	磺胺间甲氧嘧啶	5.22	281.3/215	30	17
			281.3/156		15
26	沙拉沙星	5.25	386.0/299	30	31
			386.0/342		23
27	双氟沙星	5.27	400.2/299	30	30
			400.2/382		30
28	磺胺氯哒嗪	5.33	285.1/108	23	25
			285.1/156		15
29	磺胺邻二甲氧嘧啶	5.56	311.0/108	30	28
			311.0/156		18

（续表）

序号	中文名称	保留时间	监测离子（m/z）	锥孔电压	碰撞电压
30	磺胺甲基异噁唑	5.61	254.0/108	26	26
			254.0/156		16
31	金霉素	5.72	479.1/444	25	21
			479.1/462		17
32	磺胺二甲异噁唑	5.91	268.0/113	32	16
			268.0/156		14
33	氯霉素	6.14	321/152	25	18
			321/257		12
34	头孢噻呋	6.21	523.7/210	45	24
			523.7/241		18
35	磺胺苯吡唑	6.29	315.2/160	38	21
			315.2/156		20
36	磺胺喹噁啉	6.30	301.1/108	30	20
			301.1/156		15
37	红霉素	6.30	734.6/158	28	32
			734.6/578		22
38	泰乐菌素	6.32	917.1/174	55	37
			917.1/773		30
39	哌拉西林	6.35	518.3/160	30	10
			518.3/143		18
40	青霉素 G	6.45	335.3/160	18	10
			335.3/176		14
41	青霉素 V	6.56	351.2/160	18	14
			351.2/114		32
42	苯唑西林	6.62	402.4/160	20	12
			402.4/243		14
43	氯唑西林	6.70	436.3/160	20	12
			436.3/277		14
44	双氯西林	6.71	470.1/160	24	10
			470.1/311		16

（续表）

序号	中文名称	保留时间	监测离子（m/z）	锥孔电压	碰撞电压
45	萘夫西林	6.73	415.3/171	20	42
			415.3/199		12

第四节　建立生物芯片法测定生乳中不同兽药含量的方法

一、生物芯片在乳与乳制品检测技术中的研究与应用

20 世纪 90 年代初，起源于核酸分子杂交分析原理的生物芯片技术（Biochip，又被称为微阵列技术，Microarray）以其高度集成化的独特优势获得基因组学研究的广泛关注，并以高通量、快速、高灵敏度、高准确度、重复性好和并行分析等优点在近 20 多年的生命科学研究中起到举足轻重的作用，已经被广泛应用于基因表达、功能基因组、蛋白质组、药物筛选、临床疾病诊断、农兽药残留等多种科学方向研究的前沿领域。本节将概述生物芯片检测技术及原理，及其在乳与乳制品检测技术的应用发展。

（一）生物芯片分类

生物芯片是指将生物识别分子（如基因片段和蛋白质等）以高密度、规则地方式固定在支持介质表面的微阵列固相载体。根据生物分子之间特异性地相互作用的原理，将生化分析过程集成于芯片表面，从而实现生物芯片对核酸、蛋白质和其他生物组分的高通量、准确、快速地检测。生物芯片技术将医学、光学、机械、微电子学、化学、物理、数学、计算机科学等多种学科技术融合为一体。

生物芯片的分类方法有很多种，从生物芯片的载体结构上可将生物芯片分为两大类：微阵列芯片（图 3-1）和微流控芯片（图 3-2）。

微阵列芯片按其载体结构不同又可分为平面式固相生物芯片（Flat Arrays）和悬浮式液态生物芯片（Suspension Arrays）两大类。平面式固相生物芯片将大量 DNA 分子或者经纯化的蛋白质分子通过点样固化于载玻片上，构成高密度的分子阵列，再利用特定的仪器对样本进行扫描成像和数据处理；按所固定于载体上的识别分子种类不同将其分为基因芯片（Gene Chip）、蛋白芯片（Protein Chip）、细胞芯片（Cell chip）、组织芯片（Tissue Chip）等。悬浮式液态生物芯片则将不同的识别分子分别固定于不同的微球表面，通过专门化的类似于流式细胞仪的微球检测装置实现对微球上识别分子的定性和定量测定。

微流控芯片以各种微结构为基础，采用微电子工艺或者微加工工艺在芯片上构建

以微电极、凝胶元件、微陷阱、微通道等为基础的微流路，通过加载生物样品，进行一种或多种连续反应，被称为微流路芯片（Microfluidic Chips）或芯片实验室（Lab on a Chip）等。这类芯片的代表有毛细管电泳芯片、PCR 反应芯片、介电电泳芯片等。

根据芯片的用途，生物芯片还可分为分析芯片、检测芯片和诊断芯片。

根据生物化学反应过程分类，可将生物芯片分为用于样品制备的生物芯片，生化反应生物芯片及各种检测用生物芯片等。

（1）样品制备芯片：其目的是将通常需要在实验室进行的多个操作步骤集成于微芯片上。目前，样品制备芯片主要通过升温、变压脉冲以及化学裂解等方式对细胞进行破碎，通过微滤器、介电电泳等手段实现生物大分子的分离。

（2）生化反应芯片：即在芯片上完成生物化学反应。例如，在芯片上进行 PCR 反应的 PCR 芯片。由于检测和分析的灵敏度所限，通常在对微量核酸样品进行检测时必需事先对其进行一定程度的扩增，所以用于 PCR 的芯片无疑为快速大量扩增样品中多个 DNA 片段提供了有力的工具，还可以节约实验试剂，提高反应速度。

（3）检测芯片：用来检测生物样品的。如用毛细管电泳芯片进行 DNA 突变的检测，用于表达谱检测、突变分析、多态性测定的 DNA 芯片；用于大量不同蛋白检测和表位分析的蛋白芯片或多肽芯片。

目前总体上，微阵列生物芯片已经得到了广泛应用，相比于微流控芯片在制备和分析应用等方面更为成熟。

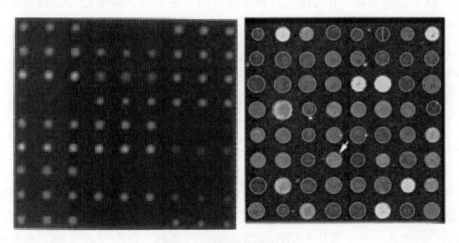

图 3-1　典型的微阵列芯片

（二）微阵列生物芯片的制备

1. 芯片载体和载体材料

芯片的核心技术在于在一个有限的固相表面上刻印大量的生物分子（DNA、蛋白质）点阵，故把用于连接、吸附或包埋各种生物分子，并使其以固相化的状态进行反

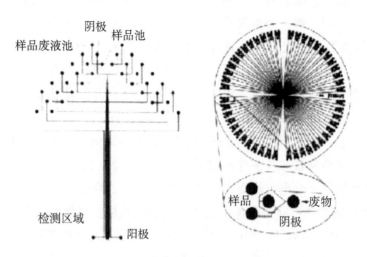

图3-2　两种典型的微流控芯片

应的固相材料统称为载体或基片。一种理想化的载体除了能有效地固定探针外，还必须允许探针在其表面与目标分子能稳定地进行杂交或亲和反应。

生物芯片所用的载体大多数是固体片状或者薄膜类，制作生物芯片的材料必须具有以下的基本特征。

（1）具有良好的光学性质，能适应透射光和反射光的测量。

（2）载体表面必须具有可以进行化学反应的活性基团，以便能与生物分子或修饰分子进行偶联。

（3）使单位载体上结合的分子数达到最大的容量。

（4）载体应当是惰性的并且具有足够的稳定性，包括机械的、物理的和化学的稳定性，而惰性是指载体所具有的特异性吸附或其他性能都不干扰生物分子的功能，而稳定性是在进行芯片制备和分子杂交过程中，能抗一定的压力和酸碱变化。

（5）载体具有良好的生物兼容性以利于制作不同种类的生物芯片。

研究者应根据具体的实验需求来选用适合的片基材料以达到最好的效果。

制作生物芯片的载体材料很多，其理化性质符合要求的超过百种，它们大致分为4类，即无机材料、天然有机聚合物、人工合成的高分子聚合物、高分子聚合薄膜。具体而言，有普通玻片、硅片等刚性支持物和聚丙烯膜、硝酸纤维素膜、尼龙膜等薄膜型支持物。另外，还可用聚丙烯酰胺作为支持介质，将聚丙烯酰胺凝胶固定在玻片上，然后将合成好的不同探针分别加到不同的胶块上，制成以凝胶块为点阵的芯片。由于蚀刻技术等的发展，塑料已被视为将来制作芯片的理想材料。聚二甲基硅烷（PDMS）是现在最常用的塑料基底材料，它具有以下优点：容易塑造，光学透明，化学惰性与稳定性等。但是目前常用还是玻璃片、金属片、高分子聚合物等。其中以玻璃片应用最为广泛。

（1）玻璃片

玻璃片是应用最广泛的，主要原因是：

①材料来源方便且价格便宜，表面羟基可以用 N,N–二乙氧基氨丙基三乙氧基硅烷作表面处理，然后能够偶联核酸、酶分子、抗体（抗原）或其他多肽蛋白质分子，并防止其在杂交洗涤过程中被冲洗掉。经表面化学处理的玻片是一种持久的载体，它可耐受高温和高离子强度。也可用巯基标记的生物分子直接和玻璃表面作用等。但是，往往价格低廉的玻片表面不均匀，这种异质性会导致表面活化的问题从而影响芯片的质量，现在高质量的底物玻片在表面活化中具有很好的稳定性和均一性。

②大多数生物芯片采用了光学检测的方法，不管投射光或反射光玻片均适合。玻璃芯片可使用双荧光甚至多荧光杂交系统，可在一个反应中同时对两个以上的样本进行平行处理。

③可用光刻的方法在玻璃芯片上刻蚀微电路，或者它与刻好微电路的橡胶压紧成联合使用的微电路，通过微量注射泵在载体上进行生物分子的联结，DNA 杂交、清洗和检测等。

④其他：如玻片具有不浸润性，使杂交体积降低到最小，因此提高了退火时的动力学参数；而且疏水表面可以使点密度大于亲水表面（因为亲水表面上样品点将扩散）；玻片的荧光信号本底低，不会造成很强的背景干扰。相对玻片而言，另一种载体硅片除了以上优点外，其均质性更好。

（2）硅片

硅是一种非常常见的材料，这是由于在微电子领域，人们已经摸索出了一整套成熟的硅加工工艺。对于需要温度控制的生物反应，例如聚合酶链式反应（PCR），由于硅具有良好的导热性，更是成为人们的首选。但是硅的缺点是不透明，不利于光学检测，并且具有一定的导电性，尤其是具有比较强的表面非特异性吸附。因此在制作毛细管电泳芯片时，人们一般不选用硅，而选用玻璃或者塑料。由于在使用生物芯片时，必须考虑到生物相容性问题，而玻璃、塑料表面所具有的各种功能基团使其很容易进行化学修饰，从而使其生物兼容性大大提高。因此，有很多种芯片是用玻璃或者塑料制作的。

（3）膜

与玻片、硅片相比，膜的优点是与核酸亲和力强，杂交技术成熟，通常无须另外包被。由于尼龙膜与核酸的结合能力、韧性、强度都比较理想，以膜为基质的芯片绝大多数采用尼龙膜。可以大大降低背景和非特异结合，克服背景高的缺点，加上韧性强，反复杂交 10 次依然保持表面平整的优点，成为制作尼龙膜芯片的最佳选择。

2. 基片的清洗

芯片常用支持物玻璃的成分主要是二氧化硅，除此之外还含有氧化钠、氧化钙、氧化镁、二氧化锡等。玻璃表面可以吸附气体、溶液和有机物，如芯片表面暴露于空气中，会吸附空气中的水汽，并与其发生化学相互作用。因为芯片表面的清洁程度能极大地影响到后续工作的质量，所以都要对其进行清洁处理。清洁芯片表面的方法很多，根据情况选用其中一种清洁方法，也可组合两种或两种以上的方法。

（1）洗涤剂洗涤

这是用得最广泛的方法，适用于芯片表面附着少量污垢时的清洁处理，尤其适用于规模化生产的表面处理，是最普通的清洁方法。洗涤剂的水溶液首先把芯片表面污垢润湿，接着洗涤剂分子吸附到污垢上，加大了污垢粒子与芯片表面的距离，也就削弱了污垢粒子与芯片表面间的吸附力，减弱了污垢在芯片表面的黏附强度，再在机械等外力作用下，污垢比较容易从芯片表面去除。

（2）碱或酸处理

用强碱热溶液清洗芯片表面，可使芯片外表面的污染黏附物剥落而除去，因而得到平滑的表面，但是不宜长时间浸泡，否则芯片反而被碱液侵蚀过度，表面变得粗糙。酸洗也可以使芯片表面油污被去除，但芯片表面上的一些成分会被酸浸滤出来，导致芯片表面组成有变化，形成多孔的二氧化硅膜，所以玻璃片基一般不宜用酸洗来清洁表面。

（3）有机溶剂浸洗

有机溶剂一般用于清洗表面油污较严重的芯片片基，由于有机溶剂表面张力小，易流动，能较好地与芯片上的污染物接触，所以能较容易地去除油污。但有机溶剂的燃点低，易着火，操作场所必须安排在符合消防要求的建筑物内，并严禁烟火。

（4）加热处理

芯片表面很容易吸附大气中的水汽，进一步吸附其他气体和有机物，所以加热能有效促使玻璃表面吸附的水分子和各种碳氢化合物分子发生解吸作用。但随加热温度和时间的不同，解吸作用的效果也不同，一般加热温度需超过400℃才有效。

除以上几种清洗方法以外，还有有机化合物蒸气脱脂、紫外线照射处理、离子束轰击处理、干冰处理等几种清洗方法，必须根据芯片表面污染物种类、性质和污染程度以及后续固定工艺来确定采用哪种方法，也可以多种方法组合起来应用。

3. 基片化学修饰

基片化学修饰即载体的活化。为使探针稳定地固定于介质表面，需对介质表面进行化学预处理。活化试剂 EDC、NHS 等通过化学反应在载体表面上键合活性基团如氨基、环氧化物、疏基、醛基、阱基，以便于与配基相结合，形成具有生物特异性的亲和表面，用于固定蛋白质、核酸、多肽等生物活性分子。通常在刚性载体表面必须衍生出活性基团如羟基或氨基，薄膜型载体为使其表面带上正电荷以吸附带负电荷的探针分子，通常需包被以氨基硅烷或多聚赖氨酸等。

由于片基的表面修饰主要以化学修饰为主，而化学修饰的基本原则是：片基表面上必须存在合适的功能性化学基团以便偶联生物分子，因为未经修饰的玻片是不会键合生物分子的，这种偶联将阻止刻印点上的靶分子在杂交和漂洗过程中脱落成扩散，并且提高刻印表面的质量。芯片载体处理的基本要求为：

（1）修饰后的表面应均匀而且硬质。

（2）易于对修饰后的表面进行共价的或非共价的化学修饰。

（3）在荧光探针激发波长范围内有一个低的背景荧光。

（4）具有较高的信噪比（S/N）。

（5）允许有效的固定各种不同的生物材料。

（6）允许在微表面均匀地进行大量和高密度的样品点阵或刻印。

（7）在同一个芯片上所有点的变量相关系数（CV）是很低的，一般低于10%，这样能够保证在芯片的任何位量上均能进行有效的点样或者刻印。

目前，有很多方法已被用来对载体基片进行表面化学处理，制备成多聚赖氨酸、醛基、氨基、巯基、琼脂糖包被、丙烯酰胺硅烷化载体等不同类型。其基本过程都是把玻片的硅表面根据不同的要求活化成不同化学活性的表面，这种过程往往在普通实验室条件下即可进行。选择的原则是依据片基的表面特征和将固定的生物配基分子的化学特征，例如表面为羧基的载体，用EDC和NHS把表面变成活泼的酯基，然后再与不同的生物分子进行偶联反应；而表面为羟基的载体，则可采用N,N-二乙氧基氨丙基三乙氧基硅烷处理而活化。采用类似的方法，可以分别把载体表面含羟基，氨基，醛基，肼基，巯基等活性基团活化，然后再进行不同的键合反应。

下面简单介绍几种常用基片的处理方法。

（1）氨基基片和环氧基基片的制备

氨基基片和环氧基基片的制备，通常通过硅烷化试剂在玻璃表面进行亲核反应来得到。将清洗干净的玻璃在硅烷化试剂（含有氨基或环氧基基团）溶液中反应一定时间后就可以得到氨基成环氧基基片。其他如巯基基片也可以通过类似反应得到。

在经过酸、碱、有机溶剂等清洗后，玻璃表面上就会含有大量的羟基（—OH），它可以与硅烷化试剂发生亲核反应，从而将硅烷化试剂以共价键形式固定在玻片表面。

（2）醛基基片的制备

在完成氨基基片或环氧基基片制备后，用戊二醛作用于氨基基片，或者用碘酸钠（$NaIO_4$）作用于环氧基基片均可以得到醛基基片。

氨基基片表面的氨基基团（-NH_2）与戊二醛分子中一个醛基基团发生反应，形成希夫（Schiff）键（-N=C-），选择适当的还原剂如硼氢化氰钠（$NaBH_3CN$）可以将双键还原成单键，将戊二醛分子牢固地连接到氨基基片表面，形成醛基基片。

（3）多聚赖氨酸基片的制备

将清洁的玻片在多聚赖氨酸溶液中浸泡处理可得到多聚赖氨酸基片。而且多聚赖氨酸基片的制备过程较醛基、环氧基片都要简单很多，因此在生物芯片尤其是cDNA芯片中常用此基片。

赖氨酸是一种碱性氨基酸，在通常的pH环境下带正电。多聚赖氨酸也带有大量的正电荷，经过清洗处理过的玻璃表面（富含-OH）带有大量的负电荷，所以多聚赖氨酸可以以静电相互作用力结合于玻片的表面。

4. 微阵列生物芯片制备技术

微阵列生物芯片是在硅片、玻璃、凝胶或尼龙膜等基体上，通过芯片点样仪自动点样或采用光引导化学合成技术固定的生物分子微阵列。生物芯片根据分子间特异性相互作用的原理，将生命科学领域中许多个独立平行的分析过程平行集成于芯片表面，以实现对核酸、蛋白质等多靶标生物分子的准确、快速、高通量地平行化检测。在基片上进行高密度的微阵列制备是微阵列芯片的关键技术，发展非常迅速，相继出现了原位合成、预合成后点样等两类主要的制备技术。

（1）原位合成法

原位合成方法的原理是利用点样系统将探针的合成部分逐步转移到基体上，同时实现探针合成和转移的目的。原位合成有光刻合成法和原位喷印合成法两种方法。其合成探针的原理不同，前者是将探针的不同片段用化学合成的方式连接在一起，而后者用来合成探针的原料则是A、T、C、G四种碱基。该类方法主要用于制作寡核苷酸点阵芯片，采用了多项先进的技术和工艺，例如：利用组合化学的原理安排各寡核苷酸位点，使制成的芯片在反应后较容易地完成寻址。用表面化学的方法处理其衍生化基质表面，使核苷酸能固定在上面，并耐受合成循环中某些试剂的侵蚀。用光导向平版印刷技术，使芯片表面可用屏蔽物选择性地让不同位点受到光照脱保护，从而可定点合成寡核苷酸中的各个碱基。

（2）点样法

预合成后点样是指制备微阵列芯片前，先将待固定的探针合成好，点样系统需要做的就是把这些合成好的样品涂印或喷涂在基片上。该类方法适合于多种生物样品，如多肽、蛋白、寡核苷酸、基因组等，用配备有微量液体分配器工作头的机器人系统，生物芯片点样仪可完成微阵列的制备。根据点样时点样头和芯片接触与否可分为接触式和非接触式两类。接触式点样头有毛细管和钢针两种，钢针是目前采用最多的一种点样头。接触式点样常用的基片是玻璃片。非接触式点样主要指预合成后微泵喷涂点样。

①接触式点样

在接触式点样中，运动控制系统上装有夹具或者点样头以及一根或者多根微点样针，根据需要制备出各种各样的化学或者生物样品的微阵列。点样头上用来放置钢针的各个孔的尺寸公差很小。这样使得钢针与孔间形成一个"气垫"。这个气垫起润滑剂的作用，可以使针与孔间几乎没有摩擦，从根本上避免了钢针的磨损。针的尾部有一个方形限位块，可以在点样头的方形槽中上下滑动，并防止点样过程中钢针在孔中转动，从而大大提高点样的精度。

钢针工作头尖部很小，直径在 $100\sim200\mu m$，往往在针尖开有宽度为 $30\sim180\mu m$ 的狭缝，储样量较大，一次吸样可连续点滴几百点甚至几千点。当工作头伸入到有探针样品的孔板中时，因尖部结构微小尺寸产生的毛细作用会使得探针样品被吸到针尖或狭缝内。在表面张力的作用下，样品会分布在针尖端面、侧面和狭缝内。当携带有样品的针尖与待点样样本接触时，钢针的缝隙一次可以吸取较多样品，这样就可以在一次吸样后在同一块载玻片和多块载玻片上进行多次点样。图 3-3 是点样式生物芯片制备过程中的主要过程的示意图。图 3-4 是生物芯片点样仪，图 3-5 是点样仪三维工作平台。

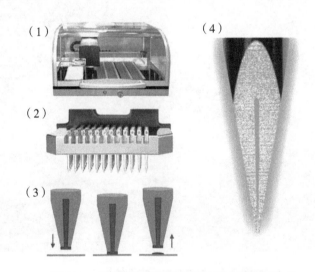

图 3-3 点样式生物芯片制备过程中的关键技术

（1）生物芯片制备系统；（2）多通道点样针座；
（3）接触式点样过程示意图；（4）点样针实物图。

②非接触式点样

非接触式点样类似于打印机的喷墨方法，即在点样过程中点样头始终是不与芯片表面接触的。非接触式点样从工作原理上分为采用压电晶体、基于微线圈阀的喷涂技术等。在微阵列点样制备技术中，非接触式喷样方法在芯片表面上点样的速度最快。

压电喷样系统利用了陶瓷等特殊物质在电压脉冲作用下的变形特性，来控制样品的喷涂量。这种产生压电效应的原件被称为压电传感器。如果压电传感器环绕充有试

图 3-4　生物芯片点样仪

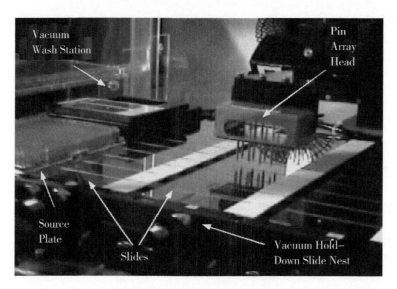

图 3-5　生物芯片三维工作平台

剂的毛细管，电压脉冲施加在压电传感器上，可以使毛细管内产生瞬间压力波，而每个压力波都可以从喷嘴内喷出一小滴液体。压电喷射方法的喷样量为 300~400pL。因为喷样时不需要喷头和微阵列基片表面直接接触，这样喷样过程中就不需要起停动作而可以连续将样品喷到基片表面上。通过连续喷样，喷样头可以在 1min 内制备包含同一种样品数千个样品点的微阵列。喷样头可以实现一种或几种样品的快速喷射，适合于样品种类不多的微阵列芯片的制备。

（三）微阵列生物芯片的检测

生物芯片的图像获取及数据分析是指实现生物芯片上的大量点阵的信息阅读，并转化成可供计算机处理的数据。生物芯片点阵上的核酸或者蛋白质经过与目标 DNA、目标抗原、抗体或者受体等目标靶分子结合后，产生信号。

生物芯片的检测方法有许多，大致可以分为物理检测方法和化学检测方法两大类型，具体的种类包括：①荧光显微检测方法；②激光共聚焦扫描检测方法；③CCD（Charge Coupled Device）成像扫描检测方法；④化学发光检测方法；⑤电化学检测方法；⑥金胶银染检测法；⑦表面等离子共振吸收（SPR–Surface Plasmon Resonance）检测方法等。

1. 荧光显微检测方法

荧光显微检测方法是一种分辨率高、系统结构简单的微阵列芯片信号检测方法。它适用于各种主要类型的微阵列芯片，广泛应用于基因表达、基因诊断等方面的研究。

生物的分子通常是不可见的。在荧光显微检测方法中，先在被测生物分子上连接一个能发光的小分子（如荧光素），当它们被照明光激发时就会发出荧光，我们可以通过专用的荧光检测仪进行检测并以图像形式显示出来。

荧光检测装置的一个典型例子就是荧光显微镜。载物台上放置芯片，光线从载物台下方向上透射到芯片上，人眼可直接通过目镜观察，也可以在荧光显微镜上接 CCD 接收这种检测图像，并通过图像采集卡输入计算机，实现图像存储与分析处理。

荧光显微检测技术的基本原理是：将反应清洗后的芯片经处理后固定在显微镜的二维载物平台上。物镜在芯片的上方。由激光器（或高压汞灯）产生的激发光经聚光镜聚光，并滤波后透射到芯片表面，激发荧光标记物产生荧光。通过物镜收集这些荧光信号，经另一滤色片滤波后，由分束镜把荧光分成两部分。一部分经过会聚镜后由光电探测器接收，并通过计算机采集这些数字信号生成荧光图像，这种方法的成像面积通常在几十平方毫米内。另一部分经过目镜通过人眼直接观察。对于非透明材料制作的生物芯片，则可以采用反射式荧光显微镜来进行信号的检测。

2. 激光共聚焦扫描检测方法

激光共聚焦扫描检测方法是目前生物芯片检测应用中广泛采用的方法，国内外绝大部分先进的生物芯片检阅仪器均使用该原理和方法。

激光共聚焦芯片扫描仪采用激光作激发光源，使荧光生色基团产生高强度的发射荧光，光电倍增管检测其光信号，具有较高的灵敏度，可检测每平方微米零点几个荧光分子。由于生物芯片荧光斑点明暗的动态范围较宽，因此要求光电倍增管有较宽的光电相应动态范围，此类扫描仪的动态范围一般可达 2^{16}，即 16 位。激光经聚焦后产生极小的光斑，因此具有较高的分辨率，可达几个微米。生物芯片中，靶分子常用 2 种或 2 种以上的荧光染料标记，故扫描结果常用两种荧光光密度比值来表示，以减少或消除测定时的干扰和实验误差，提高结果的可靠性。为此商业化的扫描仪常采用 2

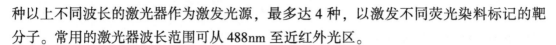

种以上不同波长的激光器作为激发光源，最多达4种，以激发不同荧光染料标记的靶分子。常用的激光器波长范围可从488nm至近红外光区。

扫描结果由计算机采集及处理。多种荧光标记的芯片，可分别在不同波长的激光下重复扫描，也可在多个激发波长下，同时扫描（即一次扫描可以得多个波长的数据）。后者可克服多次扫描时由于扫描平台机械性能重复性不好造成的误差。

3. CCD成像扫描检测方法

相对于激光共聚焦芯片扫描仪，CCD芯片扫描仪结构较简单，其激发光源多采用氙灯或高压汞灯，单色系统采用激发窄带干涉滤光片。为提高CCD芯片扫描仪的检测灵敏度，降低噪音背景，一般采用高强度的氙灯或高压汞灯以提高激发效率，除选择光电转换效率高的CCD外，降低CCD温度可大大降低噪音水平，故采用半导体制冷的冷却CCD，其温度最低可达-40℃，此时CCD的灵敏度水平已接近光电倍增管。延长CCD成像曝光时间或将多次曝光的图像叠加，也可提高信噪比，提高灵敏度。此类芯片扫描仪的分辨率主要受CCD像素总数和被测芯片大小的影响，CCD总像素应在$100×10^4$。但像素的增加会使每个像素感受的光量减少，导致灵敏度的降低。因此CCD的选择应与被测芯片的密度相适应，芯片密度高应选择像素较多的CCD，反之应选择像素较少的CCD。在CCD总像素固定的情况下，芯片越大则分辨率越小。CCD芯片扫描仪的分辨率一般可达数微米至几十微米。同激光共聚焦芯片扫描仪一样，CCD测定的动态范围可达16位甚至24位。

4. 化学发光检测方法

化学发光是指伴随化学反应过程所产生的光发射现象。当某些物质在进行化学反应时，吸收了反应过程中所产生的化学能，使反应产物分子激发到电子激发态。当电子从激发态的最低振动能级回到基态的各个振动能级时产生辐射，多余的能量以光子的形式释放出来。

20世纪70年代末期，斯诺德（Schroder）和霍尔曼（Halman）将化学发光技术和免疫技术结合到一起，用于生物大分子的检测和分析，产生了一种新的免疫检测技术——化学发光免疫分析技术。该技术通过对化学发光反应中所产生的光子进行检测，达到对生物分子进行定性或者定量检测和分析的目的。这种技术既有发光分析的高灵敏度和抗原抗体反应的高特异性。

利用化学发光免疫分析技术，有人研制成化学发光免疫型生物芯片。生物分子探针被固定在基底材料上，通过酶的催化作用实现化学发光，然后检测化学发光产生的光信号，实现对生物分子的检测。由于化学发光反应是一个从无光到有光的过程，所以本底极低，检测灵敏度明显高于荧光检测技术。

化学发光免疫分析技术已经在生物学中得到广泛的应用，是抗原或者抗体检测的最经典的技术。人们已经将化学发光免疫生物芯片作为一种重要的发展方向。

5. 电化学检测方法

电化学检测是一种将生物信号转化成电信号输出的生物分子检测技术。它与前面介绍的几种检测方法相比，最大的优势是可以实现仪器的低成本、小型化以及检测的快速化，是微芯片实验室中常用的一种检测方法。

可用于分析的电化学信号有电流、电位、电荷、电容及阻抗，其中电位、电流测量较为普及。目前发展最为成熟的是酶电化学检测，通常将酶电化学检测做成传感器的形式。

葡萄糖氧化酶的电化学传感器是最早被商业化的生物类电化学传感器产品，它的发展经历了三个发展时期。

第一个时期的酶电化学传感器是以氧气为中间体的。它的原理是：①首先葡萄糖被葡萄糖酶氧化变成了氧化态，同时葡萄糖酶被还原变成还原态；②氧气氧化了还原态的葡萄糖酶，使葡萄糖酶再次回到氧化态，这样又可以氧化葡萄糖，而氧气就被还原成还原态——双氧水；③回到氧化态的葡萄糖酶又去氧化葡萄糖开始了下一个反应的周期。电化学检测就通过检测以上氧化还原反应中氧的浓度的减小或者是双氧水浓度的变化来得到葡萄糖的含量。

第二个时期的酶电化学传感是在电极上面修饰了一层化学修饰层。化学修饰层有两个作用：第一，可以替代早期传感器当中氧的作用，通过在电极上检测修饰层的修饰剂变化来确定葡萄糖的含量。第二，修饰层通常是过渡金属的配合物，或者是含有环状大 π 结构的化合物，这样修饰层就变成了一个电子传递的媒介，增强了电子传递的能力。

第三个时期的酶电化学传感器是把酶本身吸附在电极上，利用酶和电极之间的电子传递，达到反复氧化还原酶的效果。酶又可以反复氧化还原葡萄糖，从被氧化还原的酶的量就可以得到葡萄糖的量。由于酶和电极之间是直接的电子传递过程，更接近生物氧化还原系统的原始模型，所以成为当前酶电化学传感器研究的热点。

6. 纳米金或纳米银染检测法

纳米金或纳米银即指金或银的微小颗粒，其直径在 $1 \sim 100 nm$，具有高电子密度、介电特性和催化作用，能与多种生物大分子结合，且不影响其生物活性。由氯金酸或硝酸银通过还原法可以方便地制备各种不同粒径的纳米金或纳米银，纳米金颜色依直径大小而呈红色至紫色，纳米银颜色直径大小而呈黄色、红色、桃红、紫红、褐色等。

纳米金标记技术（Nanogold labelling technique），实质上是蛋白质等高分子被吸附到纳米金颗粒表面的包被过程。吸附机理是纳米金颗粒表面负电荷，与蛋白质的正电荷基团因静电吸附而形成牢固结合，而且吸附后不会使生物分子变性，由于金颗粒具有高电子密度的特性，在金标蛋白结合处，在显微镜下可见黑褐色颗粒，当这些标记物在相应的配体处大量聚集时，肉眼可见红色或粉红色斑点，因而用于定性或半定量的快速免疫检测方法中。由于球形的纳米金粒子对蛋白质有很强的吸附功能，可以与葡萄球菌 A 蛋白、免疫球蛋白、毒素、糖蛋白、酶、抗生素、激素、牛血清白蛋白等非共价结合，因而在基础研究和试验中成为非常有用的工具。

纳米金或纳米银标记的核酸或者蛋白质与芯片上的核酸或蛋白反应后，再加入银增强试剂。使得每一个纳米金或纳米银颗粒会被银增强试剂中的银包裹，如同滚雪球一般，尺寸慢慢变大，最后能使检测信号增强 100 000 倍。对银增强后的芯片进行检测，只需一个简单的平板扫描仪就可以实现高灵敏度的定量检测。同时肉眼也可以观察到芯片上阵列点，其灰度越深，说明纳米金标记的核酸或者蛋白质结合到芯片的越多，实现可视化检测。图 3-6 为常见的生物芯片扫描仪及扫描图像。

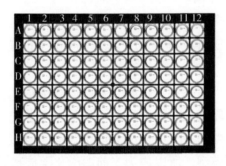

图 3-6　可视化生物芯片分析仪和可视化生物芯片扫描图像

7. 表面等离子共振吸收检测方法

表面等离子共振（Surface plasmon resonance，SPR）是指当一束平面单色偏振光以一定角度入射到镀在玻璃表面的薄层金属膜上发生全反射时，若入射光的波向量与金属膜内表面电子的振荡频率一致，光线即被耦合入金属膜引发电子共振，即表面等离子共振。由于共振的产生，会使反射光的强度在某一特定的角度大大减弱，反射光消失的角度称为共振角。共振角的大小随金属表面折射率的变化而变化，而折射率的变化又与金属表面结合物的分子质量成正比。由此，在 20 世纪 90 年代发展了应用 SPR 原理检测生物传感芯片（Biosensor chip）上的配体与分析物作用的新技术。在该技术中，待测生物分子被固定在生物传感芯片上，另一种被测分子的溶液流过表面，若二者发生相互作用，会使芯片表面的折射率发生变化，从而导致共振角的改变。而通过检测该共振角的变化，可实时监测分子间相互作用的动力学信息。SPR 技术不需任何标记，能在更接近生理溶液的环境中直接研究靶标和分析物的相互作用。随着商品化 SPR 生物传感器技术的逐步成熟，仪器的管路系统、进样方式及检测速度等也发生了巨大变化，从最初的单点单通道分析到多通道阵列式分析，在分析通量和数据质量方面有了很大改进。

表面等离子共振（Surface Plasmon Resonance，SRP）技术是一种较为新颖的无标记检测技术，通常用来表征生物分子的相互作用。在微阵列芯片表面发生的生物分子相互识别、结合的过程，会导致其折射率持续发生变化，从而可以被检测设备记录。随着 SPR 技术检测灵敏度的提高，SPR 的检测对象不再局限于大分子之间的相互作用，也可以实现蛋白质—小分子、核酸—小分子之间相互作用的检测。由于 SPR 技术能够直接反映两个分子间相互作用的强弱和动力学模式，所以采用 SPR 方法可对蛋白质分子库、小分子化合物库等进行筛选，假阳性率大大降低。SPR 检测技术适用于基于生物芯片的多种化学污染物的同时检测。Michel 等人采用基于 SPR 的生物芯片同时检测食品中的多种生物毒素，如脱氧雪腐镰刀菌烯醇（Deoxynivalenol，DON）、玉米烯酮（Zearalenone，ZEN）。

SPR 生物传感器具有如下显著特点：

（1）实时检测，能动态地监测生物分子相互作用的全过程，进行复杂反应过程的逐步检测分析。

（2）无须标记样品，保持了分子活性，多数情况下不需要样品预处理。

（3）样品需要量极少，检测过程方便快速，灵敏度高。

（4）可进行高通量分析，应用范围广。

（四）生物芯片在乳与乳制品检测技术中的应用

20 世纪 80 年代末以来，由于一系列食品原料的化学污染、畜牧业中抗生素的应用、基因工程技术的应用，使食品污染导致的食源性疾病呈上升趋势，食品安全问题为全世界所关注。现场的食品快速检测方法要求：①试验准备简化，使用的试剂较少，配制好的试剂保存期长；②样品前处理简单，对操作人员要求低；③分析方法简单、准确和快速。化学比色分析方法、酶联免疫法（ELISA）和免疫胶体金试纸检测方法是目前应用比较成熟的现场快速检测方法，随着食品安全相关检测装备的进步，食品安全检测车的出现，一些新的现场快速检测技术得以应用，如各种生物芯片、传感器和色谱质谱检测仪等，这些技术的加入为现场检测提供了更广阔的发展空间。

目前，乳及乳制品中有毒有害物质的检测主要是利用昂贵的分析仪器、繁琐的传统方法来进行，这不仅需要专业的技术人员及实验室，而且也大大增加了检测成本，所以快速、准确、多指标、低成本的现场检测方法是目前市场上迫切需要的，而蛋白芯片技术正满足了这些需求。

蛋白芯片技术是将各种蛋白、抗原或抗体分子固定在固体支持物上，例如硅载片、载玻片、塑料片、膜、多孔板等。蛋白芯片的检测可以通过电荷耦合器件（CCD）或激光扫描仪等进行信号捕获并进行数字化处理提供定性和定量分析结果。与其他免疫分析相比，蛋白芯片分析方法在乳及乳制品中的农兽药残留的检测、食源性致病微生物的检测等方面具有巨大的潜力，其具有使用样品体积小，不需要复杂的样品预处理，并且高通量和快速等特点。

1. 样品前处理方法

样品制备通常是开发分析检测方法中最关键的步骤。采用的处理方式取决于基质类型、方法和分析物的化学属性。样品制备的典型步骤包括取样、提取、纯化和浓缩，然后进行最终分析。牛奶样品的基质是相当复杂的，而样品制备是整个分析检测过程中耗时最长、劳动强度最大、同时也是产生误差最多的一个环节，其完善与否直接决定着整个分析检测方法的成败，是目前实现高通量快速检测必须要突破的重要瓶颈之一。近年来，已经有液—液萃取（Liquid liquid extraction，LLE）、固相萃取（Solid phase extraction，SPE）、基质固相分散萃取（Matrix solid-phase dispersion，MSPD）、超声辅助萃取（Ultrasound-assisted extraction，MAE）、超临界流体萃取（Supercritical fluid extraction，SFE）、分子印迹技术（Molecular imprinted technology，MIT）等样品提取和净化新技术。为了能够同时分析检测不同物理和化学性质的多种化合物，需要发展一般性的、非选择性的高通量样品制备方法。样品用量少、试剂消耗少、在线自动化、高通量快速分析是兽药残留检测技术的发展趋势。

本节列举了几种常见的样品前处理方法并分别讨论了各方法的优缺点。

（1）液—液萃取（LLE）

液—液萃取是基于分析物在不同溶剂间的分配系数不同，采用合适的萃取剂，经过匀浆、萃取、净化、富集等步骤，达到分离的目的。常用的有机溶剂有乙酸乙酯、二氯丙烷、氯仿等。Vera-Candioti 等人检测牛奶样品中的四环素类抗生素时，使用基于蛋白质沉淀的纯化/提取步骤，使用三氯乙酸，然后用二氯甲烷进行液—液萃取采用毛细管电泳法进行检测。该方法显示出对残留物的检测具有足够的灵敏度，并且获得的回收率在允许的限度内。

此方法对试验条件和仪器要求不高，但是方法繁琐，操作时间长，选择性差，且有些有机溶剂毒性大，同时产生大量的有机废液。

（2）超声辅助萃取（UAE）

超声辅助萃取（UAE）是一种借助超声波进行溶剂提取以提高提取效率的方法。

该技术包括在提取过程中摇动和加热样品。超声辅助提取的优点是它相对较快，需要较少量的溶剂。

Dasenaki 等（2015）使用含 0.1%甲酸的乙二胺四乙酸（EDTA）0.1%（w/v）—乙腈—甲醇（1∶1∶1，v/v）的溶液，采用简单溶剂萃取方法从黄油、鱼组织、奶粉和鸡蛋中提取四环素效果并不理想。然而，采用 UAE 方法，通过 LC-MS／MS 检测可以实现 72%～102%范围内的回收率。使用基质匹配的校准曲线验证该方法，并且确定的系数值表明没有基质效应。

但想要在超声辅助提取中获得最大提取效率和所需选择性时，值得考虑的是选择适当溶剂类型或与水混合的溶剂，是否需要 pH 改性等。与其他技术相比，超声波处理的优点是该技术可以在室温下应用，从而可以测定不耐热化合物。此外，可以同时进行几次提取，并且不需要昂贵或专用的装置。但是该技术的选择性和富集能力有限，通常需要进一步的样品制备来确定食品中的痕量污染物。由此，UAE 通常与其他纯化和/或预浓缩方法组合旨在提高提取效率。

（3）QuEChERS 法

QuEChERS（quick，easy，cheap，effective，rugged，safe）法因其具有快速、简单、便宜、有效、耐用和安全可靠等特点而得名，一般采用以乙腈或酸化乙腈为提取剂，通过加入氯化钠或乙酸钠等缓冲盐减少极性杂质的干扰；加入无水硫酸镁在提取步骤中促进溶剂分配并提高样品分布，在净化步骤中可去除有机相中的多余水分；加入伯仲胺（Primary secondary amine，PSA）去除糖类和脂肪酸、有机酸、脂类和一些色素等方式来进行农药多残留物分析的样品制备和净化。大量应用实践证明，QuEChERS 法其实是一个高通量样品处理的"模板"方法，可以根据待测物理化特性和试样基质组成的不同而选取适宜的提取剂和吸附剂来完成抽提和除杂净化任务。正是 QuEChERS 法这种可以根据实际需要采用不同提取剂、吸附剂组合进行样品处理的灵活性，决定了其具有无比的应用前景。

Sczesny 等（2003）用于选择性测定牛奶中兽药多残留的 UHPLC-MS/MS 方法使用改进的 QuEChERS 方法进行样品制备。包括多西环素在内药物的提取基于用乙腈进行简单的液体提取而无须进一步的净化步骤。与传统方法不同，乙酸、Na_2EDTA 和乙酸钠也被添加到提取过程中。在提取步骤之前，在进行脂肪去除和分析物提取，不需要蛋白质变性。这种类型的修改称为缓冲 QuEChERS。UHPLC-MS/MS 的使用减少了分析时间并提高了灵敏度和分辨率，可以在不到 10min 内定量检测多种兽药残留。

随着应用推广的不断展开，QuEChERS 法在兽药残留检测方面的应用也日趋增多。对于脂肪和蛋白含量高的动物组织，可以采用 C18 粉和中性氧化铝粉等进行净化处理，还可以通过加入正己烷脱脂和提取液浓缩等动物源食品中常用的分析手段对 QuEChERS 法进行改良，在提高待测物的分辨率和灵敏度的同时提高方法的适用性和实用性。

（4）超临界流体萃取（SFE）

超临界流体萃取是指利用处于超临界状态的流体具有密度大、黏度低、扩散系数大的优点，将样品中待测组分溶解并从基体中分离出来的萃取方法，它可同时完成萃取和分离。Martin 等（2003）利用该技术检测了牛奶中的苯并咪唑类药物，回收率在82.3%~109.1%。

此法简单快速、分离效率高、选择性好、无须使用有机溶剂、操作可自动化。但是实验条件的选择和优化比较困难，萃取体系可选择性差，装置价格昂贵。

（5）固相萃取（SPE）

固相萃取是利用固体吸附剂将液体样品中的目标化合物吸附，与样品的基体和干扰化合物分离，然后再用洗脱液洗脱或加热解吸附、分离和富集目标物。常用的固相萃取有硅胶、氧化铝、C18 和环己基填料等。操作步骤包括前处理（匀浆、离心等）、加样、洗脱干扰组分和回收待测组分4 个步骤。常用于复杂样品中微量或痕量目标化合物的分离、纯化和浓缩。可直接与 HPLC、气相色谱（GC）等连接。有文献研究了使用 C18 SPE 柱从牛乳中提取四环素残留物，其中通过毛细管电泳（CE）进一步测定，分别使用 UV（Santos 等，2007）和 MS（Wang 等，2007）作为检测器进行检测。CE-UV 方法与 CE-MS 方法相比，CE-MS 有更低的检测限和更好的回收率。可能是MS 检测器有相对较高的灵敏度和特异性。这里，固相萃取步骤是必需的，因为直接液液萃取的提取物基质比较复杂，不可能将未净化溶液直接注入 CE 或者 HPLC 系统。

固相萃取法不需要大量有机溶剂，可净化很小体积的样品，且回收率高、分离效果好、操作简单、省时和省力，但是其富集倍数有限，部分固相萃取技术净化不完全。

近年来，在固相萃取技术的基础上，固相微萃取技术也逐渐发展。它是利用待测物在基体和萃取相间的非均相平衡，使待测组分扩散吸附到石英纤维表面的固定相涂层，待吸附平衡后，再与 GC 或 HPLC 联用以分离和测定待测组分，它集萃取、富集和解析于一体，具有更大的萃取表面积和更薄的固定相膜，脱附比较容易，且整体柱微萃取技术（PMME）无须复杂的仪器装置，降低了分析成本。

（6）基质固相分散（MSPD）

基质固相分散是将样品与填料一起混合研磨，使样品均匀分散于固定相颗粒表面，制成半固态后装柱，然后根据"相似相溶"原理选择合适的淋洗剂洗脱出各种待测物。该技术浓缩了传统样品前处理中匀浆、组织细胞裂解、提取、净化等多个过程，从而避免了匀浆、沉淀和浓缩等造成的样品损失。

Mu 等（2012）开发了基质固相分散—毛细管电泳（MSPD-CE）方法用于同时测定牛奶中的四环素。所提出的 MSPD 被证明是一种简单有效的样品预处理方法。在这项工作中，调查了几种固相材料，选择具有键合 C18 链的二氧化硅作为最佳吸附剂。

王学翠等（2011）将多壁碳纳米管、EDTA、草酸和样品研磨混匀装柱，经HPLC多波长紫外检测，得出6种四环素回收率为78.7%～105.2%，RSD小于12%。刘靖靖等（2007）建立了8种喹诺酮类兽药残留量的HPLC-荧光检测方法。该方法采用基质分散和微波萃取技术进行样品的前处理，回收率为70.0%～99.5%，RSD为1.0%～8.5%，方法可满足兽药残留检测要求。

基质固相分散法提取净化效率高、耗时短、节省溶剂、样品用量少。但研磨的粒度大小和填装技术的差别会使淋洗曲线有所差异，方法不易标准化。

（7）免疫亲和色谱（IAC）

免疫亲和色谱以抗原抗体的特异性、可逆性免疫结合反应为原理，其基本过程是将抗体与惰性基质偶联制成固定相后装柱，将抗原溶液过免疫亲和柱，而非目标化合物则沿柱子流出，经洗涤除去杂质后将抗原—抗体复合物解离，洗脱待测物即可。其最显著的优点在于对待测物的高效、高选择性保留能力，特别适合复杂样品痕量组分的净化与富集。Gurbay等（2006）对土耳其首都安卡拉销售的奶制品利用免疫亲和柱净化样品后，再与带荧光检测器的HPLC联用检测黄曲霉毒素M1的含量，在10～200ng/L的浓度范围内，该方法的平均回收率达117.9%，其最低检测限可达10ng/L。

（8）小结

除上述的样品前处理方法之外，还有一些高效的样品提取净化技术和专门的自动化提取装置。如双相渗析膜分离技术、分子印迹固相萃取技术、凝胶渗透色谱、微波辅助提取、吹扫补集法等也在食品中兽药残留分析中得到应用。所有上述样品前处理方法各有其特点，其中固相萃取的应用最为普遍成熟。SPE柱已是商品化产品，可选择的品种多，一次性使用，是目前牛奶中抗生素残留分析前处理的主流技术。

如何简化动物源性样品的前处理步骤，同时提高灵敏度，缩短分析时间，建立简便快速，低成本，自动化程度高，可同时检测多指标分析方法是今后研究的热点和难点。

2. 生物芯片技术在乳及乳制品检测中的应用

乳及乳制品中常见污染物主要包括：一是生物类污染物，例如各类有害的微生物、生物毒素等；二是化学类污染物，包括重金属、农兽药残留、真菌毒素以及非法化学添加剂等；三是其他非法添加剂，主要有蛋白精、三聚氰胺、硫氰酸钠、β-内酰胺酶等。

在众多的污染物中，抗生素是危害较大的一类污染物，能干扰其他生物细胞发育功能的化学物质。目前常见的抗生素有氯霉素、硝基呋喃类药物、四环素族抗生素、喹诺酮类抗生素、大环内酯类抗生素、氨基糖苷类抗生素等。抗生素的危害主要有以下几个方面：

（1）有些人对抗生素过敏，食用含有抗生素的食品会造成不同程度的过敏反应，严重的可能危及生命。

（2）长期食用含有抗生素的食品，相当于长期低剂量摄入抗生素，这样会使人体内的细菌产生抗药性，给今后患病时使用抗生素治疗带来不利的影响；还会破坏人体内正常菌群的平衡状态，使菌群失调，甚至造成二重感染，使重症患者病情难以控制。

（3）一些性质稳定的抗生素被排泄到环境中会造成环境污染，破坏生态平衡。2010年年底到2011年年初闹得沸沸扬扬的"超级细菌"问题就是典型的抗生素滥用的后果之一。如果长期食用含有抗生素的乳制品，人体内很可能出现"超级细菌"，这样人们在需要使用抗生素治疗时就会面临无药可用的状态，造成严重后果。

在兽药残留检测方面，北京博奥生物芯片有限公司于2005年就已开发了世界上第一套食品中兽药残留检测体系，可对多种食品样品中的4种兽药进行半定量并行检测，与传统方法对比，结果具有较高的一致性，且具有快速、准确率高、前处理简单、可同时进行检测多种兽药残留等优点（郭志红等，2005）；Knecht等（2009）利用硅烷化修饰的片基制备抗原点阵，自动化分析牛奶中10种抗生素含量，包括β-内酰胺类、磺胺类及氨基糖苷类。抗原蛋白通过点阵的形式固定在流池中，抗生素及相应的抗体混合后再加入，分别同时进行检测。信号的采集通过二抗标记过氧化物酶催化底物进行化学发光，再通过高灵敏的CCD进行检测。整个检测过程自动化，且只需5min。除了青霉素G与MRL相近，其他各抗生素的检测限均大大低于MRLs。该方法可以实现快速、高通量检测，可用于对乳品行业的牛奶质量控制。Kloth等（2009）建立的间接竞争化学发光免疫芯片法，能在几分钟内同时定量检测牛奶中13种抗生素含量。他们对片基采取了多步化学处理后，最终在玻片表面修饰上环氧树脂活化的PEG层，然后加入磺胺类、β-内酰胺类、氨基糖苷类和氟喹诺酮类等的衍生物直接与环氧树脂进行共价结合，无须再加其他偶联剂。该方法灵敏度较高，且抗原芯片活化后，可重复使用50次。因此，增加了测定的稳定性以及便捷性，减少重新制备片基。利用这种可再生性芯片能够快速检测牛奶中的抗生素，且结果与试剂盒中的结果较为一致。缺点是，制备片基的化学处理过程较为繁琐，化学发光信号的采集需采用极其灵敏的CCD检测器，且信号只能一次性采集。刘楠等（2010）建立了一种可同时检测4种兽药（氯霉素、克伦特罗、雌二醇、泰乐菌素）和3种农药（阿特拉津、吡虫啉、甲萘威）的高通量悬浮蛋白芯片技术，在对含有多种靶标物质的不同盲样进行检测时，检测浓度值与实际浓度值相对偏差较小，整个检测过程只需1~2h。叶邦策等（2008）报道了一种基于载玻片微阵列的间接竞争荧光免疫蛋白芯片法，用于同时检测牛奶中的磺胺二甲嘧啶、链霉素和泰乐菌素。3种抗生素的检测限分别为：3.26ng/mL（磺胺二甲氧嘧啶），2.01ng/mL（链霉素），6.37ng/mL（泰乐菌素），均低于各自的MRLs。并对实际样品牛奶进行了测定，结果取得了较好的加样回收率。Raz等（2009）描述了使用基于表面等离子体共振的免疫传感器在牛奶中的链霉素、庆大霉素、新霉素、卡那霉素、磺胺二甲嘧啶、恩诺沙星和氯霉素残留物的无标记多重检测系统。多重残留

的检测可用于测量 μg/L 水平的所有目标化合物，其对于欧盟确定的最大允许残留水平的牛奶控制足够敏感。Barchanska 等（2012）开发了一种生物芯片阵列试剂盒，用于对牛奶和动物组织中 20 多种驱虫药物的残留物进行多重筛选。结果表明，生物芯片阵列技术适用于同时测定单个样品中的多种分析物。Adrian 等（2008）提出了一种可同时检测乳品中的磺胺类抗生素、氟喹诺酮类抗生素和 β-内酰胺类抗生素的微阵列芯片方法。应用该方法，可以检出 3 类共 25 种常见的抗生素。Raz 等（2009）建立了基于 SPR 成像的可同时检测乳品中的四类抗生素（氨基糖苷类、磺胺类、氯霉素类和喹诺酮类）的微阵列生物芯片方法。

本单位基于可视化微孔板芯片开发了多种检测方法。Li 等（2017）提出了一种可同时检测牛奶中黄曲霉毒素 M_1、头孢氨苄、三聚氰胺的检测方法。与传统的检测方法如荧光法或者化学发光法相比，显色法提供了更为直接的结果，并且可以使用商用扫描仪进行扫描检测。该方法对于三聚氰胺、头孢氨苄和黄曲霉毒素 M_1 的检测线分别是 16.31ng/mL、8.21ng/mL 和 0.21ng/mL，全部符合国家允许的最大残留限量。该方法的检测准确度高，实际样本中三聚氰胺、头孢氨苄和黄曲霉毒素 M_1 的加标回收率分别是 103.1%~106.2%、96.6%~98.3% 和 105.4%~109.3%。Li 等（2017）基于智能手机可视化微孔板芯片同时检测牛奶中多种有害物质（喹诺酮类和四环素类抗生素）残留检测，研发了一种基于智能手机检测的灵敏、简单、高通量、快速的微阵列芯片免疫分析方法。选择四环素（TCs）和喹诺酮类（QNs）作为模型化合物，用间接竞争法的原理进行检测。将 TCs 和 QNs 人工抗原固定在微孔板底部形成微阵列，然后将含有不同浓度抗生素的标准品或待测样品和相应抗体以及 AgNPs 标记的二抗（羊抗鼠 IgG）加入到微孔板中，与底部固定微阵列中的抗原发生特异性反应。最后基于银增强技术进一步放大了信号，并在阵列中实现了肉眼可视的阵列点。显色后的微阵列芯片可以放置在利用 3D 打印机打印的微型暗盒中通过智能手机进行检测。该新型检测平台的检测限（LOD）为 1.51ng/mL（TCs）和 1.74ng/mL（QNs）。同时，为了实现单孔定量分析，将一系列梯度浓度的小鼠 IgG 固定在相同的孔中。通过不同浓度的小鼠 IgG 的信号绘制内部标准曲线。结果表明，所建立的 TCs 和 QNs 的定量检测结果与外标曲线一致。本方法在简单样品前处理后，使用智能手机可实现单孔定量检测，且操作简单，方法灵敏、快速、高通量等特点。该技术可以实现牛奶中多种有害物质的同时检测，在食品安全检测领域具有广阔的应用前景。

蛋白芯片应用于乳及乳制品的检测中，具有速度快、成本低、通量高、操作简便、所需样本量少等特点，但目前该技术在此领域中的研究与应用实例较少。蛋白芯片作为一种新型的技术手段，具有强大的高通量平台优势，同时，随着纳米技术的日趋成熟，抗原或抗体修饰方法的改进，可大大降低免疫分析法的检测限和提高灵敏度。随着这些新技术不断的应用、优化、确证和相互渗透，必将对食品安全、医疗卫生乃至健康预测带来深远的影响，从而节约检测成本，提高工作效率。

二、生物芯片法同时测定生乳中 15 种磺胺类抗生素残留量

（一）原理

生物芯片（Biochip）技术是自 20 世纪 90 年代初新兴的高度集成化的分析和研究手段，近 10 多年来以其无可比拟的高信息量、高通量、灵敏、快速、准确的特点从而显示出了巨大威力（Dorokhin 等，2011）。该技术是通过缩微技术，根据分子间特异性相互作用的原理，将生命科学领域中不连续的分析过程集成于硅芯片或玻璃芯片表面的微型生物化学分析系统，以实现对细胞、蛋白质、基因及其他生物组分的准确、快速、大信息量的检测。按照芯片上固化的生物材料的不同，可以将生物芯片划分为基因芯片、蛋白质芯片、细胞芯片和组织芯片等（Vera-Candioti 等，2010）。自从 1996年美国 Affymetrix 公司成功制作出世界上首批用于药物筛选和实验室试验用的生物芯片，并制作出芯片系统，此后世界各国在芯片研究方面突飞猛进，不断有新的突破。我国在生物芯片研究方面起步较晚，1998 年 10 月，中国科学院将基因芯片列为"九五"特别支持项目，利用中科院在微电子技术、生化技术、物理检测技术方面的优势，组织跨所、跨学科合作。在微阵列芯片和基于 MEBS 的芯片方面有大突破，在 DNA 芯片设计、基本修饰、探针固定、样品标记、杂交和检测等方面的技术有较大进展，已研制出肝癌基因差异表达芯片、乙肝病毒多态性检测芯片、多种恶性肿瘤病毒基因芯片等有一定实用意义的基因芯片和 DNA 芯片检测仪样机。

关于生物芯片技术在食品安全中的应用也有报道，但大都是基因芯片的研究与应用，用于测定食品中药物残留还未见报道。英国 RANDOX 公司以检测仪为平台，研发制作了利用抗原抗体生物芯片（蛋白质生物芯片）。在药物筛查的主要优势是同一样品前处理可运用在不同的生物芯片进行多重筛查、高通量检测（2h 内可以完成 45 个样品或 675 个检测项目）。采用不同芯片可对生乳中各种残留进行定量检测。检测灵敏度优于目前普遍使用的 ELISA 试剂盒等，检出限与我国现行国家标准检测方法相当，并能同时对多残留进行定量。充分发挥了生物芯片具有平行性、高通量、高灵敏度、样品用量少及检测速度快等优势，必将在我国食品风险监测大量样品筛查中发挥重要作用。

芯片基于 ELISA 的三明治免疫反应和竞争型免疫反应，多个特定的配位体（抗体或抗原）附于生物芯片表面上的预先划分的离散测试区域。样品中的分析物与辣根过氧化物酶（HRP）标记共轭结合。加入的信号剂会产生光信号，与样品中的分析物浓度成反比。通过 Evidence Investigator 定量药物残留分析仪中一个集成的低温电荷耦合器（CCD）摄像机将会同时检测由每个测试点的阵列发射的光信号，进而自动处理和

存储图像和数值。生物芯片上各检测区产生的光信号用数字成像技术检测，通过与存储的校准曲线对比，并用标准曲线计算样品中相应的分析物的浓度。本检测方法使用了15种磺胺组合的生物芯片，能同时定量测定磺胺二甲氧嗪（SDM）、磺胺嘧啶（SZ）、磺胺多辛（SD）、磺胺甲噻二唑（SMZ）、磺胺氯哒嗪（SCP）、磺胺甲氧哒嗪（SMP）、磺胺甲基嘧啶（SM）、磺胺二甲异唑（SS）、磺胺噻唑（ST）、磺胺二甲嘧啶（SMT）、磺胺喹恶啉（SQ）、磺胺吡啶（SP）、磺胺甲噁唑（SMX）、磺胺间甲氧嘧啶（SMM）和甲氧苄啶（TMP）。

（二）仪器与试剂

1. 仪器与设备

（1）生物芯片分析仪。

（2）低温冷冻离心机。

（3）加热振荡器。

（4）移液枪。

（5）磺胺组合生物芯片。

（6）2mL 离心管。

2. 试剂

（1）检测缓冲液。

（2）洗涤缓冲液。

（3）酶标记物。

（4）发光氨 EV-805/过氧化物。

（5）15种磺胺混合标准系列溶液：0.5ng/mL、2.0ng/mL、5.0ng/mL、7.5ng/mL、10ng/mL、12.5ng/mL、15.0ng/mL、17.5ng/mL、20.0ng/mL。

（三）分析方法

1. 样品制备

称取样品 10g（或 10mL）于离心管中，将离心管放于离心机中在 4℃、5 000r/min 速度离心 10min。取出去除上层脂肪后，取奶液进行两倍稀释用于测定。

2. 测定

（1）向生物芯片的每个孔中加入 200μL 检测缓冲溶液，然后每个孔再加入 50μL 的标准溶液或样品溶液。轻轻敲打装载装置边缘，混合试剂。

（2）将整个生物芯片装载装置安装在恒温摇床上，在 25℃，370r/min 下培育 30min。

（3）向每个孔加入 50μL 的酶标抗原溶液。在 25℃，370r/min 下培育 60min。

（4）快速洗涤 2 次，用含有已稀释的洗涤缓冲溶液，每孔大约加入 350μL 的洗涤缓冲溶液，轻轻敲打装载装置边缘，快速倾倒孔内溶液。注意避免孔内液体交叉污染。再进行4次洗涤，轻轻敲打装载装置边缘10~15s一次，保持溶液在孔内稳定2min。在最后一次洗涤后，用无棉质纤维织物除去孔内残留的洗涤缓冲溶液。

（5）直接加入信号试剂：每孔加入250μL工作信号试剂并避光准确放置桌面2min±10s后，放入生物芯片分析仪检测。

（6）磺胺组合生物芯片特异性与最低检测限测定：见表3-6。

表3-6　磺胺组合生物芯片特异性与牛奶最低检测限（LOD）

检测项目	化学物质	特异性（%CR）	最低检测限（μg/kg）
磺胺二甲氧嗪（SDM）	磺胺二甲氧嗪	100	0.6
磺胺嘧啶（SZ）	磺胺嘧啶	100	0.5
磺胺多辛（SD）	磺胺多辛	100	0.5
磺胺甲噻二唑（SMZ）	磺胺甲噻二唑	100	0.5
磺胺二甲基嘧啶（SMT）	磺胺二甲基嘧啶	100	2.5
磺胺氯哒嗪（SCP）	磺胺氯哒嗪	100	0.5
磺胺甲氧哒嗪（SMP）	磺胺甲氧哒嗪	100	0.5
磺胺甲基嘧啶（SM）	磺胺甲基嘧啶	100	0.5
磺胺二甲异唑（SS）	磺胺二甲异唑	100	0.5
磺胺噻唑（ST）	磺胺噻唑	100	0.5
磺胺喹恶啉（SQ）	磺胺喹恶啉	100	0.5
磺胺吡啶（SP）	磺胺吡啶	100	0.5
磺胺甲噁唑（SMX）	磺胺甲噁唑	100	0.5
磺胺间甲氧嘧啶（SMM）	磺胺间甲氧嘧啶	100	2.0
甲氧苄啶（TMP）	甲氧苄啶	100	0.5

三、生物芯片法同时测定生乳中喹诺酮类抗生素残留量

（一）原理

喹诺酮类药物（Fluoroquinolones，FQs）是一类具有6-氟-7-哌嗪-4-诺酮环结构（母核结构）的抗菌药物。为了控制和治疗动物疾病，养殖和治疗动物过程中会有多种喹诺酮类药物同时或交替使用的情况，这就导致了药物多残留的发生。动物性食品

中的喹诺酮类药物残留超标对人体存在潜在的威胁，这类兽药残留问题越来越被人们关注。

氟喹诺酮类药物的国内外残留研究方法主要有微生物检测法、色谱法、免疫分析法。其中色谱法包括高效液相色谱法（HPLC）、高效液相色谱—荧光法 HPLC/FLD、液—质联用分析法（LC/MC）等，免疫分析检测法包括胶体金试纸条法、酶联免疫吸附法（ELISA）、免疫荧光法、化学发光免疫法、蛋白芯片法等。微生物法的优点是操作简便、成本低、检测快速，但该法的检测限量高于各国所规定的最低检测限量；灵敏度不高，特异性差。色谱法虽然检测结果精确，但是存在技术操作复杂、检测时间长、前处理繁琐、设备昂贵及费用高等缺点，所以不适于大规模的现场快速检测。免疫法中胶体金试纸条技术和酶联免疫吸附法（ELISA）作为一种方便、低成本、快速、高通量的筛选手段，广泛应用于众多领域，但是胶体金试纸条技术容易出现高的假阳性率或假阴性率，ELISA 只能检测单组分残留。蛋白芯片法特异性强、反应灵敏、可实现大量样品的多组分残留快速检测，在国内外的研究中被广泛应用于食品监测、临床监测、药物筛选等领域。随着科技的迅猛发展，蛋白芯片法将有可能取代酶联免疫吸附法和胶体金试纸条法成为快速检测最常用的方法。

在 96 孔板底部固定 9 种喹诺酮抗体，加入样品和被标记的抗原，标记的抗原和样品与固定的抗体进行特异性竞争结合。洗去未被结合的标记抗原和样品后，再加入显色液进行显色，显色液被标记的抗原催化显色。随着样品浓度增高，被标记的抗原和固定抗体结合的就越少，信号值就越低。所以样品浓度和检测信号值呈负相关。检测原理示意见图 3-7。

（二）仪器与试剂

1. 仪器设备

（1）生物芯片点样仪。

（2）Q-array2000 可视化生物芯片分析仪。

（3）微孔板恒温振荡仪。

（4）多管涡旋混旋仪。

（5）单道可调移液器。

（6）KQ218 型超声波清洗器。

（7）微孔板。

2. 试剂

（1）喹诺酮类单克隆抗体（氧氟沙星、洛美沙星、培氟沙星、依诺沙星、诺氟沙星、恩诺沙星、环丙沙星、萘啶酸、氟甲喹）。

（2）纳米银标记的喹诺酮类人工抗原（氧氟沙星、洛美沙星、培氟沙星、依诺沙

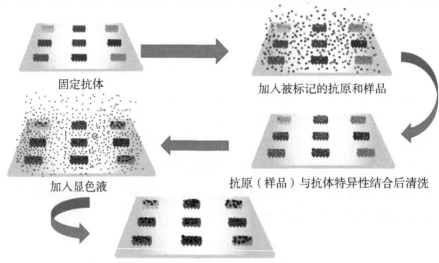

固定抗体　　　　　　　　　加入被标记的抗原和样品

加入显色液　　　　抗原（样品）与抗体特异性结合后清洗

显色液与被标记的抗原结合后清洗

图3-7　可视化蛋白芯片法同时检测喹诺酮类抗生素的检测原理示意图

星、诺氟沙星、恩诺沙星、环丙沙星、萘啶酸、氟甲喹）。

（3）喹诺酮类标准品（氧氟沙星、洛美沙星、培氟沙星、依诺沙星、诺氟沙星、恩诺沙星、环丙沙星、萘啶酸、氟甲喹）。

（4）纳米银增强显色液。

（5）NaCl。

（6）KCl。

（7）$NA_2HPO_4 \cdot 12H_2O$。

（8）KH_2PO_4。

（9）吐温20（Tween 20）。

（10）乙二胺四乙酸（EDTA）。

（11）牛血清白蛋白（BSA）。

（三）试验方法

1. 溶液的配制

试验所用的水均为18.25MΩ/cm的超纯水，由实验室 Milli-Q 水系统生成。10mM PBS（磷酸盐缓冲液）pH 值7.2 作为分析缓冲液，用来配制标准品。洗涤缓冲液为含 0.05% Tween 20 的 PBS（PBST），抗原和抗体用含 1mg/mL BSA 的 10mM PBS 进行稀释，封闭剂为含 10mg/mL BSA 的 10mM PBS，牛奶样品稀释液为 PBST 中含 1mM EDTA。所有缓冲液在使用前通过 0.22μm 孔径过滤器过滤。

10mM PBS（pH 值7.2）的配制方法如下：称取磷酸二氢钾（KH_2PO_4）0.2 g，磷

酸氢二钠（$Na_2HPO_4 \cdot 12H_2O$）2.9 g，氯化钠（NaCl）8.0 g，氯化钾（KCl）0.2 g，加水至 1 000mL。

2. 可视化蛋白芯片的制备

用生物芯片点样仪在 96 微孔板上制备 6×5 矩阵，分别按顺序点 9 种喹诺酮类抗体（氧氟沙星、洛美沙星、培氟沙星、依诺沙星、诺氟沙星、恩诺沙星、环丙沙星、萘啶酸、氟甲喹），点样量为 50μL/点，每样分别重复 3 个点。点样结束后，将芯片放于37℃恒温箱里孵育 2h，使抗体固定于板底。每孔加入 200μL 芯片封闭剂，放于 37℃恒温箱里孵育 2h，然后用洗涤缓冲液洗涤 3 次，每次 10s，拍干，置于 4℃冰箱待用。

3. 检测步骤

（1）加样反应

在制备好的孔板内每孔分别加入 25μL 不同浓度混合标准品（氧氟沙星、洛美沙星、培氟沙星、依诺沙星、诺氟沙星、恩诺沙星、环丙沙星、萘啶酸、氟甲喹）或样品，每个标准品或样品重复 2 个孔。再每孔加入 25μL 喹诺酮类混合抗原，贴上盖板膜。放于37℃恒温孔板振荡仪里孵育 30min，然后用洗涤液洗涤 3 次，每次 15s，拍干。

（2）显色

在每孔中加入 50μL 的银增强显色液（显色液 A 和 显色液 B 按体积比 1∶1 混合，现配现用），放入 37℃恒温孔板振荡仪孵育 12min，然后用超纯水洗 3 次，每次 15s，拍干。

（3）结果处理

用可视化生物芯片分析仪获取图像，并利用芯片分析软件进行结果处理分析。

（四）分析方法

1. 抗体抗原条件优化

抗原和抗体分别用 1mg/mL BSA 的 PBS 缓冲液进行稀释。氧氟沙星、洛美沙星、培氟沙星、依诺沙星抗体分别 1∶5、1∶10、1∶20 稀释，诺氟沙星、环丙沙星、萘啶酸、氟甲喹抗体分别 1∶1、1∶2、1∶4 稀释，恩诺沙星抗体分别 1∶10、1、20、1∶30稀释。标记的喹诺酮类抗原分别 1∶16、1∶32、1∶64、1∶128 稀释。

2. 喹诺酮类的特异性实验

喹诺酮类抗体的特异性通常使用竞争抑制曲线来判断。使用不同浓度的抗原和干扰物计算它们各自的结合比（B/B_0），绘制出竞争抑制曲线，并计算它们各自的 IC_{50}。根据式（1）计算交叉反应率。

$$CR = [IC_{50}(分析物)/IC_{50}(干扰物)] \times 100\% \qquad (1)$$

IC_{50} 是分析物或干扰物诱导信号抑制 50% 所需的浓度。

3. 喹诺酮类标准曲线的建立

探索喹诺酮类标准曲线采用间接竞争法。每个抗体浓度点3个平行微阵列点，信号值取其平均值，在一定范围内，随着竞争标准品浓度的增加，固定的抗体结合的人工抗原的含量会越来越少，因而检测到的信号值就会越低，超过这个范围后，检测信号值不随竞争标准品浓度的增加而变化。用氧氟沙星标准品、洛美沙星标准品、培氟沙星标准品、依诺沙星标准品、诺氟沙星标准品、恩诺沙星沙星标准品、环丙沙星标准品、萘啶酸标准品、氟甲喹标准品（表3-7）混合标准溶液进行竞争抑制试验。

表3-7　喹诺酮类药物标准品浓度

浓度（ng/mL）	氧氟沙星	洛美沙星	培氟沙星	依诺沙星	诺氟沙星	恩诺沙星	环丙沙星	萘啶酸	氟甲喹
标准品1	0	0	0	0	0	0	0	0	0
标准品2	2.5	2.5	0.1	0.1	0.2	0.1	2	1	1.25
标准品3	5	5	0.3	0.2	0.4	0.2	4	2	2.5
标准品4	10	10	1	0.4	0.8	0.4	8	4	5
标准品5	20	20	3	0.8	1.6	0.8	16	8	10
标准品6	40	40	9	1.6	3.2	1.6	32	16	20

4. 牛奶样品的加标回收率

在优化的实验条件下，精确量取1mL空白牛奶样品，分别添加氧氟沙星、洛美沙星、培氟沙星、依诺沙星、诺氟沙星、恩诺沙星、环丙沙星、萘啶酸、氟甲喹的标准品，加标浓度如表3-8所示，牛奶样品用样品稀释液1∶1稀释后检测，每个样品做复孔，每个样本重复测5次。

表3-8　喹诺酮类药物加标浓度表

加标浓度（ng/mL）	氧氟沙星	洛美沙星	培氟沙星	依诺沙星	诺氟沙星	恩诺沙星	环丙沙星	萘啶酸	氟甲喹
阴性样品	0	0	0	0	0	0	0	0	0
浓度1	5	5	0.3	0.2	0.2	0.2	4	1	2
浓度2	10	10	1	0.5	0.4	0.4	8	5	5
浓度3	40	40	9	1.6	1.6	1.6	32	16	20

检出限根据式（2）计算。

$$检出限(LOD) = 空白组的浓度 + 3 \times SD \tag{2}$$

参考文献

郭志红, 张荣, 张连彦. 2005. 蛋白芯片在兽药残留检测中的应用 [J]. 中国兽药杂志, 39 (10): 9.

李周敏, 许丹科. 2014. 可视化蛋白芯片检测牛奶中庆大霉素的方法研究 [J]. 分析科学学报 (5): 687.

刘靖靖, 林黎明, 江志刚. 2007. 高效液相色谱法同时检测 8 种喹诺酮类兽药残留量 [J]. 分析试验室, 26 (8): 5.

刘楠, 苏璞, 朱茂祥. 2010. 高通量悬浮芯片技术检测多农兽药残留 [J]. 分析化学, 38 (5): 673.

王兴如, 钟文英, 李周敏, 等. 2015. 微孔板生物芯片测定蜂蜜中四环素残留方法的研究及应用 [J]. 药物分析杂志, 35 (7): 1240.

王学翠, 刘冰, 张璐鑫. 2011. 多壁碳纳米管基质固相分散-高效液相色谱测定牛奶中 6 种四环素 [J]. 食品科学, 31 (14): 206.

钟文英, 王兴如, 许丹科, 等. 2016. 可视化蛋白芯片法同时检测牛乳中残留的磺胺类和喹诺酮类药物 [J]. 食品科学 (2): 193.

Adrian J, Pinacho D G, Granier B, et al. 2008. A multianalyte ELISA for immunochemical screening of sulfonamide, fluoroquinolone and ß - lactam antibiotics in milk samples using class - selective bioreceptors[J]. Anal Bioanal Chem, 391(5): 1703.

Bang-Ce Y, Songyang L, Peng Z, et al. 2008. Simultaneous detection of sulfamethazine, streptomycin, and tylosin in milk by microplate-array based SMM-FIA[J]. Food Chem, 106(2): 797.

Barchanska H, Jodo E, Price R G, et al. 2012. Monitoring of atrazine in milk using a rapid tubebased ELISA and validation with HPLC[J]. Chemosphere, 87: 1330.

Danaher M, Michael O'Keeffe, Glennon J D. 2003. Development and optimisation of a method for the extraction of benzimidazoles from milk using supercritical carbon dioxide[J]. Anal Chim Acta, 483: 313.

Dasenaki M E, Thomaidis N S. 2015. Multi-residue determination of 115 veterinary drugs and pharmaceutical residues in milk powder, butter, fish tissue and eggs using liquid chromatography-tandem mass spectrometry[J]. Anal Chim Acta, 880: 103.

Dorokhin D, Haasnoot W, Franssen M C R, et al. 2011. Imaging surface plasmon resonance for multiplex microassay sensing of mycotoxins[J]. Anal Bioanal Chem, 400(9): 3005.

Gürbay A, Ayd? N S, Girgin G, et al. 2006. Assessment of aflatoxin M1 levels in milk in Ankara, Turkey [J]. Food Control, 17(1): 1.

Kloth K, Rye-Johnsen M, Didier A, et al. 2009. A regenerable immunochip for the rapid determination of 13 different antibiotics in raw milk[J]. Analyst, 134(7): 1433.

Knecht B G, Strasser A, Dietrich R, et al. 2004. Automated microarray system for the simultaneous detection of antibiotics in milk[J]. Anal Chem, 76(3): 646.

Li Z, Li Z, Jiang J, et al. 2017. Simultaneous detection of various contaminants in milk based on visualized microarray[J].Food Control,73:994.

Li Z,Li Z,Xu D. 2017. Simultaneous detection of four nitrofuran metabolites in honey by using a visualized microarray screen assay[J].Food Chem,221:1813.

Li Z,Li Z,Zhao D,et al. 2017. Smartphone-based visualized microarray detection for multiplexed harmful substances in milk[J].Biosensors and Bioelectronics,87:874.

McGlinchey T A,Rafter P A,Regan F,et al. 2008. A review of analytical methods for the determination of aminoglycoside and macrolide residues in food matrices[J].Anal Chim Acta,624:1.

Morais E H C,Begnini F R,Jardim I C S F. 2013. Técnicas de preparo de amostra empregadas na determinação de agrotóxicos carbamatos em água e solo[J].solo,Sci. Chromatogr. ,5:146.

Mu G,Liu H,Xu L,et al. 2012. Matrix solid-phase dispersion extraction and capillary electrophoresis determination of tetracycline residues in milk[J].Food Anal. Methods,5:148.

Rebe Raz S,Bremer M G E G,Haasnoot W,et al. 2009. Label-free and multiplex detection of antibiotic residues in milk using imaging surface plasmon resonance - based immunosensor [J]. Anal Chem, 81:7743.

Rebe Raz S,Bremer M G,Haasnoot W,et al. 2009. Label-free and multiplex detection of antibiotic residues in milk using imaging surface plasmon resonance - based immunosensor [J]. Anal Chem, 81 (18):7743.

Ridgway K,Lalljie S P D,Smith R M. 2007. Sample preparation techniques for the determination of trace residues and contaminants in foods[J].J. Chromatogr. A,1153:36.

Santos S M,Henriques M,Duarte A C,et al. 2007. Development and application of a capillary electrophoresis based method for the simultaneous screening of six antibiotics in spiked milk samples[J].Talanta,71:731.

Sczesny S,Nau H,Hamscher G. 2003. Residue analysis of tetracyclines and their metabolites in eggs and in the environment by HPLC coupled with a microbiological assay and tandem mass spectrometry[J].J. Agric. Food Chem. ,51:697.

Vera-Candioti L,Olivieri A C,Goicoechea H C. 2010. Development of a novel strategy for preconcentration of antibiotic residues in milk and their quantitation by capillary electrophoresis [J]. Talanta, 82:213.

Wang S,Yang P,Cheng Y. 2007. Analysis of tetracycline residues in bovine milk by CEMS with field-amplified sample stacking[J].Electrophoresis,28:4173.

第四章 奶质量特征评价技术

第一节 国内外研究进展

长期以来，奶中蛋白和脂肪含量以及体细胞数和菌落总数等是用于评定奶品质的重要指标。虚增牛奶中蛋白质含量的"三聚氰胺"等事件的发生，严重损害了我国奶业的健康发展，同时也使我们清晰地认识到仅仅依靠乳蛋白含量指标评价奶品质的方法已严重不符合质量评定的要求。奶业的发展迫切需要我们建立科学有效的奶品质评价技术及方法，因此，亟须开展奶质量特征方面的研究，以构建奶质量特征谱图。一方面可为疾病控制和通过饲料营养手段改善奶品质提供强有力的数据支撑；另一方面还为奶的真实性识别提供坚实的依据。由此服务于提高奶品质量、提升奶业的核心竞争力和促进奶业持续健康发展。

随着生物技术的发展，为全面揭示奶组成以确定其特征成分提供了强有力的研究手段。近年来，已有多个研究团队围绕奶中蛋白质、脂肪、代谢物等组分阐释了其组成及含量的变化。虽然奶成分受物种、日粮营养、健康状况、泌乳期及胎次等诸多因素的影响，但这些研究有力地推动了全面剖析奶组分的发展，开阔了我们认知奶这一完美食品的视野。

一、奶中蛋白组分及含量研究进展

蛋白质是奶中的重要营养组分之一，在荷斯坦奶牛、牦牛、水牛及山羊等奶畜奶中，一般而言，水牛奶中蛋白含量可达4%以上，高于牦牛、荷斯坦奶牛和山羊奶，其蛋白含量在3.2%（Medhammar等，2012）。奶中的蛋白组分可分为酪蛋白和乳清蛋白，酪蛋白含量在荷斯坦奶牛、牦牛、水牛及山羊奶中占总蛋白含量的80%，乳清蛋白含量占20%；而在马奶中酪蛋白含量占总蛋白含量的55%左右（Farrell等，2004；Uniacke-Lowe等，2010）。除此之外，乳中蛋白含量受季节、日粮营养和泌乳期等因素的影响而发生变化。

（一）奶畜及人乳蛋白表达谱的研究

用肽文库富集低丰度蛋白的方法，在荷斯坦奶牛奶中鉴定到了149种低丰度蛋白，其中有 100 种蛋白是新鉴定的乳清蛋白，并发现免疫球蛋白在碱性区域存在多态性（D'Amato 等，2009）。采用离子交换馏分荷斯坦奶牛乳清蛋白结合二维凝胶电泳偶联质谱鉴定蛋白的方法，构建了酸性和碱性乳清蛋白组分表达图谱，鉴定蛋白极大地丰富了乳清蛋白数据库，且为目标乳清蛋白或组分的纯化提供了科学依据。采用二维凝胶电泳结合质谱技术解析了水牛奶中蛋白，除主要的酪蛋白、β-乳球蛋白和 α-乳清蛋白外，还鉴定到一些抗菌或免疫调节蛋白，此外还发现一些蛋白参与细胞信号、膜/蛋白转运，研究结果可为揭示乳腺细胞主要的分泌通路提供基础（D'Ambrosio 等，2008）。采用液相色谱结合 Edman N-微测序和质量鉴定技术，在马脱脂乳中鉴定到 κ-、α_{s1}-、α_{s2}-和 β-酪蛋白，以及 α-乳清蛋白、溶菌酶 C、β-乳球蛋白 Ⅰ 和 Ⅱ 等，同时发现 α_{s1}-和 β-酪蛋白存在多态性。此外，用液相色谱串联质谱技术在人乳清中鉴定到 222 种蛋白，其中免疫球蛋白是最高丰度的宿主防御蛋白，IgA 是最主要的免疫球蛋白，此外，乳清中也含有高丰度的乳铁蛋白、溶菌酶 C 和多聚免疫球蛋白受体（Hettinga 等，2011）。而用免疫吸附方法移除人初乳中高丰度的 IgA、乳铁蛋白、α-乳清蛋白和血清白蛋白后，用二维液相色谱和基于凝胶电泳的蛋白质组学分析，结果在人初乳乳清中鉴定到 151 种蛋白，构建了初乳乳清蛋白表达谱（Palmer 等，2006）。

（二）泌乳期影响乳蛋白表达的研究

为了分析泌乳期对乳蛋白表达的影响，有研究采用基于离子交换蛋白分馏法分析了荷斯坦奶牛初乳和产后第 3 个月的常乳乳清，共鉴定到 293 种蛋白，其中 176 种是新鉴定到的乳清蛋白。半定量分析表明在初乳中表达量增加的蛋白主要为新生犊牛提供天然的免疫防御，由此为阐释乳蛋白组成及其潜在的健康益处提供了基础（Le 等，2011）。采用双甲基标记的蛋白质组学方法分析了荷斯坦奶牛第 0.5、1、2、3、5 和 9 天乳清，鉴定到 212 种蛋白，量化了 208 种蛋白，发现从初乳到第 9 天的乳中有近三分之一的量化蛋白呈下降的趋势，特别是免疫相关蛋白包括 IGJ、IGK、凝溶胶蛋白、血纤维蛋白溶酶原和激肽原等，而黄嘌呤氧化酶、脂蛋白脂酶和胰腺核糖核酸酶表达量则呈增加趋势（Zhang 等，2015a）。对泌乳期第 0.5、1、2、3、6、9、10 和 12 月乳清蛋白组的研究表明，量化鉴定到 219 种蛋白，发现免疫相关蛋白表达量包括免疫球蛋白和乳铁蛋白等含量在泌乳后期增加；脂合成相关蛋白包括脂肪酸结合蛋白、脂滴蛋白 2 和嗜乳脂蛋白表达量增加，这与脂肪产量增加相一致，揭示乳腺从头合成脂肪酸能力随泌乳期增加；而与乳成分合成相关蛋白包括脂肪酸结合蛋白、β-乳球蛋白和 α-乳清蛋白等在泌乳后期表达量下降，同时，胆固醇转运蛋白表达量也下降（Zhang 等，2015b）。在人奶蛋白随泌乳期变化研究方面，采用无标记蛋白质组学技术对初乳、第 1、2、3、6 和 12 月等乳清蛋白表达进行鉴定，在乳清中共鉴定到 115 种蛋白质，有 38 种蛋白在以前研究中没有鉴定到，建立了泌乳期乳清蛋白质组表达模式（Liao 等，2011a）。

（三）乳房炎影响乳蛋白表达的研究

乳腺炎症可造成乳成分发生变化，采用酶联免疫方法检测发现，乳中急性期蛋白包括结合珠蛋白、血清淀粉样蛋白 A 和血清白蛋白等含量增加，而酪蛋白含量显著下降。采用无标记定量蛋白质组学方法对健康荷斯坦奶牛和大肠杆菌试验感染奶牛乳清蛋白的检测发现，大肠杆菌感染后体细胞数显著增加，乳清中白蛋白、结合珠蛋白等急性期蛋白以及抗菌肽含量显著增加，而酪蛋白含量下降的同时其水解产物的含量增加（Boehmer 等，2008，Yang 等，2016a）。此外，采用 itraq 标记蛋白质组学技术解析了健康荷斯坦奶牛和金黄色葡萄球菌试验感染牛乳清、外泌体和脂肪球膜蛋白组分，结果发现 94 种蛋白呈差异表达，且参与了宿主防御功能，与乳清和外泌体相比，其中在脂肪球膜组分的宿主防御蛋白涉及嗜中性白细胞吞噬的形成（Reinhardt 等，2013）。金黄色葡萄球菌试验感染荷斯坦奶牛乳清、外泌体和脂肪球膜蛋白组学的研究揭示了新颖和全面的乳蛋白变化信息。

（四）奶畜及人奶特征性蛋白的研究

为了阐释不同奶畜奶蛋白组成的差异，有研究采用基于二维凝胶电泳结合质谱的蛋白质组学方法比较了荷斯坦奶牛、山羊、水牛、马和骆驼奶中乳蛋白表达模式，发现 β-乳球蛋白是荷斯坦奶牛、山羊、水牛和马奶中的主要乳清蛋白，而骆驼奶中没有检测到乳清蛋白，荷斯坦奶牛和骆驼奶中 κ-酪蛋白存在 5 种异构体（Hinz 等，2012），研究结果可为揭示不同奶畜奶掺假提供科学依据。此后有研究用二维凝胶电泳谱图展示了山羊、骆驼及水牛奶中掺假荷斯坦奶牛奶，结果表明 β-乳球蛋白和 α-乳清蛋白等是检测山羊、骆驼及水牛奶中掺假奶荷斯坦奶牛奶的标记蛋白（Yang 等，2014）。采用 itraq 标记定量蛋白质组学技术分析了荷斯坦奶牛、牦牛、山羊、骆驼和水牛奶中乳清蛋白质组，结果在这些奶的乳清中鉴定到 211 种蛋白。主成分分析揭示了荷斯坦奶牛、牦牛、水牛、山羊和骆驼乳清蛋白组表达模式存在显著差异，其中乳清酸性蛋白和醌氧化还原酶是骆驼乳的特征性蛋白，双糖链蛋白聚糖是山羊乳的特征性蛋白，结果可用于阐释荷斯坦奶牛、牦牛、水牛、山羊和骆驼乳清蛋白表达模式，有利于鉴定奶的掺假（Yang 等，2013）。之后，有研究分析了相同日粮饲养条件下的荷斯坦奶牛和娟姗牛奶蛋白质组，研究发现有 43 种低丰度蛋白呈差异表达，包括涉及宿主防御功能的乳转铁蛋白和补体蛋白 C2，然而，乳过氧化物酶和骨桥蛋白等则差异不显著（Tacoma 等，2016）。采用肽文库富集低丰度蛋白结合凝胶和溶液内消化的样品制备方法，用液相色谱串联质谱在绵羊乳清中鉴定到 669 种蛋白，构建了绵羊乳清表达谱，同时与发表文献中荷斯坦奶牛乳清蛋白组进行比较。结果发现绵羊和荷斯坦奶牛乳清中有 233 种共同的蛋白，涉及免疫和炎症应答。仅在绵羊乳清中表达的蛋白主要参与了细胞发育和免疫应答，而在荷斯坦奶牛乳清中表达的蛋白主要参与了代谢和细胞生长（Ha 等，2015）。与人和荷斯坦奶牛乳铁蛋白比较，山羊乳铁蛋白糖基包括高甘露糖、混合和复杂的 N-糖基化，在 N-糖基化组分中，37%是硅铝酸盐和 34%是岩藻酸盐，虽然人奶和山羊奶中都存在类似的糖基化合物，但在山羊奶中发现了新的糖基化合物。此外，采用比较蛋白质组学技术分析了人和猕猴乳蛋白质表达，结果在人和猕猴奶中分别鉴定到 1 606种和 518 种蛋白。对鉴定蛋白的直系同源分析发现 88 种蛋白存在差异。其中 93%的蛋白在人奶中表达量增加，包括乳铁蛋白、多聚免疫球蛋白受体、α-1 抗凝乳蛋白酶和维生素 D 结合蛋白等。特别是人奶中表达量增加的蛋白主要涉及免疫系统、肠道和脑发育（Beck 等，2015）。由此可为阐释人类婴儿早期需要更多的营养物质保障生长发育提供坚定基础。此外，采用糖苷酶 F 水解并富集了人和荷斯坦奶牛乳清蛋白 N-聚糖，获得的 N-聚糖混合物用液相色谱偶联四级杆飞行时间质谱进行分离鉴定，在人奶中鉴定到 38 种 N-聚糖，而牛奶中鉴定到 51 种 N-聚糖，这两种奶中主要是高甘露糖、中性和酸性/杂合性聚糖，其中人奶中岩藻糖、唾液酸、高甘露糖分别占 75%、57%和 6%，牛奶中岩藻糖、唾液酸、高甘露糖分别占 31%、68%和 10%。与人奶中低唾液酸化和高岩藻糖基化糖相比，牛奶中则是高唾液酸化和低岩藻糖基化糖。虽然这两种奶中都存在 NeuAc 唾液酸，但牛奶中仅检测到 NeuGc 残基，是人奶和牛奶中最主要的差异（Nwosu 等，2012）。研究结果提示高岩藻糖基化是人奶的特征，而高唾液酸化和低岩藻糖基化是荷斯坦奶牛奶的特征。

二、乳脂肪球的研究

脂肪球在维持脂的稳定性中发挥有极其重要的作用，脂肪球主要由中性的甘油三脂核心和脂质双层组成。其主要成分是中性脂、胆固醇、极性脂和蛋白质等，其中蛋白质占乳蛋白含量的 1%~4%，具有诸多生物学功能（Affolter 等，2010）。

（一）奶畜及人奶中脂肪球蛋白表达谱的研究

为了揭示脂肪球蛋白表达谱，采用 SDS-凝胶电泳分离结合质谱鉴定在方法，在奶牛奶脂肪球膜鉴定到 120 多种蛋白，发现脂肪球膜组分的主要蛋白为嗜乳脂蛋白、脂肪酸结合蛋白、黄嘌呤氧化酶和糖基化依赖黏附分子等，且大多数蛋白主要涉及膜/蛋白转运和细胞信号（Reinhardt and Lippolis，2006）。采用相同的方法，在绵羊脂肪球膜中鉴定到 140 多种蛋白，GO 分析发现鉴定蛋白主要分布在细胞质、细胞膜、内质网、分泌体、细胞核、线粒体和溶酶体等。鉴定蛋白涉及的生物学功能主要包括膜和囊泡转运、蛋白合成、结合及折叠、酶活性、细胞信号、免疫功能、脂肪转运及代谢等。采用肽指纹图谱方法在山羊乳脂肪球膜中鉴定到嗜乳脂蛋白、乳凝集素、脂肪酸合成酶、黄嘌呤氧化酶等主要蛋白（Pisanu 等，2011）。采用二维凝胶电泳分离结合质谱在水牛奶脂肪球膜中鉴定到 50 多种蛋白，可能与水牛数据库注释不够完整有关。但是用 SDS-凝胶电泳分离结合质谱鉴定的方法，在骆驼奶脂肪球膜中鉴定到 320 多种蛋白，鉴定蛋白的细胞定位分析发现，大多数蛋白位于膜和胞外区域（Saadaoui 等，2013）。用二维凝胶电泳分离结合质谱方法在人奶脂肪球膜组分中鉴定到 100 多种蛋白，这些蛋白主要参与抵抗病原菌侵入和免疫保护作用（Liao 等，2011b）。采用液相色谱串联质谱的方法在人奶脂肪球膜中可鉴定到 200 多种蛋白，发现乳铁蛋白、溶菌酶 C 等免疫防御相关蛋白是人奶脂肪球膜中高丰度蛋白（Hettinga 等，2011）。

（二）泌乳期影响脂肪球组分的研究

泌乳期不仅影响了乳清蛋白的表达，同时也会造成脂肪球膜蛋白质组表达组成发生改变。采用标记定量蛋白质组学方法，比较了荷斯坦奶牛初乳和第 7 天常乳的脂肪球膜蛋白表达，结果发现 26 种蛋白包括黏蛋白 1 和 15、亲脂素、嗜乳脂蛋白等表达量在常乳中增加，而 19 种蛋白包括载脂蛋白 A1、C-II、E 和 A-IV 等表达量下降（Reinhardt and Lippolis，2008）。对山羊初乳和常乳脂肪球膜蛋白的进行比较，发现 189 种蛋白的表达丰度存在显著差异，其中在初乳中 181 种蛋白的表达量高于常乳，最为显著的是初乳中急性期蛋白含量高于常乳；而常乳中黄嘌呤氧化酶等高丰度蛋白表达量高于初乳（Lu 等，2018）。对泌乳早、中和晚期荷斯坦奶牛奶脂肪球进行分级，发现泌乳期影响了多不饱和脂肪酸的含量，但对脂肪球大小影响不明显，产后 60 天内小脂肪球比大脂肪球的饱和脂肪酸浓度高 10%，磷脂酰胆碱和胆固醇在整个泌乳过程中无显著变化，从产后第 100 天开始，大脂肪球中磷脂酰乙醇胺浓度保持不变，而小脂肪球中磷脂酰乙醇胺浓度下降了 2 倍（Mesilati-Stahy and Argov-Argaman，2014）。用无标记定量蛋白质组学技术分析了人初乳、第 1、2、3、6 和 12 月等一年泌乳期内脂肪球膜蛋白质组的表达，在脂肪球膜组分中鉴定到 191 种蛋白质，其中 α-抗胰蛋白酶、α-淀粉酶、载脂蛋白 D 和 E，骨髓基质抗原 2、胰岛素样生长因子结合蛋白 2 和长链脂肪酸辅酶 A 链接酶 4 和泛素蛋白等是泌乳早期高丰度表达蛋白；而 CD9 蛋白、脂肪酸结合蛋白、叶酸受体 α、凝溶胶蛋白、谷胱甘肽过氧化物酶 3 和溶菌酶 C 等泌乳后期高表达的蛋白（Liao 等，2011b）。随着人泌乳阶段的增加脂肪球中的脂肪含量显著增加，初乳中脂肪球的直径最大（5.75μm ± 0.81μm），ζ 电位最小（-5.6mV ± 0.12mV），并发现初乳比过渡乳和常乳脂肪中含有较高浓度多不饱和脂肪酸，同时 sn-2 位置上饱和脂肪酸含量较低，极性脂类中鞘磷脂相对含量无明显变化，常乳中磷脂胆碱含量高于初乳和过渡乳。此外，采用化学选择性糖基化印迹技术，对水牛初乳和常乳脂肪球膜中的糖基进行了表征，发现初乳 N-糖链中主要是单链、二链和三链糖苷，常乳脂肪球膜蛋白主要含有单链和二链糖苷、中性和高甘露糖基，并发现初乳和常乳中最主要的糖基化核心是 1 O-聚糖，主要的糖鞘脂是 GM3 和 GD3（Brijesha 等，

2017）。

（三） 奶畜及人奶脂肪球组分特性的研究

为了阐释不同物种奶脂肪球膜蛋白的表达模式，揭示奶脂肪球膜蛋白的特征性，有研究比较了山羊品种萨能和萨达乳脂球的大小、蛋白质组成和脂质分布，发现萨达山羊脂肪球的直径比萨能山羊小，而萨达山羊脂肪球膜组分中的胞质蛋白表达丰度高于萨能山羊，还发现萨达山羊脂肪球膜主要蛋白包括黄嘌呤脱氢酶、脂滴包被蛋白、肌动蛋白和脂肪酸合成酶等，萨能山羊脂肪中嗜乳脂蛋白、乳凝集素和血小板糖蛋白4等表达丰度高于萨达山羊（Pisanu 等，2013）。用蛋白质组学方法对契安尼娜牛和荷斯坦奶牛奶脂肪球膜蛋白组成的比较发现，在蛋白结构和脂滴形成以及免疫相关分子、脂肪球分泌、乳腺上皮细胞凋亡和乳腺退化相关蛋白的数量上呈现不同的趋势，这两种奶牛脂肪球膜差异蛋白主要涉及滴状液中脂质沉积、免疫系统和乳腺细胞凋亡（Murgiano 等，2009）。水牛奶脂肪球和荷斯坦奶牛奶脂肪球平均大小分别为 5μm 和 3.5μm，水牛和荷斯坦奶牛脂肪球含有相同种类的极性脂质，其中磷脂乙醇胺、鞘磷脂和磷脂酰胆碱为主要成分，水牛奶含有数量较低的极性脂质，但是水牛乳中磷脂酰胆碱的比例明显较高，而鞘磷脂比例明显较低。脂肪酸分析结果显示棕榈酸、反式脂肪酸、亚麻酸、共轭亚麻酸在水牛奶中含量显著高于荷斯坦奶牛奶。采用无标记定量的液相色谱串联质谱技术比较水牛和荷斯坦奶牛奶脂肪球膜蛋白组，发现水牛奶脂肪球膜蛋白中黄嘌呤氧化还原酶含量比奶牛奶高6倍，血小板糖蛋白4、热休克同源蛋白和钙调神经磷酸酶B同源蛋白含量也显著高于奶牛奶。由此为揭示水牛奶中高含量的脂肪以及脂肪球膜蛋白组的差异提供了基础，为进一步解析这两种奶在营养、生物学功能和特性方面的差异提供了线索（Nguyen 等，2017）。采用无标记定量蛋白质组学方法对牦牛和荷斯坦奶牛脂肪球膜蛋白的分析发现，二者存在156种差异表达蛋白，包括各种生物活性蛋白，牦牛和荷斯坦奶牛奶中不同类型和数量的脂肪球膜蛋白可能与葡萄糖和脂质代谢有关（Zhao 等，2019）。用气相色谱法方法对荷斯坦奶牛、山羊、绵羊和马等奶畜奶脂肪酸分析发现，绵羊奶含有最高的脂肪含量，荷斯坦奶牛奶中饱和脂肪酸含量高于山羊和绵羊奶，而绵羊奶中单不饱和脂肪酸、奇数和支链脂肪酸含量最高；马和驴奶中多不饱和脂肪酸含量最高。人奶脂肪球不饱和脂肪酸 C18:2 的含量是荷斯坦奶牛和山羊脂肪球的7倍，胆固醇含量高于荷斯坦奶牛和山羊奶约20%，三酰甘油分子种类和极性脂类在人、荷斯坦奶牛和山羊奶脂肪球也存在差异。用无标记定量蛋白质组学技术分析了人、荷斯坦奶牛、山羊和牦牛奶中脂肪球膜蛋白组成，分别鉴定到312、554、175 和 143 种蛋白，这些物种中 50 种蛋白的表达量相对保守，其涉及囊泡介导的转运和脂肪球的分泌；差异表达蛋白主要涉及脂肪合成和分泌以及宿主防御功能，此外还发现人奶中脂肪分解代谢酶含量显著高于其他奶畜奶。采用凝胶电泳结合液相色谱串联质谱比较人和山羊脂肪球膜蛋白表明，人奶中生物活性蛋白数量多于山羊奶，人乳中鉴定到 128 种表达丰度较高的蛋白，其中仅有 42 种在山羊乳中被鉴定，且人乳和山羊乳中共表达 7 种生物活性蛋白，在人奶中高表达的蛋白有乳铁蛋白、β-酪蛋白、脂蛋白脂酶和脂肪酸合成酶等，而山羊奶中高表达的蛋白有 α-S1-酪蛋白、EGF 因子 8 蛋白等（Lu 等，2016）。采用标记定量蛋白质组学技术对比了人和荷斯坦奶牛初乳脂肪球膜蛋白，发现二者存在 26 种差异表达蛋白，差异表达的蛋白质参与了钙信号、吞噬体和 FcγR-介导吞噬通路。用标记定量的蛋白质组学方法比较了人与荷斯坦奶牛初乳和常乳中脂肪球膜蛋白，鉴定到 411 种蛋白，其中 232 种蛋白呈差异表达，功能分析发现差异蛋白参与的生物过程包括应激反应、定位和免疫过程等，涉及蛋白结合、核苷酸结合和酶抑制剂活性，通路分析发现差异蛋白参与肌动蛋白细胞骨架调控、神经营养蛋白信号通路、白细胞经内皮迁移、紧密连接、补体及凝血级联、血管内皮生长因子信号通路和黏附连接等（Cao 等，2018）。

三、其他组分的研究

奶中除乳蛋白和脂肪这两大类物质之外，还含有矿物质、维生素、核苷等。采用基于质谱的代谢组研究方法，在荷斯坦奶牛奶中鉴定到 223 种代谢物，包括碳水化合物、氨基酸、脂肪酸和核苷等（Boudonck 等，2009）。采用核磁共振光谱对产后 90 天人奶代谢物进行分析，量化鉴定了 65 种乳代谢物，包括单糖、二糖和寡糖，氨基酸及其衍生物、碳水化合物、脂肪酸及其衍生物、维生素和核苷等，其中乳糖、尿素、谷氨酸、肌醇和肌酸酐含量变异较小（<20%），人奶中寡糖是第三大丰度的物质，总寡糖浓度的变异是 18%。采用核磁共振光谱发现，相对于低体细胞数荷斯坦奶牛奶（1.4×10^4），高体细胞数（7.2×10^5）牛奶中乳酸、丁酸、异亮氨酸、乙酸和 β-羟基丁酸含量增加，而延胡索酸和马尿酸含量下降（Sundekilde 等，2013）。用气相色谱法串联质谱的代谢组学方法对荷斯坦奶牛和山羊奶代谢物的检测发现，缬氨酸和甘氨酸是山羊奶的特征性代谢物，而塔罗糖和苹果酸是荷斯坦奶牛奶的特征性代谢物。此外，外泌体是直径为 40~100nm 内吞来源的膜囊泡，其在胞间的信号交流及免疫功能的发挥具有重要作用。有研究分离了泌乳中期荷斯坦奶牛奶中外泌体，并鉴定到 2107 种蛋白，其中嗜乳脂蛋白、黄嘌呤氧化酶和乳凝集素是乳外泌体中最丰度的蛋白。研究结果表明乳外泌体的分泌通路与脂肪球膜蛋白的分泌通路存在显著差异（Reinhardt 等，2012）。乳外泌体蛋白组成为阐释乳蛋白组成及外泌体潜在的生理功能提供了新的科学依据。

第二节 项目主要创新成果

一、物种奶脂肪球膜蛋白的定量蛋白质组学研究

鉴于脂肪球膜蛋白的复杂性及诸多生物学功能尚不清楚，本研究采用同位素标记定量的蛋白质组学方法对荷斯坦奶牛、娟姗牛、牦牛、水牛、山羊、骆驼、马和人的乳脂球蛋白质组进行鉴定和定量。结果表明，乳脂球组分中鉴定到 520 种蛋白质，并依据蛋白质的数据库注释对鉴定蛋白进行了归类。乳脂球蛋白质参与的最主要的生物学过程是细胞过程、定位、传递、信号转导和应激应答；最主要的分子功能是结合和催化活性（图 4-1）。通路分析表明乳脂球蛋白还涉及糖酵解/糖异生、过氧化物酶体增殖物激活受体和脂肪酸生物合成通路。采用聚类分析对量化的乳脂球蛋白组分析，可将上述物种聚类为 4 类，①荷斯坦奶牛、牦牛和娟姗牛聚为一类；②水牛和山羊为一类；③荷斯坦奶牛、娟姗牛、牦牛、水牛和山羊为一类；④骆驼、马和人为一类（表 4-1 和图 4-2）。本研究结果阐释了物种奶脂肪球蛋白组表达模式、蛋白组成的差异及其涉及的生物学功能，为进一步揭示乳脂肪球的形成及可能的机理提供了科学依据（Yang 等，2015）。

表 4-1 乳脂肪球蛋白的主成分分析结果

	解释方差 （%）	累积解释方差 （%）	主要蛋白质
PC1	25.72	25.72	Lactadherin-like protein（S9WF76），Uncharacterized protein（F7D8I6），Beta-casein（M1E4K4），Serum amyloid A protein（P19857），Alpha-S2-casein（O97944）
PC2	23.79	49.51	Fatty acid-binding protein（S4R371），Annexin A6（P08133），Beta-casein（P05814）
PC3	20.47	69.98	Glycosylation-dependent cell adhesion molecule 1（P81447），Xanthine：oxygen oxidoreductase（O97897），Uncharacterized protein（W5P0U4）
PC4	14.08	84.06	Thy-1 cell surface antigen（Q3SX33），Cathelicidin 5（B9UKL8）
PC5	4.73	88.79	Beta-casein（Q9TSI0），S100A8 protein（E1AHZ7），CD59 molecule（Q32PA1），Lactoferrin（C7FE01）

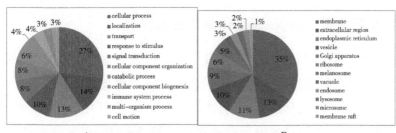

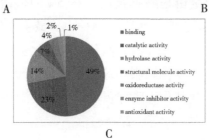

图4-1　物种奶脂肪球膜蛋白的生物学功能归类

A. 生物学过程；B. 细胞组分；C. 分子功能

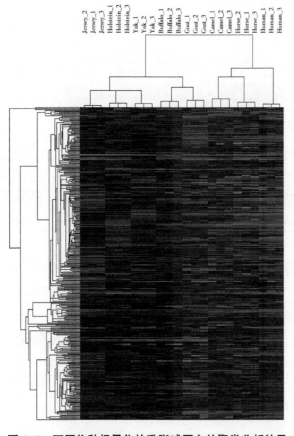

图4-2　不同物种奶量化的乳脂球蛋白的聚类分析结果

二、物种奶脂球蛋白的 N-糖基化修饰位点研究

糖蛋白参与了诸多生物学功能，为了进一步分析乳脂球蛋白及其未知的生物学功能，本研究采用了滤膜辅助技术富集和液相色谱串联质谱技术解析了荷斯坦奶牛、娟姗牛、水牛、牦牛、山羊、骆驼、马等动物奶及人奶 N-糖基化的糖肽。糖基化蛋白的生物化学分析发现，61.0 %的蛋白是跨膜蛋白，25.5%的蛋白是疏水性蛋白（图 4-3）。鉴定糖基化蛋白的功能分析表明，在所有物种中，最主要的生物功能是应激应答（图 4-4），同时，通路分析结果发现不同物种奶 N-糖基化蛋白参与的生物学通路存在差异，这些 N-糖基化蛋白可能与物种奶脂肪球的形成及生理功能相关（表 4-2）。总之，本研究揭示了不同物种 N-糖基化乳脂球蛋白组分及其潜在的生物学功能，从而有利于阐述乳脂肪球的分子机理（Yang 等，2016c）。

表 4-2　物种奶 N-糖基化脂肪球膜蛋白的生物学通路分析

动物	通路	数量	匹配	比例(%)	P 值	富集倍数
荷斯坦奶牛	Cyanoamino acid metabolism	2	7	2.30	0.023	80.71
	Taurine and hypotaurine metabolism	2	10	2.30	0.033	56.50
娟姗牛	Lysosome	4	117	3.77	0.013	7.55
牦牛	Cyanoamino acid metabolism	2	7	2.28	0.023	80.71
	Taurine and hypotaurine metabolism	2	10	2.28	0.033	56.50
山羊	PPAR signaling pathway	3	69	3.80	0.019	13.00
	Lysosome	3	117	3.80	0.051	7.67
骆驼	Axon guidance	4	129	4.82	0.030	5.63
	Complement and coagulation cascades	3	69	3.61	0.051	7.89
	PPAR signaling pathway	4	69	3.61	0.051	7.89
马	Complement and coagulation cascades	5	69	5.75	0.000	13.16
人	Complement and coagulation cascades	13	69	7.30	2.73E-11	14.74
	Lysosome	13	117	7.30	1.50E-08	8.69
	Hematopoietic cell lineage	8	86	4.49	8.81E-05	7.28
	ECM-receptor interaction	5	84	2.81	0.026	4.66
	Cell adhesion molecules	6	132	3.37	0.025	3.56

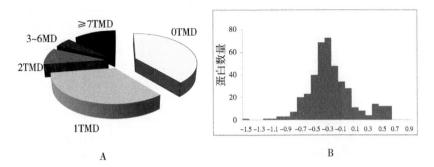

图 4-3　物种奶 N-糖基化乳脂球蛋白组的生物化学特性分析

A. N-糖基化蛋白组的跨膜区分析结果；B. N-糖基化蛋白的疏水性得分

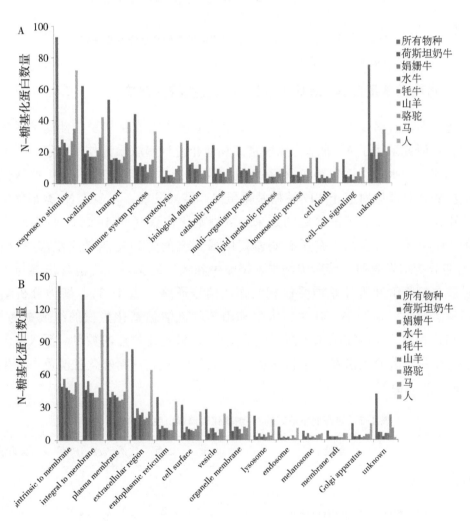

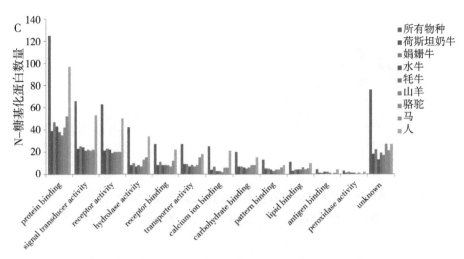

图4-4 物种奶N-糖基化脂肪球蛋白的生物学功能归类分析

A. 生物学过程；B. 细胞组分；C. 分子功能

三、奶畜乳清蛋白N-糖基化修饰位点表达模式研究

乳清蛋白具有诸多生物活性，N-糖基化乳清蛋白组成及其复杂性尚未得到更多的研究，本研究采用了N-糖基化肽段富集和液相色谱串联质谱技术，解析了荷斯坦奶牛、娟姗牛、水牛、牦牛等N-糖基化乳清蛋白，共鉴定到233条N-糖基化的糖肽，这些糖基化肽段对应于147种糖基化蛋白。结果发现，大多数N-糖基化位点在数据库中没有被鉴定，可被鉴定的是未知的糖基化位点（图4-5）。N-糖基化乳清蛋白的GO功能分析表明，在所有奶畜奶中最主要的生物功能是应激应答（图4-6）。通路分析结果表明，荷斯坦奶牛、娟姗牛和牦牛的糖基化乳清蛋白参与了溶酶体、糖胺聚糖降解和胞外基质受体相互作用信号通路（表4-3）。聚类分析结果表明，荷斯坦奶牛、娟姗牛、牦牛、水牛和山羊的乳清糖基化蛋白的组成更为相似，而骆驼和马相似。本研究结果丰富了乳清蛋白N-糖基化位点的数量、深入揭示了乳清糖基化蛋白组分及其潜在的生物学功能，有助于探索N-糖基化乳清蛋白的生物合成（Yang等，2017）。

表4-3 奶畜奶中鉴定的N-糖基化乳清蛋白生物学通路分析

动物	通路	数量	匹配	比例(%)	P值	富集倍数
荷斯坦奶牛	Lysosome	4	117	5.97	0.002	14.49
	Glycosaminoglycan degradation	2	21	2.98	0.045	15.13
	ECM-receptor interaction	3	84	4.48	0.013	40.36

（续表）

动物	通路	数量	匹配	比例(%)	P 值	富集倍数
娟姗牛	Lysosome	6	117	8.33	1.0E-05	17.38
	Glycosaminoglycan degradation	3	21	4.17	0.001	48.43
	ECM-receptor interaction	3	84	4.17	0.022	12.11
牦牛	Lysosome	5	117	6.94	3.9E-04	12.78
	Glycosaminoglycan degradation	3	21	4.17	0.002	42.73
	ECM-receptor interaction	3	84	4.17	0.028	10.68
水牛	Complement and coagulation cascades	5	71	9.80	8.1E-05	19.33
	Lysosome	5	113	9.80	4.9E-04	12.14
骆驼	Complement and coagulation cascades	3	69	10.00	0.001	44.22
马	Lysosome	5	117	12.20	7.8E-05	18.11
	Complement and coagulation cascades	3	69	7.31	0.009	18.42
	Glycosphingolipid biosynthesis	2	14	4.88	0.030	60.54
	Other glycan degradation	2	16	4.88	0.034	52.97

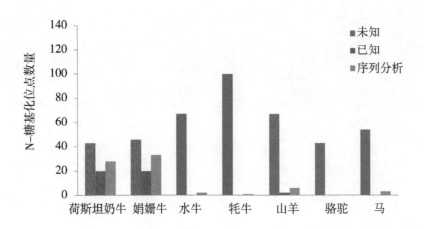

图 4-5 基于 Swiss-Prot 数据库注释比对分析不同奶畜乳清中 N-糖基化位点

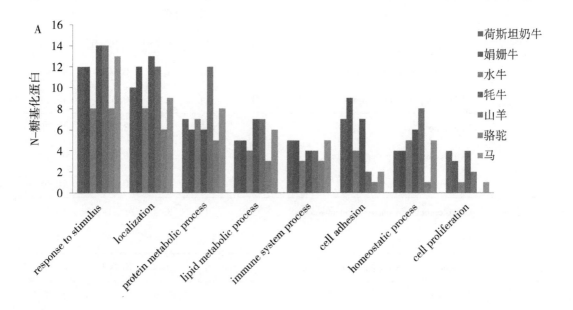

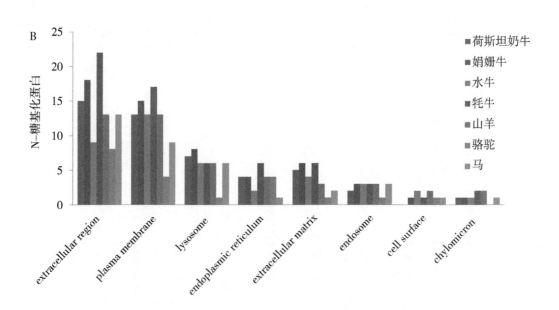

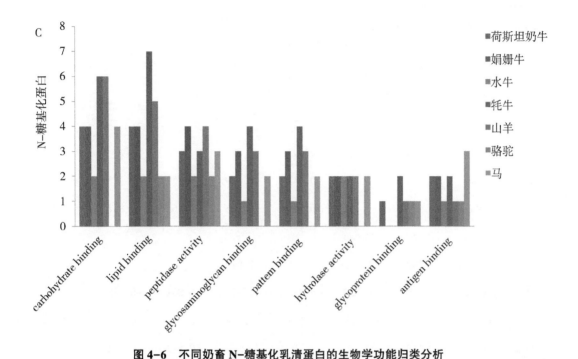

图4-6 不同奶畜N-糖基化乳清蛋白的生物学功能归类分析

A. 生物学过程；B. 细胞组分；C. 分子功能

四、奶畜奶中代谢物的核磁共振光谱分析

乳中代谢物具有种属特异性，然而，目前对不同奶畜奶中代谢组的认识不清楚。因此，采用核磁共振光谱（NMR）技术对荷斯坦奶牛、娟姗牛、水牛、牦牛、山羊、骆驼和马的代谢物表达模式进行分析，所有样品的核磁共振光谱采用α-乳糖低场处的双峰定标（δ5.23）。采用软件将核磁共振谱图进行积分，参数如下：积分区间为9.0~0.5ppm，积分间距为0.002ppm，去掉水峰（5.07~4.70ppm）以及残余甲醇（3.40~3.32ppm）。将积分后的数据归一化。用SIMCA-P+软件进行主成分（PCA）分析，表明不同奶畜奶之间的聚类现象比较明显，说明各组之间的代谢组存在比较明显的差异（图4-7）。采用正交偏最小二乘法—判别分析最大化地凸显不同组别之间的差异（图4-8），这些显著差异的代谢物鉴定为亮氨酸、缬氨酸、乳酸、乙酸、丙酮酸和琥珀酸等（表4-4）。荷斯坦奶牛乳中胆碱、乳酸、乙酸、丙酮酸和琥珀酸与娟姗牛、水牛、牦牛、山羊和马奶中对应的代谢物呈显著的负相关。这些代谢物可作为潜在的生物标记分子用于检测水牛、牦牛等奶中是否掺假有荷斯坦奶牛奶（Yang等，2016b）。

表4-4　荷斯坦奶牛与其他奶畜奶中差异的代谢物及其相关系数

序号	代谢物	化学位移	相关系数*					
			B vs. C	G vs. C	H vs. C	J vs. C	L vs. C	Y vs. C
1	lipid	0.879			−0.920			
2	leucine	0.937	−0.757			−0.806		−0.842
3	valine	1.043		0.821				
4	3-HB	1.215		0.693	−0.874			
5	lactate	1.319	−0.740	−0.742	−0.729	−0.752	−0.775	−0.746
6	acetate	1.913	−0.859	−0.850	−0.886	−0.865	−0.882	−0.874
7	glutamine	2.153	0.675					
8	glutamate	2.343			0.829			
9	pyruvate	2.369	−0.827	−0.822	−0.900	−0.851	−0.825	−0.904
10	succinate	2.399	−0.760	−0.763	−0.794	−0.778	−0.791	−0.786
11	citrate	2.663	0.734			0.642	0.642	
12	DMA	2.711					0.770	
13	TMA	2.879			−0.747			
14	creatine	3.029		0.672	−0.831		0.919	
15	creatinine	3.037		0.644				
16	choline	3.201	−0.595	−0.707	−0.775	−0.580	−0.663	−0.666
17	PC	3.217		0.501			0.559	
18	GPC	3.225	0.686	0.720		0.837	0.600	
19	TMAO	3.263	−0.698		−0.781	−0.660		
20	lactose	5.223		0.750	0.688		0.533	0.629

＊ C表示荷斯坦奶牛，J表示娟姗牛，B表示水牛，Y表示牦牛，G表示山羊，L表示骆驼，H表示马。

五、酪蛋白胶束蛋白组的比对研究

酪蛋白胶束在保障奶的稳定性中具有重要作用，奶中酪蛋白胶束主要由四种酪蛋白组成，近年研究发现，酪蛋白胶束中也存在其他蛋白，奶牛以及其他奶畜奶中酪蛋白组分尚未有报道。因此，为了揭示酪蛋白胶束的组成及分析潜在的生物学功能，采

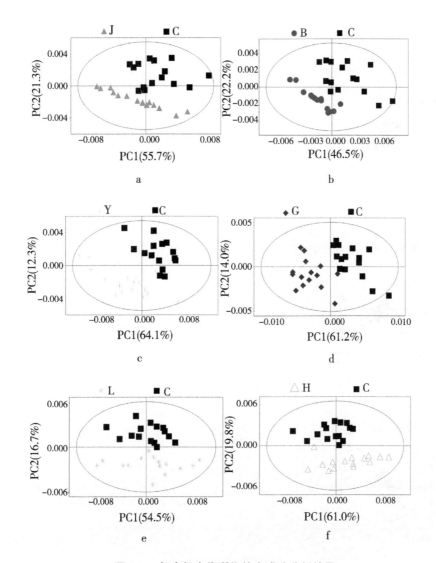

图4-7 奶畜奶中代谢物的主成分分析结果

a. 荷斯坦奶牛和娟姗牛；b. 荷斯坦奶牛和水牛；c. 荷斯坦奶牛和牦牛；

d. 荷斯坦奶牛和山羊；e. 荷斯坦奶牛和骆驼；f. 荷斯坦奶牛和马

用超速离心方法分离酪蛋白胶束，液相色谱串联质谱鉴定蛋白质组成。结果发现，奶牛等奶畜奶中除酪蛋白外，还鉴定到一些其他蛋白，共193种蛋白，其中荷斯坦奶牛、娟姗牛、牦牛和水牛的酪蛋白组成相似，而骆驼和马的相似（表4-5）。GO功能分析发现，奶畜奶鉴定的酪蛋白组中大多数蛋白主要参与了生物学调节、应激应答和定位等生物学过程（图4-9）。通路分析发现，这几种奶畜奶中酪蛋白组都参与了过氧化物酶体增殖活化受体通路，骆驼和马奶中酪蛋白组还参与了半乳糖代谢通路（表4-6）。

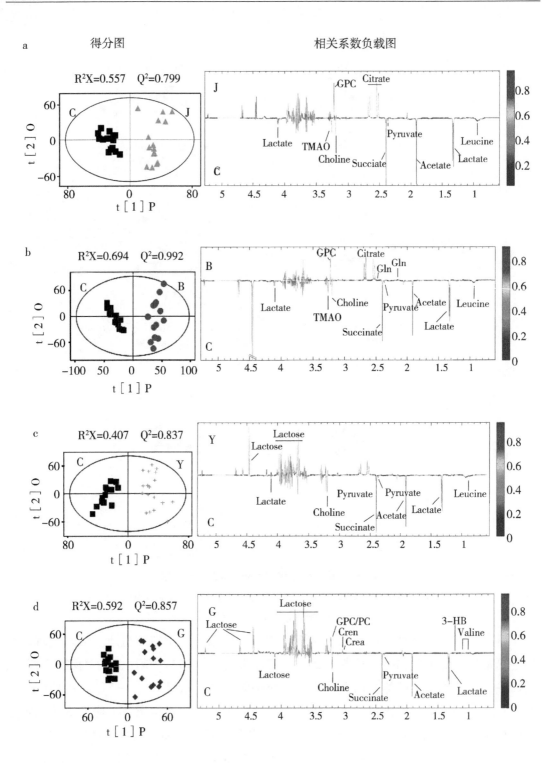

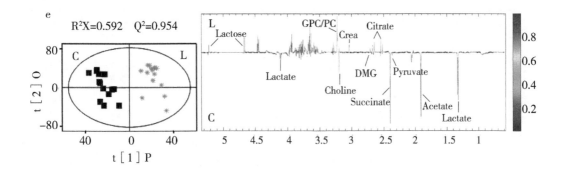

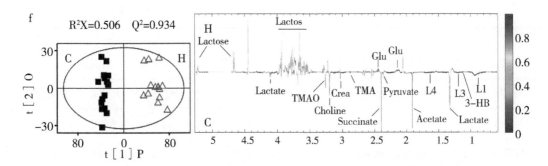

图 4-8　荷斯坦奶牛与其他奶畜奶代谢物 OPLS-DA 得分图与相关系数负载

a. 荷斯坦奶牛和娟姗牛；b. 荷斯坦奶牛和水牛；c. 荷斯坦奶牛和牦牛；d. 荷斯坦奶牛和山羊；e. 荷斯坦奶牛和骆驼；f. 荷斯坦奶牛和马

鉴定蛋白的相互作用分析发现，酪蛋白能够和主要的乳清蛋白如白蛋白、乳铁蛋白、β-乳球蛋白等发生互作，然后乳清蛋白再与其他蛋白发生相互作用。本研究结果初步揭示了奶畜奶中酪蛋白组成及物种间差异，更有利于分析酪蛋白胶束的结构及功能（Wang 等，2017）。

表 4-5　比对分析奶畜奶中鉴定的酪蛋白组的相似性

	荷斯坦奶牛	娟姗牛	牦牛	水牛	山羊	骆驼	马
荷斯坦奶牛	88	73 （91.3%）	63 （91.3%）	46 （85.2%）	56 （75.7%）	45 （45.0%）	45 （43.7%）
娟姗牛	73 （83.0%）	80	62 （89.9%）	49 （90.7%）	55 （74.3%）	42 （42.0%）	44 （42.7%）
牦牛	63 （71.6%）	62 （77.5%）	69	44 （81.5%）	51 （68.9%）	36 （36.0%）	37 （35.9%）

（续表）

	荷斯坦奶牛	娟姗牛	牦牛	水牛	山羊	骆驼	马
水牛	46 （52.3%）	49 （61.3%）	44 （63.8%）	54	42 （56.8%）	32 （32.0%）	33 （32.0%）
山羊	56 （63.6%）	55 （68.8%）	51 （73.9%）	42 （77.8%）	74	39 （39.0%）	41 （39.8%）
骆驼	45 （51.1%）	42 （52.5%）	36 （52.2%）	32 （59.3%）	39 （52.7%）	100	55 （53.4%）
马	45 （51.1%）	44 （55.0%）	37 （53.6%）	33 （61.1%）	41 （55.4%）	55 （55.0%）	103

表4-6 荷斯坦奶牛、娟姗牛、牦牛、水牛、山羊、骆驼和马奶中酪蛋白组参与通路的分析

动物	通路	数量	匹配	比例(%)	P 值	富集倍数
荷斯坦奶牛	PPAR signaling pathway	3	67	3.66	0.0478	8.20
娟姗牛	PPAR signaling pathway	3	67	4.05	0.0413	8.85
牦牛	PPAR signaling pathway	3	67	7.81	0.0002	16.75
水牛	PPAR signaling pathway	5	67	5.88	0.0192	13.01
山羊	PPAR signaling pathway	4	67	5.80	0.0040	11.80
骆驼	Ribosome	6	84	6.25	0.0011	7.35
	Galactose metabolism	3	24	3.12	0.0214	12.86
	PPAR signaling pathway	4	67	4.17	0.0253	6.14
	Antigen processing and presentation	4	67	4.17	0.0253	6.14
马	PPAR signaling pathway	5	67	5.75	0.0008	11.17
	Galactose metabolism	3	24	3.45	0.0103	18.71

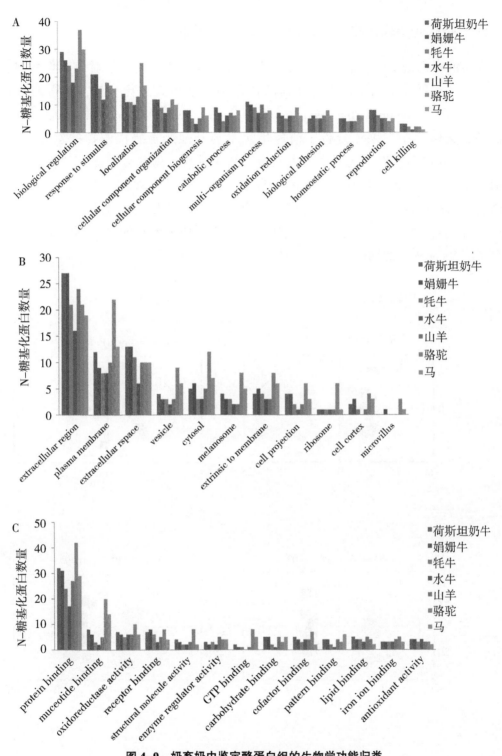

图4-9 奶畜奶中鉴定酪蛋白组的生物学功能归类

A. 生物学过程；B. 细胞组分；C. 分子功能

六、奶畜奶中代谢物的液相色谱串联质谱研究

采用液相色谱串联质谱技术，分别在正离子和负离子模式下对荷斯坦奶牛、娟姗牛、水牛、牦牛、山羊、骆驼和马的代谢物表达模式进行分析，获得的数据用 XCMS（http：//metlin. scripps. edu/download/）和 Microsoft Excel 软件整理。用 PCA 方法和正交偏最小二乘法分析了荷斯坦奶牛与其他奶畜奶代谢物的差异（图 4-10），将差异代谢物进行数据库搜索鉴定，结果发现，这些显著差异的代谢物为亮氨酸、缬氨酸、乳酸、乙酸、丙酮酸和琥珀酸等。差异代谢物参与的代谢通路为甘油磷脂、丙酮酸代谢、不饱和脂肪酸生物合成以及缬氨酸、亮氨酸和异亮氨酸生物合成等（图 4-11）。奶畜乳中差异表达的代谢物可作为潜在的区分不同奶畜奶的标记分子（Yang 等，2016b）。

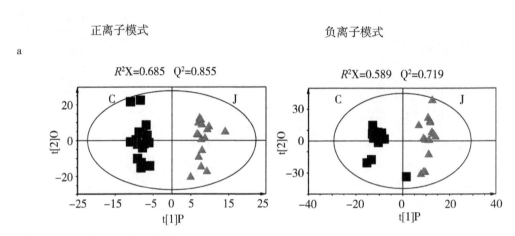

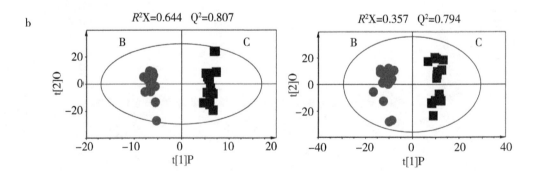

c

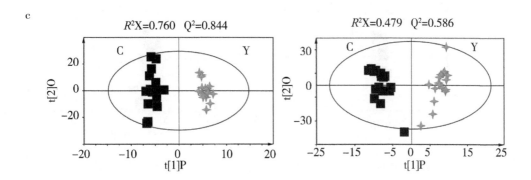

d

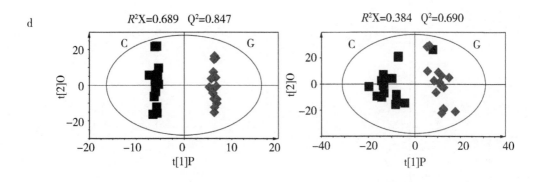

e

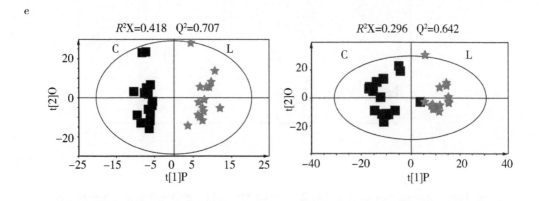

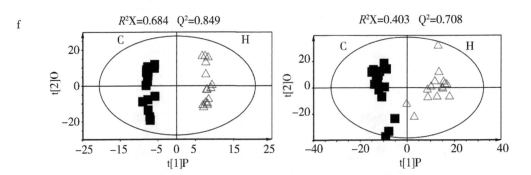

图 4-10 正离子和负离子模式下荷斯坦奶牛与娟姗牛（a），荷斯坦奶牛与水牛（b），
荷斯坦奶牛与牦牛（c），荷斯坦奶牛与山羊（d），荷斯坦奶牛与骆驼（e），
荷斯坦奶牛与马（f）的正交偏最小二乘法。

荷斯坦奶牛、娟姗牛、水牛、山羊、骆驼和马分别用 C、J、B、Y、G、L 和 H 表示

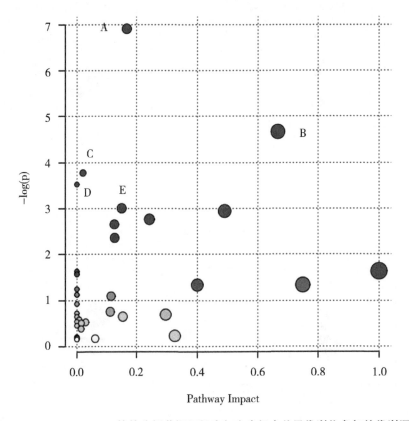

图 4-11 MetaboAnalyst 软件分析荷斯坦奶牛与水牛奶中差异代谢物参与的代谢通路

A. 甘油磷脂代谢；B. 缬氨酸、亮氨酸和异亮氨酸生物合成；C. 泛酸和辅酶 A 生物
合成；D. 不饱和脂肪酸生物合成；E. 三羧酸循环。

七、热加工影响奶脂肪球膜蛋白表达模式的研究

热加工处理延长奶的货架期的同时，可造成乳蛋白变性，进而影响了奶产品的品质。虽然有诸多研究揭示了乳清蛋白的变性与热加工处理强度密切相关，但还缺少热加工处理影响脂肪球膜蛋白表达谱的研究。为了揭示热加工处理对脂肪球膜蛋白组分的影响，非标记蛋白质组学方法对热加工处理85℃（巴氏杀菌）、125℃（超巴氏杀菌）、138℃和145℃（UHT灭菌）条件下的乳脂肪球膜蛋白进行定量研究，结果表明，各组奶中鉴定到612种脂肪球膜蛋白，维恩图分析展示了生鲜乳和热加工处理乳中鉴定蛋白组成的相似性（图4-12），主成分和聚类分析表明，生鲜乳和巴氏杀菌脂肪球膜蛋白组表达模式相似，而过巴氏杀菌和UHT灭菌乳蛋白表达模式相似（图4-13）。与生鲜乳相比，脂肪球膜组分未能鉴定到的蛋白数量从巴氏杀菌到UHT灭菌增加，这些蛋白主要位于膜和大分子复合体，涉及定位、传递、信号传导等生物功能，然而乳蛋白偶联到脂肪球膜组分的蛋白数量在各热加工处理组相似，这些蛋白主要涉及蛋白质代谢和应激应答功能（图4-14）。一些偶联到脂肪球膜组分的酪蛋白和乳清蛋白（如 β-酪蛋白和 β-乳球蛋白）含量随热加工强度显著增加（Yang 等，2018）。

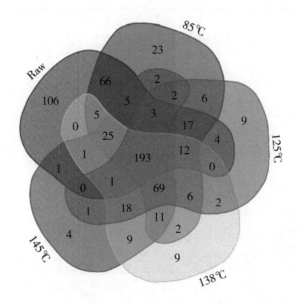

图4-12　维恩图分析生鲜乳和热加工处理乳中鉴定蛋白组成

八、泌乳期乳清蛋白表达模式的研究

为了揭示泌乳周期内乳清蛋白表达变化以探索乳腺合成蛋白的规律，采用非标记

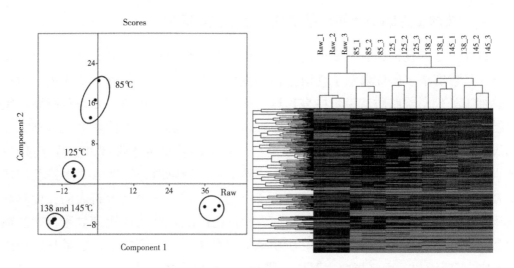

图 4-13　主成分和聚类分析生鲜乳和热加工处理乳脂肪球膜蛋白表达模式

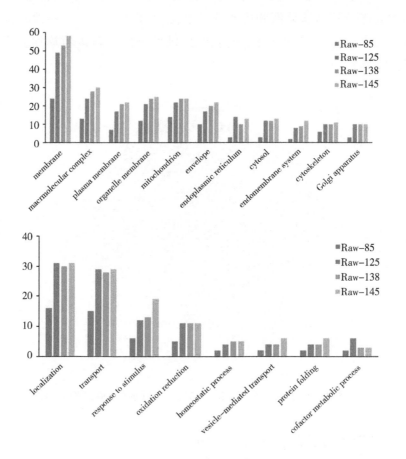

图 4-14　热加工处理乳脂肪球膜损失蛋白的细胞组分和生物学过程分析

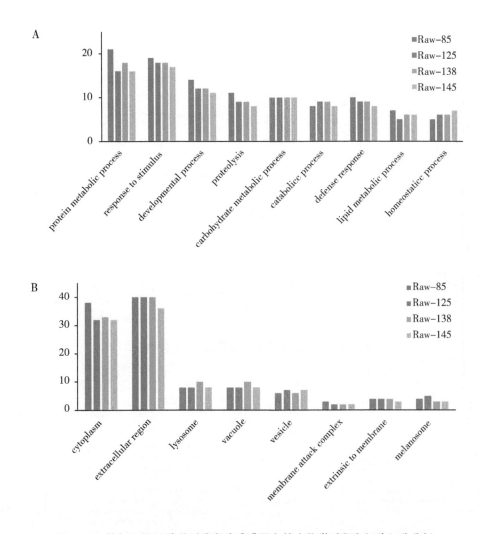

图4-15　热加工处理黏附到乳脂肪球膜蛋白的生物学过程和细胞组分分析

蛋白质组学方法分析了荷斯坦奶牛泌乳早期、高峰期、中期和末期乳清蛋白的表达。结果发现，103种蛋白的表达量在整个泌乳期发生了变化，早期泌乳蛋白、载脂蛋白E、胰岛素样生长因子结合蛋白7、抗菌肽和同线蛋白是从泌乳早期到中期显著下降，然后维持到末期。IgG、CD9、IgM和补体因子B、脂多糖结合蛋白和四跨膜蛋白从泌乳早期到中期显著下降，在泌乳末期显著增加。与泌乳早期、高峰期和中期相比，骨桥蛋白、乳铁蛋白、脂滴蛋白和鸟苷酸去磷酸化解离抑制剂在泌乳末期显著增加。主成分分析表明不同泌乳期乳清蛋白能够在主成分1和主成分2方向区分，其中主成分1方向的蛋白主要是早期泌乳蛋白、骨桥蛋白、半胱氨酸富集分泌蛋白3和同线蛋白；主成分2方向的主要蛋白是多聚免疫球蛋白受体、抗菌肽2和4（图4-16）。基于鉴定蛋白的功能注释，差异蛋白主要参与了应激应答、蛋白质代谢过程，涉及蛋白质结合和水解活性（图4-17）。

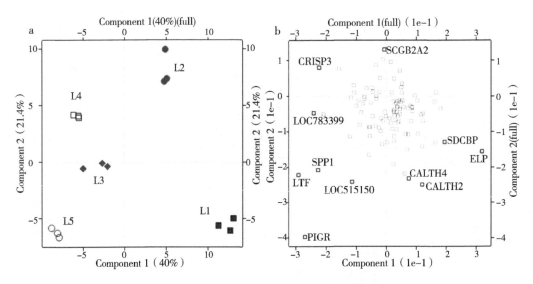

图4-16　主成分分析不同泌乳期乳清差异表达蛋白

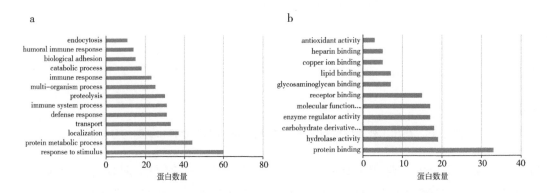

图4-17　泌乳期乳清差异表达蛋白的生物学过程和分子功能分析

通路分析发现，差异表达蛋白主要参与了补体凝结通路、B细胞受体信号通路、溶酶体和造血细胞通路（表4-7）。STRING软件分析差异蛋白的相互作用如图4-18所示，血纤维蛋白溶酶原比其他蛋白存在更多的相互作用。

表 4-7　泌乳期乳清差异表达蛋白的通路分析

通路	数量	匹配	比例(%)	P 值	富集倍数
Complement and coagulation cascades	14	74	14.58	4.71E-16	28.69
Lysosome	5	126	5.21	0.0086	6.02
B cell receptor signaling pathway	4	70	4.17	0.0102	8.67
Hematopoietic cell lineage	4	92	4.17	0.0213	6.59

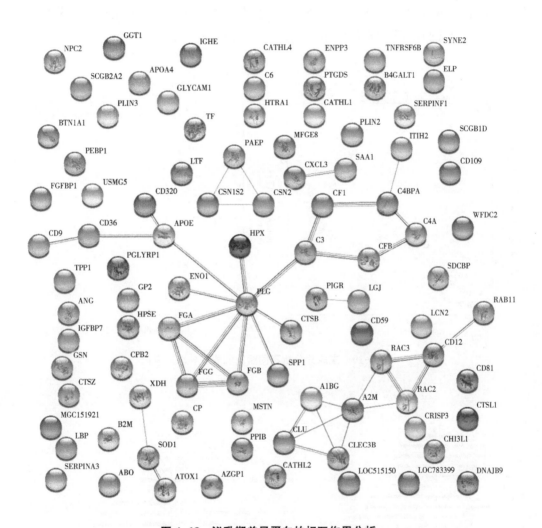

图 4-18　泌乳期差异蛋白的相互作用分析

九、不同胎次乳清蛋白表达模式的研究

为了揭示随年龄增加乳腺合成乳蛋白的能力，采用非标记蛋白质组学方法分析了荷斯坦奶牛初产、2、3、4、5 和 7 胎次的乳清蛋白。发现 106 种蛋白的表达量发生了变化，

其中，与 2 胎及以上胎次牛乳相比，初产牛乳清中血红蛋白 β 和 α 亚基含量最高，而气味结合样蛋白、叶酸受体 α 亚基和甲状旁腺激素相关蛋白含量最低。β-乳球蛋白、亮氨酸富集 α 糖蛋白、凝溶胶蛋白和巯基氧化酶从初产到 3 胎次显著下降，然后在其后胎次显著增加。载脂蛋白 E 和 α 酸性糖蛋白在 5 和 7 胎次乳清含量显著高于 1~4 胎次。主成分分析展示了不同胎次乳清蛋白的差异表达，在主成分 1 方向的主要蛋白包括叶酸受体 α 亚基、β-乳球蛋白和血清白蛋白，在主成分 2 方向的主要蛋白是 CD320、抗菌肽 3 和血红蛋白 β 和 α 亚基（图 4-19）。基于鉴定蛋白的功能注释，差异蛋白主要参与了应激应答、蛋白质代谢过程，涉及蛋白质结合和分子功能调节（图 4-20）。

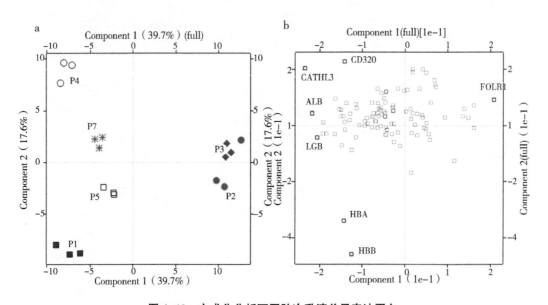

图 4-19　主成分分析不同胎次乳清差异表达蛋白

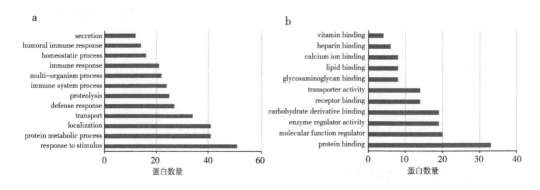

图 4-20　不同胎次乳清差异表达蛋白的生物学过程和分子功能分析

通路分析发现，差异表达蛋白主要参与了补体凝结通路、细胞外基质受体相互作用、焦点黏连和血小板活化等通路（表4-8）。STRING软件分析差异蛋白的相互作用如图4-21所示，白蛋白和血纤维蛋白溶酶原比其他蛋白存在更多的相互作用。

表4-8　不同胎次乳清差异表达蛋白的参与的生物学通路

通路	数量	匹配	比例%	P 值	富集倍数
Complement and coagulation cascades	10	74	10.20	4.93E-10	21.35
ECM-receptor interaction	6	87	6.12	1.86E-04	10.90
Focal adhesion	7	208	7.14	0.0017	5.32
Platelet activation	5	127	5.10	0.0077	6.22
Phagosome	5	161	5.10	0.0172	4.91
Regulation of actin cytoskeleton	5	213	5.10	0.0422	3.71

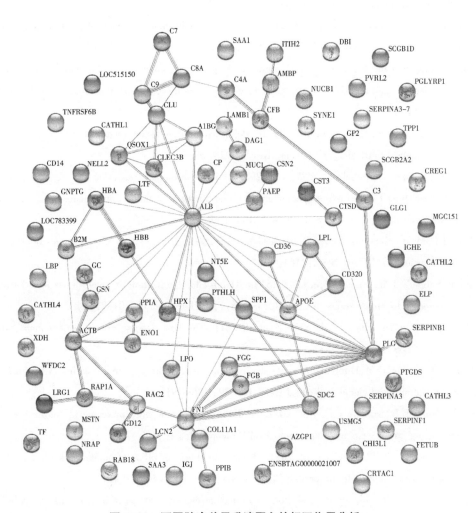

图4-21　不同胎次差异乳清蛋白的相互作用分析

参考文献

Affolter M, Grass L, Vanrobaeys F, et al. 2010. Qualitative and quantitative profiling of the bovine milk fat globule membrane proteome[J].J Proteomics 73, 1079-1088.

Beck K L, Weber D, Phinney B S, et al. 2015. Comparative Proteomics of Human and Macaque Milk Reveals Species-Specific Nutrition during Postnatal Development[J].J Proteome Res 14,2143-2157.

Boehmer J L, Bannerman D D, Shefcheck K, et al. 2008. Proteomic analysis of differentially expressed proteins in bovine milk during experimentally induced Escherichia coli mastitis[J].J Dairy Sci 91, 4206-4218.

Boudonck K J, Mitchell M W, Wulff J, et al. 2009. Characterization of the biochemical variability of bovine milk using metabolomics[J].Metabolomics 5,375-386.

Brijesha N, Nishimura SI, Aparna HS. 2017. Comparative Glycomics of Fat Globule Membrane Glycoconjugates from Buffalo(Bubalus bubalis) Milk and Colostrum[J].J Agric Food Chem 65,1496-1506.

Cao X, Kang S, Yang M, et al. 2018. Quantitative N-glycoproteomics of milk fat globule membrane in human colostrum and mature milk reveals changes in protein glycosylation during lactation[J].Food Funct 9,1163-1172.

D'Amato A, Bachi A, Fasoli E, et al. 2009. In-depth exploration of cow's whey proteome via combinatorial peptide ligand libraries[J].J Proteome Res 8,3925-3936.

D'Ambrosio C, Arena S, Salzano A M, et al. 2008. A proteomic characterization of water buffalo milk fractions describing PTM of major species and the identification of minor components involved in nutrient delivery and defense against pathogens[J].Proteomics 8,3657-3666.

Farrell H M, Jr. , Jimenez-Flores R, Bleck G T, et al. 2004. Nomenclature of the proteins of cows' milk--sixth revision[J].J Dairy Sci 87,1641-1674

Ha M, Sabherwal M, Duncan E, et al. 2015. In-Depth Characterization of Sheep(Ovis aries) Milk Whey Proteome and Comparison with Cow(Bos taurus)[J].PLoS One 10, e0139774.

Hettinga K, van Valenberg H, de Vries S, et al. 2011. The host defense proteome of human and bovine milk[J].PLoS One 6, e19433.

Hinz K, O'Connor P M, Huppertz T, et al. 2012. Comparison of the principal proteins in bovine, caprine, buffalo, equine and camel milk[J].J Dairy Res 79, 185-191.

Le A, Barton L D, Sanders J T, et al. 2011. Exploration of bovine milk proteome in colostral and mature whey using an ion-exchange approach[J].J Proteome Res 10,692-704.

Liao Y, Alvarado R, Phinney B, et al. 2011a. Proteomic characterization of human milk whey proteins during a twelve-month lactation period[J].J Proteome Res 10,1746-1754.

Liao Y, Alvarado R, Phinney B, et al. 2011b. Proteomic characterization of human milk fat globule membrane proteins during a 12 month lactation period[J].J Proteome Res 10,3530-3541.

Lu J, Wang X, Zhang W, et al. 2016. Comparative proteomics of milk fat globule membrane in different species reveals variations in lactation and nutrition[J].Food Chem 196,665-672.

Lu J,Zhang S,Liu L,et al. 2018. Comparative proteomics analysis of human and ruminant milk serum re-veals variation in protection and nutrition[J].Food Chem 261,274-282.

Medhammar E,Wijesinha-Bettoni R,Stadlmayr B,et al. 2012. Composition of milk from minor dairy ani-mals and buffalo breeds:a biodiversity perspective[J].J Sci Food Agric 92,445-474.

Mesilati-Stahy,Argov-Argaman N. 2014. The relationship between size and lipid composition of the bo-vine milk fat globule is modulated by lactation stage[J].Food Chem 145,562-570.

Murgiano L,Timperio A M,Zolla L,et al. 2009. Comparison of milk fat globule membrane(MFGM)pro-teins of Chianina and Holstein cattle breed milk samples through proteomics methods[J].Nutrients 1, 302-315.

Nguyen H T H,Ong L,Hoque A,et al. 2017. A proteomic characterization shows differences in the milk fat globule membrane of buffalo and bovine milk[J].Food Bioscience 19,7-16.

Nwosu C C,Aldredge D L,Lee H,et al. 2012. Comparison of the human and bovine milk N-glycome via high-performance microfluidic chip liquid chromatography and tandem mass spectrometry[J].J Pro-teome Res 11,2912-2924.

Palmer D J,Kelly V C,Smit A M,et al. 2006. Human colostrum:identification of minor proteins in the a-queous phase by proteomics[J].Proteomics 6,2208-2216.

Pisanu S,Ghisaura S,Pagnozzi D,et al. 2011. The sheep milk fat globule membrane proteome[J].J Pro-teomics 74,350-358.

Pisanu S,Marogna G,Pagnozzi D,et al. 2013. Characterization of size and composition of milk fat globules from Sarda and Saanen dairy goats[J].Small Ruminant Research 109,141-151.

Reinhardt T A,Lippolis J D. 2006. Bovine milk fat globule membrane proteome[J].J Dairy Res 73, 406-416.

Reinhardt T A,Lippolis J D. 2008. Developmental changes in the milk fat globule membrane proteome during the transition from colostrum to milk[J].J Dairy Sci 91,2307-2318.

Reinhardt T A,Lippolis J D,Nonnecke B J,et al. 2012. Bovine milk exosome proteome[J].J Proteomics 75,1486-1492.

Reinhardt T A,Sacco R E,Nonnecke B J,et al. 2013. Bovine milk proteome:quantitative changes in nor-mal milk exosomes,milk fat globule membranes and whey proteomes resulting from Staphylococcus au-reus mastitis[J].J Proteomics 82, 141-154.

Saadaoui B, Henry C, Khorchani T, et al. 2013. Proteomics of the milk fat globule membrane from Camelus dromedarius[J].Proteomics 13,1180-1184.

Sundekilde U K,Poulsen N A,Larsen L B,et al. 2013. Nuclear magnetic resonance metabonomics reveals strong association between milk metabolites and somatic cell count in bovine milk[J].J Dairy Sci 96, 290-299.

Tacoma R,Fields J,Ebenstein D B,et al. 2016. Characterization of the bovine milk proteome in early-lac-tation Holstein and Jersey breeds of dairy cows[J].J Proteomics 130,200-210.

Uniacke-Lowe T,Huppertz T,Fox P F. 2010. Equine milk proteins:Chemistry,structure and nutritional significance[J].International Dairy Journal 20,609-629.

Wang X,Zhao X,Huang D,et al. 2017. Proteomic analysis and cross species comparison of casein fractions from the milk of dairy animals[J].Sci Rep 7,43020.

Yang Y,Bu D,Zhao X,et al. 2013. Proteomic analysis of cow,yak,buffalo,goat and camel milk whey proteins:quantitative differential expression patterns[J].J Proteome Res 12,1660-1667.

Yang Y,Cao S,Zhao X,et al. 2016a. Determination of changes in bovine plasma and milk proteins during naturally occurring *Escherichia coli* mastitis by comparative proteomic analysis[J].Animal Production Science 56,1888-1896.

Yang Y,Zheng N,Yang J,et al. 2014. Animal species milk identification by comparison of two-dimensional gel map profile and mass spectrometry approach[J].International Dairy Journal 35,15-20.

Yang Y,Zheng N,Zhao X,et al. 2015. Proteomic characterization and comparison of mammalian milk fat globule proteomes by iTRAQ analysis[J].J Proteomics 116, 34-43.

Yang Y,Zheng N,Zhao X,et al. 2016b. Metabolomic biomarkers identify differences in milk produced by Holstein cows and other minor dairy animals[J].J Proteomics 136,174-182.

Yang Y,Zheng N,Zhao X,et al. 2017. N-glycosylation proteomic characterization and cross-species comparison of milk whey proteins from dairy animals[J].Proteomics 17.

Yang Y,Zheng N,Wang W,et al. 2016c. N-glycosylation proteomic characterization and cross-species comparison of milk fat globule membrane proteins from mammals[J].Proteomics 16,2792-2800.

Yang Y,Zheng N,Zhao X,et al. 2018. Changes in bovine milk fat globule membrane proteins caused by heat procedures using a label-free proteomic approach[J].Food Research International 113,1-8.

Zhang L,Boeren S,Hageman J A,et al. 2015a. Bovine milk proteome in the first 9 days:protein interactions in maturation of the immune and digestive system of the newborn[J].PLoS One 10,e0116710.

Zhang L,Boeren S,Hageman J A,et al. 2015b. Perspective on calf and mammary gland development through changes in the bovine milk proteome over a complete lactation[J].J Dairy Sci 98,5362-5373.

Zhao L,Du M,Gao J,et al. 2019. Label-free quantitative proteomic analysis of milk fat globule membrane proteins of yak and cow and identification of proteins associated with glucose and lipid metabolism[J].Food Chemistry 275,59-68.

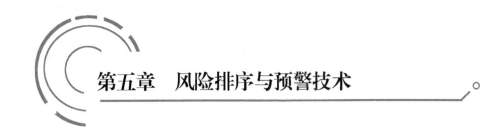

第五章　风险排序与预警技术

第一节　国内外研究进展

一、风险排序

（一）风险排序的基本概念及步骤

根据风险的定义，风险可以通过以下的公式进行计算：风险=危害因子的严重性×危害发生的可能性。因此在对不同危害因子进行风险排序时，要进行以下三个主要步骤。

1. 危害列表（定义研究对象及风险因子）

首先要确定农产品的种类及可能影响其质量安全的风险因素。如植物类农产品，影响其质量安全的主要风险因素有农药残留、生物毒素、重金属、致病微生物等。单一种类的风险因子往往也包括几种甚至几十种，在确定风险因素种类时，需进行实地调研及（或）风险因素的检测分析，通过调研结果及（或）分析测试结果来确定影响其质量安全的种类。而研究不同类别风险因素的排序时，例如考虑农药残留和生物毒素对农产品质量安全的联合效应时，则需要考虑不同因素之间的交互效应和相关性，需要更为大量的数据信息和更为复杂的计算模型。

2. 指标评价（界定危害因子的严重性）

界定危害因子的严重性包括定性描述和定量描述。对危害因子无法量化的性质则采取定性描述的方法，例如化学危害因子的毒性可以定性描述为剧毒、高毒、中毒、低毒等。而对于可以量化的危害因子的特性，则采用定量描述的方法，例如危害因子残留的剂量等，则可以根据国家或者国际的限量进行量化的评价。

3. 风险因子排序

第三步则是根据上述两步的结果，通过各种计算方法和模型，对危害因子进行排序，从而确定优先监控和防治的主要风险因子。风险排序的方法有很多种，包括定性分析、半定量分析和定量分析。其中，定性分析需要相关专家的研判确定危害因子的严重性，存在着一定的不确定性，但相对于定量分析来说比较简单。定量分析则需要大量的数据信息和复杂的程序步骤，常用于微生物的风险评估。半定量分析相对于定量分析而言较简单并且节省时间，又比定性分析更准确。大多数风险排序方法都是源于微生物的风险排序需求而设计的，针对化学类风险因子和营养类的排序则相对较少，但这些排序方法经过一定的转化后可以用于化学类风险因子的排序中。与微生物的定量方法有区别的是，化学类风险因子中常用的为半定量的分析方法。

（二）国外农产品风险排序方法

目前国外常用的风险排序方法有风险评估法、期望值排序法、多准则决策分析法、风险矩阵法、风险系数法等。下面简要地分析一下每种方法的主要步骤和优缺点。

1. 风险评估法

风险评估法源于微生物领域的风险分析，传统的风险评估法包括危害识别、暴露评估、危害特征描述、风险特征描述四个步骤。世界卫生组织（WHO）在 2009 年对化学危害因子对食品的风险评估方法制定了全面的操作指南。风险评估方法虽然都遵循这四个基本步骤，但每个步骤的具体实施也可以进行适当的调整。例如，可以用确定性方法（Son 等，2013），也可以用概率性评估方法，例如目前常用的蒙特卡罗模型（Kruizinga 等，2008；Mcnab 等，1998）；在危害特征描述步骤，Feigenbaum 等（2015）采取毒理学关注阈值法根据化学物质的结构特性和功能来区分化学物质的危害，这种比较适用于接触农产品表面毒理数据较少的风险分析法。

风险评估法相对于其他半定量和定性的方法，其优点在于可以更精确的反应危害因子给人体带来的风险，但是这需要大量的数据、资源（包括人力和金钱），因此，数据偏少的不适宜用这个风险分析方法。

2. 期望值排序法

期望值排序法是有国际食品法典委员会推荐的一种常用的食品风险排序方法。该方法在农产品风险分析中的应用，主要是根据风险的基本公式，将危害的严重性和发生的可能性赋予一定的数值，将两项得分乘积进行排序的一种半定量方法。期望值排序法中危害的严重性和发生的可能性的赋值方法常因研究方向的不同而不同。而赋值的标准目前没有一个统一、科学的判定方法，多是基于文献、专家经验和现有数据来赋值。而标准一旦确立后，可以定性的分为高、中、低，或者半定量的分为 1~3 分或者 1~5 分。化学物质的毒性也可以按照剧毒、高毒、中毒、微毒、无毒，致癌物质也可以根据致癌程度分类。

赋值完成后，对各项的分数进行乘积汇总从而确定风险因子排序时较常用的方法，但也有部分研究采用的是加和的方式来确定风险因子的排序。大部分研究通过研究数据的筛选、赋值衡量及汇总、风险因子排序三个步骤来完成化学物质的风险排序。

期望值排序法的优点在于步骤比较简单，可以较方便地为决策者提供数据支持，该方法目前用于英国的兽药监测项目。但由于期望值排序法为半定量方法，危害严重性及发生可能性的赋值多来源于文献和专家的经验，与定量方法的精确程度相比较差。

3. 多准则决策分析法（MCDA）

多准则决策分析法（MCDA）是一种常用的风险排序方法，多用于判断依据较多、并且判断依据存在对立情况下，需要评估标准的决策判定中，在纳米材料的风险评估过程中经常使用，近年来也被用于食品中的风险排序。这种排序方法多用于建立或解决问题，是通过对待解决问题的不同维度以及潜在的标准进行赋值或权重来进行排序的方法。Mitchel 等（2013）对化学危害物质的多准则决策分析法的基本程序进行了总结，主要考虑了化学性质（持久性、生物蓄积、毒性）和生命循环特性（生产、消费和处置）等一系列的应用程序。

证据的效力（Weight of Evidence，WoE）是常用来衡量多终点或数据重要性的方法。MCDA 对各种证据的效力进行加和来实现数据的计算（Critto 等，2007；Zuin 等，2011）。分析中的不确定性包括赋值的概率分布情况，常采用蒙塔卡罗模拟来确定其可能性（Linkov 等，2013；Sailaukhanuly 等，2013）。基于这种风险排序方法，Anderson 等（2011）对新鲜农产品中病菌风险进行了排序，Oidtoan 等（2011）对鱼类养殖场中致病菌带入和传播的风险进行了排序。

MCDA 的优点是可以根据专家的意见，全面对风险因素进行权重分析。与此同时，除人类健康的标准之外，经济影响或其他标准也包括在内。利于评估者或决策者根据多方面的信息综合考虑风险，尤其是主观的因素可以考虑在内。

MCDA 的缺点是其结果难以像风险矩阵法或赋值法那样容易传达。另外，该方法需要专业人士对各个判据赋值。

4. 风险矩阵法

风险矩阵法同期望值排序法类似，也是将危害的严重性和发生的可能性赋值后进行比较，不同的是风险矩阵法在赋值后不进行乘积或加和的形式进行汇总，而是采取矩阵的形式，将危害的严重性和发生的可能性分布在不同的坐标轴上进行比较排序。这种方法多用于数据信息较少的风险排序，如纳米材料等。

表 5-1 所显示的是一个典型的风险矩形图。风险矩阵法也可以采取赋值的方法，定义 0~100 的区间内，0~25 为低风险，26~50 为中等风险，50~75 为高风险，75~100 为极高风险。在对不同判定标准进行风险排序时，赋值法可以由基础分值相加后得到总体分值，从而进行风险排序。

风险矩阵法的优点是比较直观，较为明确地展示危害的严重性和发生的可能性对该风险的贡献和作用。假设一种毒性物质毒性很高，但是发生的可能性较低时，未必是高风险的因素。风险矩阵法的缺点也是显而易见的，风险的赋值主要取决于专家的经验和判断，是一个定性或者半定量的排序方法，可能存在精确度上的缺陷。

表 5-1　风险矩阵示意图

发生的可能性	危害的严重性				
	无毒	低毒	中毒	高毒	剧毒
一定发生	中	高	高	极高	极高
非常可能发生	中	中	高	高	极高
可能发生	中	中	高	高	极高
较少可能发生	低	中	中	中	高
不可能发生	低	低	中	中	高

5. 风险系数法

风险系数法是通过环境接触暴露或者毒性参数值来估算潜在危害值的一种方法。风险系数法目前有两种常用的方法，一种是危害指数法，一种是暴露限值法。危害指数法是通过危害系数相加得来的。危害系数计算的计算公式为：危害系数 ＝ 所估计的实际暴露剂量（浓度）/毒性参考剂量值。研究中多以每日容许摄入量（Acceptable Daily Intake，ADI）、每日耐受量（Tolerable Daily Intake，TDI），或者急性参考剂量等作为分子。暴露限值法是通过比较发生的可能性和毒性效应与无明显损害作用水平（No Observed Adverse Effect Level）的比例或者基准剂量（Benchmark Dose）。危害指数法的值是越低越好，暴露限值法则是越高越体现人们处于一种低风险之中。危害数值法多用于农药的风险分析，暴露限值法则常用于致癌性物质的风险分析。

该方法适用于浓度信息和毒理学信息都已知的风险分析，在不需要完整的风险评估前提下，风险指数法可以通过估计危害的剂量和危害的效应来分析对人类健康的风险隐患。该方法比较简单直观，但相应的缺点也很明显，某些危害因子的毒理学特征或者浓度值的获取比较困难，并非所有的危害因子都可以通过该方法进行风险分析。

（三）国内风险排序方法进展

我国农产品风险评估起步较晚，但发展相对较快。目前已有部分研究对农产品中的致病菌、重金属、农药、真菌毒素进行了风险排序方法的研究及尝试。

董庆利等（2013）采用风险矩阵法对即食食品中单增李斯特菌进行了半定量风险评估，并利用@ risk 的软件对即食凉拌菜中单增李斯特菌进行了定量的风险评估。姬瑞等（2015）运用 Risk Ranger、快速微生物定量风险评估（Swift quantitative microbiological risk assessment，sQMRA）和食品安全数据库（Food safety universe database，FSUD）工具，对即食熟肉制品中的主要致病菌进行了风险排序。

聂继云等（2014）用 ADI 值、大份餐和体重计算最大残留限量估计值（eMRL），采用危害系数法、期望值排序法和风险矩阵法对苹果进行了农药和样品风险排序，风险高的样品仅占 1.5%，风险中、低和极低的样品占 98.5%；明确了苹果中风险较高的 8 种农药。王冬群等（2012）采用风险系数法对慈溪市水果中 13 种有机磷农药进行了风险排序，结果表明 13 种有机磷农药都不是影响其质量安全的主要因素。兰丰等（2017）借鉴农产品风险排序系统和英国兽残委员会提出的风险排序计算公式对山东省的苹果和梨的农药残留进行了风险排序，明确了苹果和梨中风险较高的农药残留，为监管提出了数据支持。梁俊等（2017）采用风险系数法对陕西省苹果中 15 种农药进行了风险排序。柴勇等（2010）、马丽萍等（2014）分别采用风险系数法对本地蔬菜中农药残留进行了风险排序。

郑楠等（2013）通过综述法、对比法对牛奶中真菌毒素进行了风险排序，明确了黄曲霉毒素 M_1 为必须关注指标；赭曲霉毒素 A、玉米赤霉烯酮和 α-玉米赤霉烯醇为重点关注指标。张欣然等（2016）采用期望值排序法对花生中真菌毒素进行了风险排序，确定了花生中黄曲霉毒素 B_1 是影响花生质量安全的必须关注指标。

二、风险预警技术

我国的生鲜乳中兽药残留水平较低，远低于我国、欧盟、CAC 所规定的最大残留限量标准。通过即时的数据，虽然可以确定生鲜乳中的兽药残留是安全的，但是，生鲜乳是一个动态的、每天都在连续生产的产品，每天的质量都有可能出现新的变化，而即时的检测数据无法对将来或一段时间内的兽药残留发展趋势作出一个预测性的判断，归根结底仍然属于一种"过时"的判定。这种判断标准不利于准确的开展风险防控，属于事后监管。因此，探索一种可以通过历史数据分析，能够在兽药残留风险发生之前作出准确预防的预警方法是非常必要的。

休哈特控制图，又称控制图，是 1924 年由美国品管大师 Shewhart 博士发明的，用于判断生产过程正常与否的分析理论。可用于评估生产过程的稳定性，并能够直观的描述生产过程中影响产品质量因子的动态变化发展规律。该理论最初应用于实验室质量控制，随着其不断演变和发展，近年来在机械、制药、疾病防控、食品等领域的应用越来越广泛。赵良娟等（2009）曾应用控制图分析法监测肉及肉制品中的微生物变化；秦燕等（2004）和孙建国等（2008）将控制图分析理论应用到进出口食品质量监管中；周聪等（2007）利用控制图分析法动态分析水果蔬菜中铅、镉、铬等重金属残留；魏强华等（2007）利用控制图监控速冻汤圆的菌落总数。然而，到目前为止，未见利用休哈特控制图理论针对生鲜乳中的农兽药残留、重金属等危害因子的预警研究报道。

生鲜乳中的兽药残留量是一个动态变化的过程，为摸清生鲜乳中兽药残留动态发展变化规律，对正在发生或即将发生的生鲜乳中兽药残留风险事件作出及时准确的判断，防止牛奶质量安全重大危害事件发生。本研究将探索控制图理论在生鲜乳中兽药残留风险预警中的可行性，对兽药残留超标预警、检出率异常预警和平均值标准偏差预警开展研究。本研究不仅解决生鲜乳中兽药残留风险预警难题，同时将为其他类农产品中各种限量类危害因子的风险预警方法提供新思路。

休哈特控制图介绍

（一）休哈特控制图原理

休哈特控制图分析理论，源于正态分布理论。通过对正态分布密度函数的积分计算，可以得到不同质量特征值区间的概率，见图 5-1。休哈特博士认为，对 100% 的质量数据实施质量控制是不可能实现的，而如果能将 $\mu \pm 3\sigma$ 范围内包含全部质量数据的 99.73% 部分控制，整个过程就基本实现了控制。休哈特博士将过程处于稳定受控状态时的质量数据所形成的典型分布的 $\mu \pm 3\sigma$ 范围内的正态分布曲线逆转 90 度后变转换为了控制图，见图 5-2。

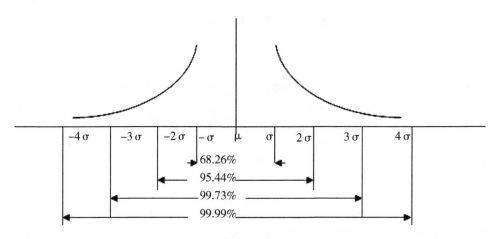

图 5-1 正态分布图的重要结论

控制图由平面直角坐标系构成。控制图的纵坐标就是正态分布的横坐标，表示被控制的质量特性值或其分布的特征值；控制图的横坐标为时间，即在长时间内监测过程中质量特性的波动（分布）。时间的刻度为样本号，控制图在应用过程中必须按确定的时间间隔抽样。控制图中设有三条界限，以控制质量特性值实际分布（典型分布）的分布中心 μ 为控制中心线，符号为 CL；以 $\mu+3\sigma$ 为控制上界限，符号为 UCL；以 $\mu-3\sigma$ 为控制下界限，符号为 LCL。

当过程能够保持稳定受控状态时，质量数据都是典型分布，控制图中的点子会有 99.73% 在控制界限内，并在中心线两侧随机分布。如果过程受到异常因素的作用，典型分布就会遭到破坏。典型分布的破坏可以表现为分布中心 μ 或标准偏差 σ 的显著变化，控制图中点子的分布状况就会出现：趋势、链状，甚至于出界。控制图中点子分布状况所出现的趋势、链状、超界等，就表明过程中已出现异常或异常先兆，给生产

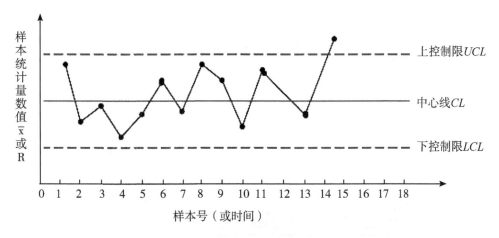

图5-2 休哈特控制图

者和管理者发出过程异常的警报（孙静，2002；曹斌，2006）。

（二）控制图分类

按照控制对象的质量数据性质，控制图分为计量型和计数型，见表5-2。其中计量型的均值—极差控制图和均值—标准差控制图主要用于观察正态分布均值的变化及变异情况。计数型的不合格率控制图和不合格数控制图，主要观察产品不合格数量的变异情况（伍爱，2004；刘浩等，2005）。

表5-2 按照数据类型区分的控制图类型

数据类型		分布	控制图	简记
计量型		正态分布	均值-极差控制图	$\bar{X}$-R 控制图
			均值-标准偏差控制图	$\bar{X}$-S 控制图
			中位数-极差控制图	$\bar{X}$-R 控制图
			单值-移动极差控制图	$\bar{X}$-R 控制图
技术型	计件型	二项分布	不合格品率控制图	P 控制图
			不合格品数控制图	nP 控制图
	计点型	泊松分布	单位缺陷数控制图	U 控制图
			缺陷数控制图	C 控制图

（三）控制图的判读方法

控制图中的点子分布可以判断控制图是处于稳态或异态。当控制图中的点子符合：一是所有点子都在上下控制限之内；二是所有点在排列没有特别序列；此时可以判断该控制图状态处于稳定状态，见图5-3。

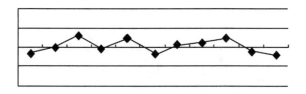

图 5-3　控制图稳态时点子分布

当控制图中的点子符合下列情况之一时，控制图状态需要引起警惕，可能产品质量正在出现变异，见图 5-4～图 5-9。

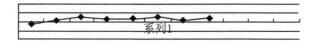

图 5-4　单侧连续出现 7 个点

图 5-5　单侧点出现较多

图 5-6　点子连续 7 点上升或下降

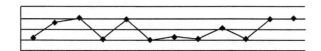

图 5-7　点大都出现在上下限附近

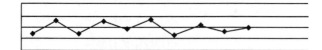

图 5-8　点子周期波动

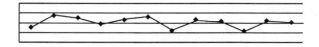

图 5-9　点子周期波动接近上下限附近

第二节 项目主要创新成果

一、风险排序

(一) 生鲜乳中重金属风险排序方法

近年，中国生乳中污染物残留受到广泛关注，生乳中重金属残留的风险，目前很多国家对其进行了限量规定。但对于低于最大残留限量的阳性样品，能否确定其对人体的安全性，以及没有残留限量规定的重金属是否会对人体造成危害，均需要客观的方法去评价。对于生乳中重金属残留风险分析，目前有学者将普遍应用于土壤和水质的污染指数法应用于生乳中重金属污染的评估。危害系数 (Hazard Quotient，HQ)，也称环境接触暴露或者毒性参数值，是估算潜在危害值的一种方法，可用于大多数的生态危险度评价。危害系数计算中分子是所估计的实际暴露剂量 (浓度)，分母为毒性参考剂量值。实际暴露水平和毒性参考值的比值就是生态危险度评定中常用的危害系数。危害系数大于 1，即可接受的接触暴露浓度，可能会有一定的危险性；危害系数小于 1，即实际暴露浓度低于参考水平，可能不具有潜在危害性。如果生态受体是接触暴露于多种因素下，可以分别计算危害系数，然后将各危害系数相加后，所得的危害系数之和，称为危害指数。美国环境保护署利用危害系数建立了用于水中重金属残留的风险描述方法。Chien 等 (2006) 在 2006 年对我国台湾地区的母乳中汞对婴儿的危害暴露风险评价中，Al-Zahrani 等 (2012) 对沙特阿拉伯地区奶粉中重金属的评估中，均采用了 HQ 用于评估重金属的慢性非致癌风险度。生乳中低浓度重金属的慢性非致癌性风险也可用 HQ 值进行评价，与参考剂量相比较，进而确定其安全性。

目前，对于重金属多残留的污染分析及非致癌性危害暴露风险描述还未见报道。本研究旨在建立一套基于危害系数方法描述慢性非致癌性的风险分析方法。

(二) 研究内容

1. 风险排序方法

对于重金属污染评价的参考计量，美国有毒物质及疾病登记署 (The Agency for Toxic Substances and Disease Registry，ATSDR) 制定了应用的口服最小风险水平 (minimal risk level，MRL)，此外，世界粮农组织/世界卫生组织食品添加剂联合专家委员会 (FAO/WHO Joint Expert Committee on Food Additives，JECFA) 制定的临时每周耐受量 (PTWI) 转换的临时每日耐受量 (provisional tolerable day intake，PTDI)，也可用于计算日参考计量。

综上所述，2 种 HQ 的计算方式具体如下：

$$HQ_M = \frac{DI}{RfD} = \frac{Ca \times IR}{MRL \times BW \times 10^3} \tag{1}$$

$$HQ_P = \frac{DI}{RfD} = \frac{Ca \times IR}{\dfrac{PTDI}{TDI} \times BW \times 10^3} \tag{2}$$

其中，DI 为日摄入量[mg/(kg·d)]；RfD 为参考剂量[mg/(kg·d)]，Ca 为实测元素浓度（μg/L）；IR 为摄入率（L/d）；MRL 为最小风险水平[mg/(kg·d)]；$PTDI$ 为由 $PTDI$/7 转换的临时每日耐受量[mg/(kg·d)]；TDI 为每日耐受量[mg/(kg·d)]；BW 为评估人群体重（kg）。

式（1）中参与计算的参考计量为 ATSDR 在 2013 年发布的最小风险水平（MRLs），其中，Cr 和 Hg 选取六价铬和甲基汞的最小风险水平中的口服量，此参考中无 Ni 的最小风险水平；式（2）的参与计算的参考计量为 JECFA 制定的临时每周耐受量（PTWI）转换的临时每日耐受量（PTDI），其中 Hg 和 As 选取甲基汞和无机砷的PTDI，Ni 选取的是 TDI，此参考中暂无关于 Cr 的耐受量。对于摄入率 IR，中国居民膳食指南建议，成人每人每天宜饮奶 300mL，本研究以此作为摄入率参与计算。体重采用 WHO 评估 PTWI 时采用的成人体重60kg。参与计算的参数见表 5-3。

表 5-3 危害系数 HQ 计算参数

	MRL[mg/(kg·d)]	PTDI/TDI[mg/(kg·d)]	IR(L/d)	BW(kg)
As	3.0×10^{-4}	7.1×10^{-3}	0.3	60
Pb	3.5×10^{-3}	3.6×10^{-3}		
Cr	9.0×10^{-4}	—		
Cd	1.0×10^{-4}	1.0×10^{-3}		
Hg	3.0×10^{-4}	1.6×10^{-3}		
Ni	—	1.2×10^{-6}		
Al	1.0	1.0		

2. 试验材料

为了解污染指数法评价污染程度及危害系数用于描述慢性非致癌风险在生乳风险分析的适用性，本研究采集中国奶业主产区 A、B 两地区，各 20 个生乳样品，采用电感耦合等离子体质谱仪（Inductively coupled plasma-mass spectrometry，ICP-MS）对砷、铅、铬、镉、汞、铝和镍，7 种重金属及类重金属元素进行检测。采用外标法定量，检出限（the limits of detection，LOD）分别为 1.00、2.00、10.00、1.00、10.00、1.00μg/L 和 3.00μg/L，标准曲线线性系数 R 大于 0.999，回收率范围为 82.9%～132.5%。大于方法检出限，为阳性样品；小于方法检出限则视为未检出。检测结果表明，所有阳性样品值均低于中国 GB 2762—2012 中规定的生乳中重金属的最高残留限量。

3. 危害系数法风险排序

由于样品中的重金属浓度均小于最大残留限量值，且绝大多数样品远低于最大残留限量。因此，采用危害系数（HQ）对阳性样品的结果进行慢性非致癌性风险描述，以探讨低于限量值的样品对于成人饮用的慢性风险。计算的方式依据式（1）及式（2）分别计算以最小风险水平（MRL）方式计算 HQ_M；以临时每日耐受量（PTDI）和每日耐受量（TDI）计算 HQ_P，以评价各阳性结果对成年人的慢性非致癌风险暴露评估，计算参数参照表 5-1，由于所有样品均未检出镉，不对镉进行风险描述。以概率描述的 HQ_M 和 HQ_P 结果如图 5-10、图 5-11 所示。

对慢性非致癌性风险描述结果表明，所有阳性样品的 HQ_M 和 HQ_P 均远低于临界值 1，其中，以最小风险水平（MRL）方式计算的 HQ_M 值主要分布于 0.0001～0.15；以临时每日耐受量（PTDI）和每日耐受量（TDI）计算的 HQ_P 值主要分布于 0.0001～0.0381 范围内。

二、生鲜乳中兽药残留风险排序研究

（一）研究背景

农产品质量安全风险排序（risk priority），是指从复杂、多样的风险因子中，通过描述农产品中对人体及生态环境风险的可能性和严重性，采用科学手段，对不同危害进行权重分析的过程，为优先开展风险评估提供科学指导依据。风险排序的方法可分为定性排序、半定量排序和定量排序。按照国际微生物规格委员会规定，将食品中微生物的危害程度依次划分为：ⅠA（极危害）、ⅠB（严重危害）、Ⅱ（高度危害）和Ⅲ（中度危害）。依据兽药对人类的潜在危害程度和毒性大小，对 83 种兽药进行了风险排序，其中 13 种兽药列为高度风险，19 种列为中度风险，5 种列为低度风险，46种列为无风险。

生鲜乳中兽药残留种类繁多，开展生鲜乳中兽药残留风险预警研究，如果不分主次盲目展开，势必会影响风险预警的效果。因此，通过分析兽药残留的危害程度、全球关注度，结合我国实际兽药使用状况调查分析结果，将生鲜乳中兽药残留按照风险程度排定风险预警先后顺序，从而有目的、有秩序地开展风险预警是保证本研究顺利完成的首要前提。

为保障人体健康，全球许多国家或国际组织都对牛奶中兽药残留设定了最大残留限量，凡是超过残留限量的生鲜乳及其制品不允许进入市场销售。本研究搜集了CAC、欧盟、日本、美国、澳大利亚、新西兰、加拿大及中国等主要乳品生产及贸易

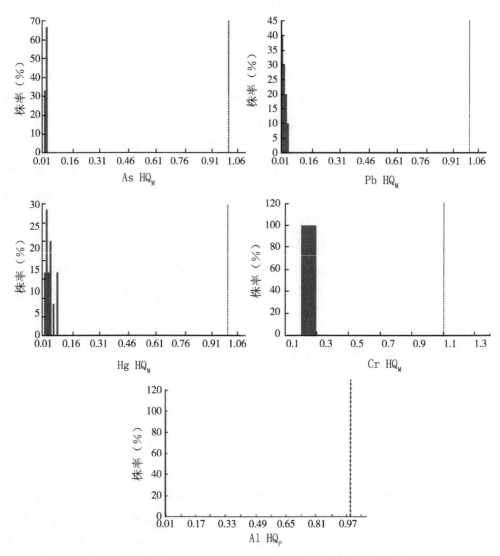

图5-10 以概率描述的砷、铅、汞、铬和铝的 HQ$_M$ 对于成人的暴露评估

国家/组织所规定的生鲜乳中兽药残留最大限量值，按照定性分析的原则，对生鲜乳中兽药残留种类、数量、最大残留限量值进行比对分析，并结合对我国生鲜乳主产区奶牛实际用药调查研究，依据兽药残留对我国生鲜乳安全的危害程度，对我国生鲜乳中兽药残留进行风险预警排序。

（二）研究内容

1. 生鲜乳中兽药残留类比分析

（1）主要乳品贸易国家规定生鲜乳中兽药残留数量比较

对欧盟、美国、CAC、澳大利亚、新西兰、加拿大、日本、中国规定的生鲜乳中

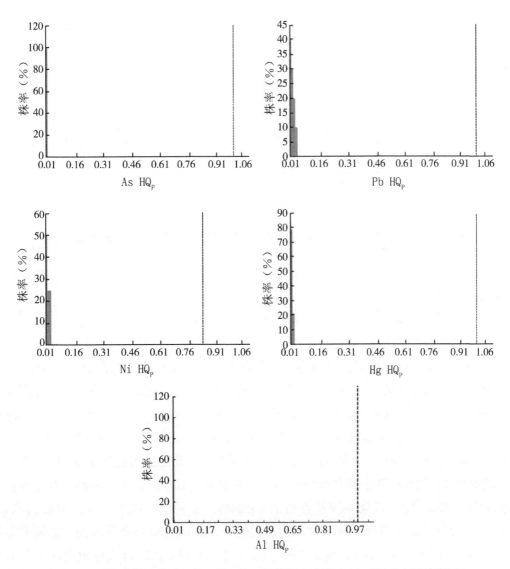

图 5-11　以概率描述的砷、铅、汞、铬、铅的危害系数 HQP 对于成人的暴露评估

兽药残留限定数量进行比较，结果见图 5-12。

由图 5-12 可见，上述主要乳品贸易国家/组织共涉及兽药残留 127 类，不同国家或组织规定的兽药残留数量有很大差异，日本肯定列表所规定的数量最多，高达 118 种；欧盟（EU）No 37/2010 规定了牛奶中 78 种兽药残留量，处于次位；澳大利亚农药和兽药管理局以 56 种紧随其后；我国在数量上与澳大利亚水平相当，原农业部 2002 年颁布的 235 号公告《动物性食品中兽药残留最高残留限量》和原农业部行业标准补充 NY 5045—2008 共规定了 48 种兽药残留最大残留限量；CAC 在第 34 次会议结束后，涉及生鲜乳中有 MRLs 规定的兽药种类达到了 30 种。美国联邦法规、新西兰

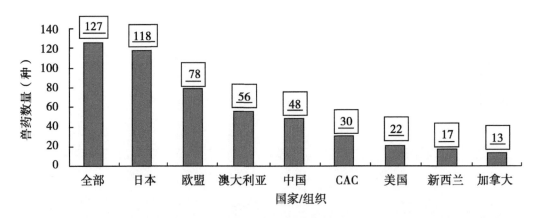

图 5-12　主要乳品贸易国家、组织规定牛奶中兽药残留最大残留限量种类数量比较

2011 年食品标准（农业化学物质最大残留）以及加拿大兽药署对生鲜乳中的兽药残留明确做出 MRLs 规定的种类分别为 22、17 和 13 种。

（2）主要乳品贸易国家规定生鲜乳中兽药残留种类比较

对所涉及的 127 种兽药残留按照兽药使用用途进行分类比对，结果见图 5-13。所涉及的兽药主要包括七大类，分别是：抗生素类、抗寄生虫类、激素类、消炎镇痛类、农药除虫类、消化系统类及其他类。其中，抗生素类数量最多达 72 种，占全部涉及兽药的 56.69%，主要包括青霉素类（10 种）、头孢菌素类（9 种）、磺胺类（14 种）、大环内酯类（9 种）、氨基糖苷类（7 种）、喹诺酮类（5 种）、四环素类（3 种）、多肽类（4 种）、酰胺醇类（2 种）、其他类（9 种）；抗寄生虫类药物有 22 种，占全部涉及兽药的 17.32%，其中苯并咪唑类药物数量最多（10 种），大环内酯有 2 种；激素类药物共有 13 种，占全部涉及兽药的 10.24%，主要以性激素、肾上腺皮质激素、β-激动剂为主；消炎镇痛药有 8 种，所占比例 6.30%，主要是非甾体类、非固醇类和氨基吡啶类消炎药；农药除虫类有 7 种，所占比例 5.51%，以合成除虫菊酯类和有机磷类农药为主；消化系统类和其他类共有 5 种，主要是利胆镇吐药、抗病毒、抗组胺和神经类药物。

（3）生鲜乳中兽药残留在各个国家/组织中的分布比较

对全部涉及的 127 种生鲜乳中兽药残留，根据其用途在各个国家/组织中的分布情况作了比对分析，结果见图 5-14。可见，各国、组织中所规定的牛奶中不同用途类兽药数量也不尽相同，抗生素类的药物所占比例都比较大，除了 CAC 比例稍低为 46.67%，其他国家、组织均超过 50%，欧盟、新西兰和加拿大达到了 70% 以上。其次是抗寄生虫类、兽用农药除虫类和激素类药物，其中抗寄生虫类药物各国、组织均在 10% 以上，CAC 中比例最高达到 30%；兽用除虫类药物，除美国、加拿大外，其余国家、组织均有涉及，CAC 中比例高达 20%，其次是中国、新西兰、澳大利亚分别为

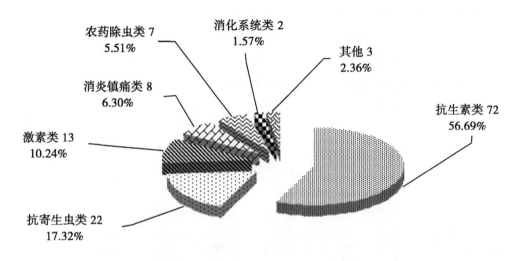

图 5-13 主要乳品贸易国家规定生鲜乳中 127 种兽药残留种类数量比较

14%、11.76% 和 10.71%，日本、欧盟均在 5% 左右；激素类药物以日本、美国、欧盟、加拿大较高，所占比例分别为 10.17%、9.09%、8.97% 和 7.69%，中国、CAC、澳大利亚均在 4% 左右，新西兰未做明确规定。此外，在所涉及兽药分类中，只有日本全部涉及了 7 类兽药，其余国家、组织对消化系统类和其他类药物均较少或没有做限量规定。

（4）我国与其他国家、组织所作限量规定异同分析

图 5-14 表明，我国规定生鲜乳中兽药残留限量的数量低于日本、欧盟、澳大利亚，而高于 CAC、美国、新西兰、加拿大，但欧盟、日本除上述特别列出的明确限量兽药外，还制定了一律标准（0.01mg/kg），即限量标准中未涉及的所有农用化学品一律不得超过 0.01mg/kg；加拿大、新西兰采用的是 0.1mg/kg 作为一律标准。因此，我国与其他国家/组织在生鲜乳中兽药残留限量规定上还存在着很大差距。

表 5-4 汇总了欧盟规定的 78 种生鲜乳中限量兽药残留与其他国家、组织的对比情况，可见欧盟对其他国家、组织覆盖率很高。覆盖加拿大、美国、CAC，分别为 92.3%、86.4%、83.3%，覆盖新西兰、中国、澳大利亚均在 76% 左右，对规定最为严格的日本覆盖率也达到 61.9%，因此欧盟所规定牛奶中的兽药残留量与其他国家相比具有较高的通用性。

此外，CAC 是由联合国粮农组织（FAO）和世界卫生组织（WHO）共同建立、以科学为基础，并在获得所有成员国一致同意的基础上制定出来的。其制定的兽药残留限量标准在全球具有极高的认同度，大多数国家在制定限量标准时均会参照 CAC 食品中兽药残留法典委员会（CCRVDF）的指导意见，我国也不例外。我国制定的生鲜乳中兽药残留限量标准主要参考照了欧盟和 CAC 的规定，并结合我国国情而制定。我

国与欧盟、CAC 规定兽药残留量异同情况见表 5-4。

可见，我国牛奶中限量兽药残留的规定并没有完全照搬欧盟和 CAC 标准。一方面与欧盟、CAC 具有很高重合率，有 28 种与欧盟相同，23 种与 CAC 规定相同；另一方面也存在着许多差异，如欧盟和 CAC 分别有 36 种和 6 种兽药规定严于我国，我国也分别有 12 种和 25 种兽药残留严于欧盟和 CAC。究其原因，有以下几点值得考虑。

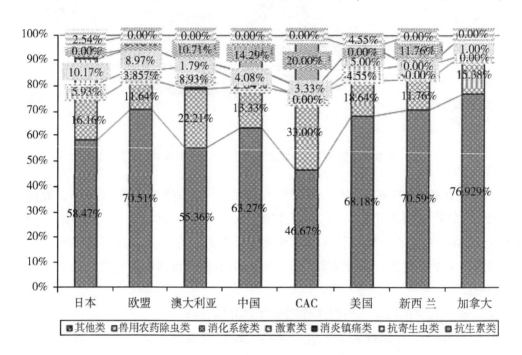

图 5-14 各国家/组织生鲜乳中兽药残留规定分布图

表 5-4 欧盟规定牛奶中限量兽药残留数量对其他国家、组织规定的覆盖情况

国家、组织	欧盟	美国	新西兰	加拿大	CAC	中国	澳大利亚	日本
兽药数量（种）	78	22	17	13	30	49	56	118
与欧盟相同（种）	78	19	13	12	25	38	43	73
欧盟覆盖率（%）	100	86.4	76.5	92.3	83.3	77.6	76.8	61.9

一是我国兽药残留监控工作起步较晚，在标准制定、检测方法建立上都落后于发达国家，对兽药残留的基础工作、风险评估研究相对较少，虽然已慢慢向国际接轨，但仍有较大差距。20 世纪 90 年代初期，我国畜禽产品初入国际市场，但由于兽药残留超标而被国外退货、销毁甚至中断贸易往来，给我国造成很大的经济损失；1995—1996 年，欧盟兽医委员会专门对我国进行了考察和评估，认为我国的兽医卫生状况达不到欧盟要求，于 1996 年 8 月 1 日起，禁止从我国进口禽肉；1997—1998 年欧盟第二

次来华考察结果仍达不到其要求。在此背景下，我国开始重视动物性食品的兽药残留问题，修订各种兽药残留的法律和法规，开始建立全国范围的兽药残留监控体系。相比于美国1967年颁布"国家残留监测计划"，和CAC 1963年组织的第一届会议，我国1987年颁布《兽药管理条例》落后了20多年。

二是相关标准法规更新修订的速度较慢。欧盟EC 2377/90自1990年制定到2004年这15年期间发布修订指令104次，从2010年EU 37/2010取代EC 2377/90后，截至2011年4月（EU）No 363/2011发布，已更新7次；2011年1月CAC召开第34届会议讨论CCRVDF第19次会议中关于修订食品中兽药最大残留限定的意见；我国原农业部于1997年9月第一次发布《动物性食品中兽药残留最高限量》（农牧发1997年7号公告）；2002年12月原农业部颁布第235号公告《动物性食品中兽药最高残留限量》中，制定了牛奶中48种兽药残留最高限量，至今为止，没有再修订牛奶中兽药最高残留限量。在此期间，原农业部于2003年5月发布278号公告，公布了202种兽药停药期和92种不需要停药期的兽药品种；原农业部在2008年5月制定了NY 5045—2008《无公害食品　生鲜牛奶》，废弃了NY 5045—2001《无公害食品　生鲜牛奶》，虽然修改和增加了部分兽药残留指标，但与原农业部235号公告相比几乎无变化。因此到目前为止，有关动物性食品中兽药最高残留限量参照标准仍以原农业部235号公告为主。兽药最大残留限量的制定要以牛奶中兽药风险评估结果为科学依据，并充分参考乳品生产者、销售者和消费者的意见。而我国兽药残留风险评估机构还不健全，也是导致我国牛奶中兽药残留标准落后的主要原因。

（5）我国生鲜乳中兽药残留限量规定的发展趋势分析

基于上述类比分析结果可见，目前各国/组织设定生鲜乳中兽药残留限量主要集中于抗菌类、激素类、抗寄生虫类，此三大类兽药仍将是全球关注和监管的重点。其中，抗菌类药物的β-内酰胺类、磺胺类、大环内酯类、氨基糖苷类、喹诺酮类、四环素类、多肽类将是全球重点监控的兽药。

表5-5　我国与欧盟、CAC规定兽药残留异同情况表

异同情况（种）	兽药残留名称
我国与欧盟相同（28）	青霉素、氯唑西林、苯唑西林、头孢喹肟、头孢噻呋、双氢链霉素、大观霉素、链霉素、红霉素、林可霉素、泰洛星、金霉素、土霉素、四环素、达氟沙星、恩氟沙星、磺胺脒、磺胺、甲砜霉素、克拉维酸、多粘菌素E、阿苯达唑、噻苯达唑、阿米曲士、氟氯苯菊酯、敌匹硫磷、倍他米松、地塞米松
欧盟严于我国（36）	阿莫西林、氨苄西林、双氯西林、萘夫西林、头孢乙腈、头孢洛宁、头孢唑啉、头孢哌酮、头孢匹林、新霉素、螺旋霉素、莫昔克丁、吡利霉素、替米考星、马波沙星、巴喹普林、莫能星、杆菌肽、新生霉素、利福昔明、氧化阿苯达唑、芬苯达唑、伊力诺克丁、非班太尔、咪多卡、奥吩达唑、羟氯扎胺、氟尼辛、美洛昔康、托芬那酸、溴氰菊酯、醋酸氟孕酮、氯地孕酮、克伦特罗、甲泼尼龙、泼尼松龙

（续表）

异同情况（种）	兽药残留名称
我国严于欧盟（12）	普鲁卡因青霉素、庆大霉素、伊维菌素、氟甲喹、磺胺二甲嘧啶、氯吡多、二胍那秦、氮氨菲啶、甲氧嘧啶、氰戊菊酯、辛硫磷、敌百虫
我国与CAC相同（23）	头孢噻呋、双氢链霉素、庆大霉素、新霉素、大观霉素、伊维菌素、林可霉素、金霉素、土霉素、四环素、磺胺二甲嘧啶、芬苯达唑、二胍那秦、非班太尔、氮氨菲啶、奥芬达唑、噻苯达唑、阿米曲士、溴氰菊酯、氰戊菊酯、氟氯苯菊酯、敌匹硫磷、敌百虫
CAC严于我国（6）	螺旋霉素、吡利霉素、多拉克汀、伊立诺克丁、咪多卡、克伦特罗
我国严于CAC（25）	阿莫西林、氨苄西林、氯唑西林、苯唑西林、普鲁卡因青霉素、头孢氨苄、头孢喹肟、链霉素、红霉素、泰洛星、达氟沙星、恩氟沙星、氟甲喹、磺胺脒、磺胺、甲砜霉素、莫能星、克拉维酸、多黏菌素E、阿苯达唑、氯吡多、甲氧苄啶、辛硫磷、倍他米松、地塞米松

2. 奶牛用药调查分析

（1）调查问卷设计

2011年10月，采用问卷调查的形式，对我国生鲜乳主产区奶牛易患疾病、发病季节、发病区域和常用兽药进行调查研究。调查区域为我国华北、中南、西南地区的规模化奶牛养殖场，调查人员为牛场兽医。调查问卷表设计见表5-6。

表5-6 奶牛易患疾病及用药情况调查

调查区域	疾病名称	发病率（%）	发病季节	对症用药成分
沈阳（东北）	乳房炎	30%	夏季	青霉素类等
北京（华北）	蹄病	4.2%	冬季	磺胺类等
苏州（中南）	肠胃病	5.1%	夏季	喹诺酮类等
……	……	……	……	……

（2）调查结果分析

调查区域分布情况

本次调查共发放调查问卷3 500份，收回问卷3 410份，实际有效数据问卷3 307份。奶牛养殖场调查位置按照西北、中南和华北三个地域统计情况见图5-15。可见，所调查的牛场中，西北地区牛场最多、中南地区次之、华北地区牛场较少。牛场的区域位置基本覆盖了我国主要生鲜乳产区。

奶牛易患疾病及兽药使用情况调查结果分析

奶牛主要易患疾病、发病季节以及三大区域发病情况统计结果见图5-16、图5-17和图5-18。可见，我国奶牛最容易得的五种疾病分别是乳房炎、感冒发热、肠胃

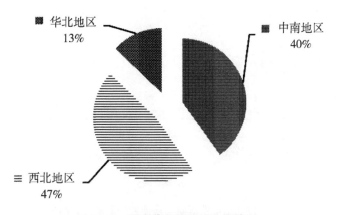

图 5-15 奶牛养殖场区域分布情况

病、蹄病和子宫炎，其中乳房炎发病率最高，牛场平均发病率达到 39%，最容易发病的季节在夏季，西北地区相比于其他两地区发病率略高；感冒发热、肠胃病、蹄病和子宫炎发病率要远低于乳房炎，发病季节和发病区域差异不明显。此结果与徐孝宙等的调查结果基本一致，徐孝宙等（2010）对我国西北、西南、东北、华北和华东等地区 28 个奶牛场，以调查问卷为主，结合现场病例记录查阅和与技术员交流等形式对我国奶牛易患疾病进行调查，调查结果为：乳房炎和子宫炎为发病最高的两类疾病，其次为肢蹄病、肠胃病、生产瘫痪等疾病。

奶牛主要用药情况，见图 5-19。统计表明，抗菌类药物和中草药制剂为奶牛疾病治疗过程中最常用的药物。其中抗菌类药物中 β-内酰胺类使用率最高达到 25.8%，其次是四环素类（8%）、氨基糖苷类（8%）、大环内酯类（7.2%）和喹诺酮类（6.2%）、磺胺类（4.4%）。此结果也与徐孝宙等人的调查结果类似，抗菌类药物和中药制剂为主要使用药物，主要原因是抗菌类药物在治疗奶牛常患的乳房炎、肢体炎症、子宫炎症等疾病时，具有疗效显著、价格低等优点。

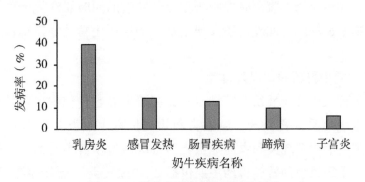

图 5-16 奶牛主要易患疾病统计结果

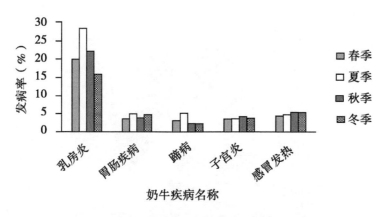

图 5-17 奶牛主要易患疾病发病季节统计结果

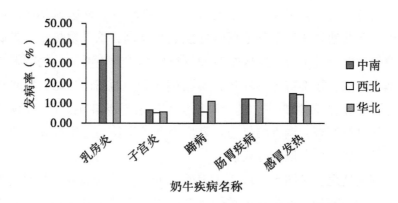

图 5-18 不同区域奶牛主要易患疾病发病情况统计结果

徐孝宙等（2010）在调查中还发现，不合理用药情况明显存在。主要表现在：不按照药物说明和实际体重用药，随意加大药物剂量；为增强疗效，不合理联合用药，如青霉素与四环素联合用药不仅不能增大抗菌谱，反而增加了药物的不良反应；重复用药现象严重，如治疗奶牛腹泻时内服头孢氨苄胶囊的同时肌注氨苄西林，重复用药同样会加大药物不良反应。此外，还发现个别牛场使用违禁药物氯霉素、己烯雌酚等药物。

3. 我国生鲜乳中兽药残留风险排序

综合全球生鲜乳中兽药残留监管规定和我国奶牛养殖过程中兽药使用现状，确定抗菌类药物为Ⅰ级风险预警兽药，激素类药物和抗寄生虫类药物为Ⅱ级风险预警兽药，消炎镇痛类、消化系统类和农药除虫类为Ⅲ级风险预警类药物，其他类为Ⅳ级风险预警类药物。Ⅰ级风险预警类兽药主要包括β-内酰胺类、喹诺酮类、磺胺类、四环素类和大环内酯类等兽药。

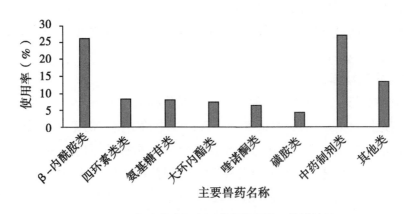

图 5-19　奶牛养殖场主要兽药使用情况统计结果

（三）饲料中真菌毒素风险排序方法

1. 研究背景

各国对饲料中限量的霉菌毒素有所不同，黄曲霉毒素各国均做了限量规定，此外，中国还规定限量赭曲霉毒素 A 和玉米赤霉烯酮。美国和欧盟限量脱氧雪腐镰刀菌烯醇和伏马菌素。欧盟也限量了玉米赤霉烯酮。近年的研究表明，中国的奶牛饲料除了黄曲霉毒素污染外，赭曲霉毒素 A 和玉米赤霉烯酮的超标现象更为严重，且多种霉菌毒素共存的现象很普遍。期望值排序法是由国际食品法典委员会推荐的一种常用的食品风险排序方法。该方法在农产品风险分析中的应用，主要是根据风险的基本公式，将危害的严重性和发生的可能性赋予一定的数值，将两项得分乘积进行排序的一种半定量方法。因此，本研究针对饲料中真菌毒素可能给生鲜乳带来的风险，建立了基于期望值排序法的真菌毒素风险分析方法。

2. 研究内容

（1）风险排序方法

期望值排序方法国际食品法典委员会（CAC）推荐使用的农产品风险排序方法，该方法通常根据查阅文献、权威数据以及数据库记载各国曾经评估过的食品危害环节所涉及的消费频率、检出频率等信息，准确地识别出食品中的主要污染因子，并比较不同来源风险之间的差别，按照确定的各项参数值的评分依据，对危害物风险进行分级排序。这种方法的好处在于评分标准比较清晰，使用者可以直接使用确定的评分标准。

a. 真菌毒素风险因子危害程度标识

人们针对风险因子可能对人体健康带来的风险，从定性和定量得分等角度考虑危害的严重性和发生的可能性，按照毒性大小、风险控制程度、严重性、社会声誉影响程度、检出残留最大量和检出率等几个方面，对风险因子危害程度进行识别，建立风险排序指标得分赋值标准（表 5-7）。

根据风险标识的基本要求，反复讨论和筛选，收集专家意见，修改后制定青贮玉米中真菌毒素危害风险标识（表 5-8）。

b. 风险排序的计算方法

借鉴风险期望值排序方法，按照各指标的赋值标准（表 5-7），以及潜在风险事件风险排序识别矩阵（表 5-8），从表 5-3、表 5-4 中检出得到的毒性、风险控制、严重程度、声誉影响、检出最大残留限量、检出率等六项指标的原值，表 5-8 可以看出各地区的检出率均有部分样品超标。样品中的危害风险因子得分 S 用式（3）计算。

各真菌毒素的残留风险得分以该真菌毒素在所有样品中的残留风险得分的平均值计算，6 个风险因子得分越大，风险越大。

$$S = \frac{\sum_{i=1}^{n} X_{Ai}}{n} \times \frac{\sum_{i=1}^{n} (X_{Bi} + X_{Ci} + X_{Di} + X_{Ei} + X_{Fi})}{n}$$

$$= U_A \times (U_B + U_C + U_D + U_E + U_F) \tag{3}$$

式中：S 为危害风险因子得分；X_{Ai} 为第 i 个检测点的真菌毒素毒性得分；X_{Bi} 为第 i 个检测点的真菌毒素风险控制得分；X_{Ci} 为第 i 个检测点的真菌毒素严重程度得分；X_{Di} 为第 i 个检测点的真菌毒素声誉影响得分；X_{Ei} 为第 i 个检测点的真菌毒素残留检出最大量得分；X_{Fi} 为第 i 个检测点的真菌毒素检出频率得分；n 为取样检测点数量；U_A 为毒性得分平均值；U_B 为风险控制得分平均值；U_C 为严重程度得分平均值；U_D 为声誉影响得分平均值；U_E 为检出最大量得分平均值；U_F 为检出频率得分平均值。用式（3）算得 n 种真菌毒素各自的风险得分后求和得到 S 值。

（2）试验材料

选择山东省 13 个玉米主产县，每个县采集 10 份青贮玉米，每份不低于 2kg。采用基于 QuEChERS 提取结合液相色谱—飞行时间质谱联用（UPLC-Q-TOF）方法同时检测了样品中的 9 种真菌毒素。在该方法中，9 种真菌毒素在一定范围内线性相关，相关系数 R^2 均大于 0.99，检出限（LOD）和定量限（LOQ）均远小于各毒素限量标准，且回收率均在 68.0%~120.0%，相对标准偏差小于 10%。以上结果表明本检测方法的准确度和精密度良好，可以满足分析检测的要求。本研究中，以高于检出限判为检出。

（3）山东省青贮玉米真菌毒素检出情况

本研究采集了山东省玉米主产县 2013—2014 年收获期和储藏期共 520 批次玉米样品，采用液相色谱—飞行时间质谱联用仪（UPLC-Q-TOF）方法检测了玉米中黄曲霉毒素（AFB$_1$、AFB$_2$、AFG$_1$、AFG$_2$）、伏马毒素（FB1、FB$_2$、FB$_3$）、呕吐毒素（DON）和玉米赤霉烯酮（ZEN）的污染水平。结果表明 AFB$_1$、AFB$_2$、AFG$_1$ 在玉米中检出率和平均含量分别为 18.08%、7.62μg/kg；7.88%、0.60μg/kg；0.77%、0.05μg/kg；FB$_1$、

FB_2、FB_3 为 92.50%、1798.69μg/kg；88.08%、531.83μg/kg；83.85%、197.71μg/kg；DON 为 26.35%、240.44μg/kg；ZEN 为 14.62%、74.90μg/kg；AFG2 均未检出。另外，调查结果还表明伏马毒素在所测样品中污染最为严重，超标率达 33.46%；单一样品受多种毒素混合污染的情况较严重。

FDA 对玉米中伏马毒素的最大限量为 2 000μg/kg，本次结果中 $FB_1 + FB_2 + FB_3$ 平均含量为 2 528.23μg/kg，高于限量标准的 25%，超标率达 33.46%。我国 GB 2761—2011《食品安全国家标准　食品中真菌毒素限量》中规定玉米及其制品中 DON 的最大允许量为 1 000μg/kg，ZEN 限量为 60μg/kg，AFB_1 限量为 20μg/kg。在本次检测结果中，6.35% 的样品 DON 超标，14.04% 的样品 ZEN 超标，3.65% 的样品 AFB_1 超标。样品中DON 平均含量为 240.44μg/kg，低于限量标准的 70%；ZEN 平均含量为 74.90μg/kg，高于限量标准的 20%；AFB_1 平均含量为 7.62μg/kg，低于限量标准的 60%。可见，FBs和 ZEN 是山东省玉米的主要及潜在风险因子，其污染状况需要引起人们的重视。

（4）真菌毒素风险排序

本文采用风险期望值法和多种期望值法对青贮玉米中的真菌毒素进行了风险排序，对 6 个指标按照农产品安全风险因子定量识别后，计算风险得分，最后经过农产品安全风险因子的定量识别确定各风险因子平均值和排序结果如表 5-9。根据以上分析对青贮玉米中常见真菌毒素的排序如下：AFB_1 为必须关注指标；AFG_1、FB 为重点关注指标；AFB_2 为一般关注指标；AFG_2、OTA、DON 为无须关注指标。

根据表 5-9，各真菌毒素的危害风险因子得分高低，可分为 4 类，第 1 类为高风险，风险得分 >100；第 2 类为中风险，风险得分 80~100，第 3 类为较低风险，共有 3种，风险得分 60~80，第 4 类为低风险，风险得分 <60。

三、预警技术——控制图理论分析生鲜乳兽药残留风险

生鲜乳中的兽药残留最大限量值（MRL）和方法检出限（LOD），是生鲜乳中兽药残留风险预警的两个重要阈值指标。当检测结果值超过规定的 MRL 时，称之为兽药残留超标；当检测结果大于方法检出限，即有具体危害物检出值，称之为兽药残留检出。基于生鲜乳中兽药残留超标情况和检出情况，以及兽药残留实际检出值的大小，套用对应的控制图分析类型，建立基于休哈特控制图理论的生鲜乳中兽药残留风险预警方法。

（一）数据来源

收集内蒙古某大型乳企奶站奶罐车生鲜乳中兽药残留检测数据，该奶站每日有奶罐车 10 个，检测频率为每周每车抽检 5 次，即每周收集 50 个检测数据，连续收集 20个周，总计 1 000 个样本数据，建立该牛场基础数据库。

表 5-7 危害程度识别和风险排序得分赋值标准

指标	指标值	得分	指标值	得分	指标值	得分	指标值	得分
毒性	剧毒	5	高毒	4	中毒	3	低毒	2
风险控制	难以控制	5	控制不佳	4	潜在的控制不佳	3	可以控制	2
严重程度	严重	5	较严重	4	中等	3	值得关注	2
影响程度	严重	5	较严重	4	中等	3	值得关注	2
检出最大残留量（μg/kg）	>5 000	5	1 000~5 000	4	500~1 000	3	0~500	2
检出率（%）	>10%	5	8%~10%	4	6%~8%	3	4%~6%	2

表 5-8 青贮玉米中真菌毒素风险标识程度

风险因子	毒性	风险控制	严重程度	影响声誉
AFB1	具有强烈毒性，为Ⅰ类致癌物	难以控制	严重	严重
AFB2	具有强烈毒性，为Ⅰ类致癌物	控制不佳	较严重	较严重
AFG1	具有强烈毒性，为Ⅰ类致癌物	控制不佳	严重	较严重
AFG2	具有强烈毒性，为Ⅰ类致癌物	控制不佳	较严重	较严重
FB	具有中等毒性，为Ⅱ类可能致癌物	控制不佳	较严重	中等
ZEN	具有中等毒性，为Ⅱ类可能致癌物	潜在的控制不佳	中等	中等
DON	具有中等毒性，为Ⅱ类可能致癌物	潜在的控制不佳	中等	中等

表 5-9 危害风险因子得分平均值和风险排序

种类	UA	UB	UC	UD	UE	UF	S	风险程度
AFB1	5	5	5	5	3	3	105	必须关注
AFB2	4	4	4	4	2	2	64	一般关注
AFG1	4	4	4	4	2	2	64	一般关注
AFG2	4	4	4	4	2	2	64	一般关注
FB	3	4	4	3	5	5	63	一般关注
ZEN	3	3	3	3	4	3	48	无须关注
DON	3	3	3	3	5	3	51	无须关注

数据指标选择氟甲喹和达氟沙星，检测方法按照 GB/T 21312—2007《动物源性食品中 14 种喹诺酮药物残留检测方法液相色谱—质谱/质谱法》法，方法加标平均回收率分别为 97.2% 和 94.7%，方法检出限均为 0.01μg/kg。最大残留限量值，氟甲喹为 50μg/kg、达氟沙星为 30μg/kg。

（二）生鲜乳中兽药残留风险预警结果与分析

按照风险大小，依次对生鲜乳中氟甲喹和达氟沙星两种兽药检出情况开展：单个检测值超标预警和检出率异常情况预警和平均值—标准偏差预警。对比两种兽药检测结果发现，氟甲喹兽药检测值普遍高于检出限，但低于最大残留限量值；达氟沙星兽药检测值多数低于检测限。因此，基于休哈特控制图原理和类型分布，分析达氟沙星的检出率是否触发检出率异常预警，观察氟甲喹的平均检测值是否需要平均值—标准偏差预警。

1. 兽药残留检测值超标预警（C1 预警）

基于无论何种情况，只要发现有兽药残留检测值超过最大残留限量值，即可触发兽药残留检测值超标预警（C1 预警）。比较氟甲喹、达氟沙星的检测值和 MRL 值发现，20 个周的样品检测值均未超过 MRL 值，因此不用触发兽药残留检测值超标预警。

2. 兽药残留检出率异常预警（J-Pn 控制图预警）

（1）数据统计

达氟沙星全部检测数据未发现超标，大多数"未检出"，适合采用兽药检出率异常预警分析。按照时间顺序每周的检出数据作为一个样本（n = 50），数据统计情况见表 5-10。

表 5-10　1~20 周生鲜乳中达氟沙星检出率数据统计

样本号（周/k）	样本大小（n）	样品中检出数据数（Pn）	样本号（周/k）	样本大小（n）	样品中检出数据数（Pn）
1	50	8	11	50	12
2	50	3	12	50	3
3	50	7	13	50	4
4	50	4	14	50	6
5	50	5	15	50	6
6	50	5	16	50	8
7	50	7	17	50	10
8	50	4	18	50	6

（续表）

样本号（周/k）	样本大小（n）	样品中检出数据数（Pn）	样本号（周/k）	样本大小（n）	样品中检出数据数（Pn）
9	50	2	19	50	8
10	50	8	20	50	3

（2）数据分析

平均数据检出个数：$\bar{d} = \dfrac{1}{k} \sum_{i=1}^{k} Pni = \dfrac{1}{20} \sum_{i=1}^{20} Pni = \dfrac{119}{20} = 5.95$

计算中心线 CL 值：$CL = \bar{d} = 5.95$

计算控制上限 UCL：

$$UCL = \bar{d} + 3\sqrt{\bar{d}\left(1 - \frac{\bar{d}}{n}\right)} = 5.95 + 3\sqrt{5.95\left(1 - \frac{5.95}{50}\right)} = 12.82$$

（3）J-Pn 控制图分析

以样本号（周）为横坐标，相应的检出数据个数 Pn 为纵坐标，建立 1~20 周生鲜乳中达氟沙星检出率控制图 5-20。

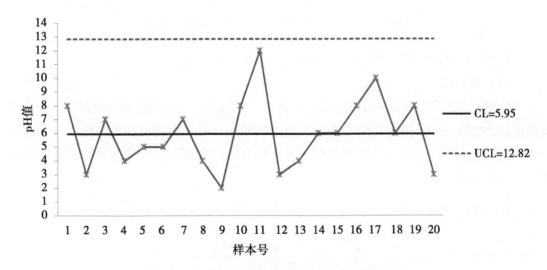

图 5-20　1~20 周生鲜乳中达氟沙星检出率控制图

由图 5-20 可见，1~20 周生鲜乳中达氟沙星检出样本的个数（Pn）均未超过控制上限 12.82，且点子分布未呈现异常规律性变化，因此可以判定在 1~20 周时间段内，该乳企奶站中达氟沙星的检出情况呈现一个稳态趋势，不需要触发 J-Pn 预警。

假如第 21 周检测数据为 Pn = 15，则重新计算 CL 值和 UCL 值后作检出率控制图

5-21。可见 21 周的检出数量已经超过 UCL 最大值 13.46，说明达氟沙星的检出率相比于历史数据已经超出了控制范围，处于异常趋势，残留风险随时可能进一步增加，此时将触发检出率异常预警（J-Pn 预警）。应进一步跟踪监测，查看异常是由于偶然原因还是系统原因引起，并追溯兽药使用过程，查找是否由于用药量加大、休药期缩短或污染等其他原因造成，同时采取有效控制措施，防止检出率继续升高或超标现象发生。

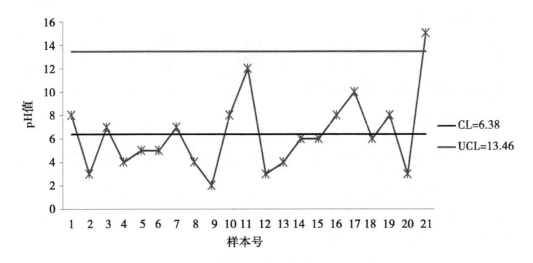

图 5-21　1~21 周生鲜乳中达氟沙星检出率控制图

3. 兽药残留平均值—标准偏差预警（x-δ 控制图预警）

（1）数据统计

氟甲喹全部检测数据未发现超标，大多数"已检出"，有具体的检出数值，适合采用兽药平均值—标准偏差预警分析。按照时间顺序，将每周的检出数据作为一个样本（n=20），每个样本包括 5 个检测数据（每日检出数据平均值），数据统计情况见表 5-6。

（2）数据分析

样本平均值的均值：$\mu = \dfrac{1}{n}\sum_{i=1}^{n}\bar{\bar{x}}_l = \dfrac{1}{20}\sum_{i=1}^{20}\bar{\bar{x}}_l = 1.50$

标准偏差平均值：$\bar{\bar{\delta}} = \dfrac{1}{n}\sum_{j=1}^{n}\bar{\delta}_l = \dfrac{1}{20}\sum_{j=1}^{20}\delta_l = 0.92$

计算中心线（CL）：$CL = \mu = 1.50$

计算控制上限（UCL）：$UCL = \mu + A1\bar{\bar{\delta}} = 1.50 + 1.427 \times 0.92 = 2.82$

注：每组样本数为 5 时，$A1 = 1.427$

（3）$\bar{x}$-δ 控制图分析

以样本号为横坐标，各样本平均值为纵坐标，建立 1~20 周生鲜乳中氟甲喹兽药残留量的平均值–标准偏差控制图（$\bar{x}$–δ 控制图），见图 5-22。

由图 5-22 可见，1~20 周生鲜乳中氟甲喹检出数据的平均值均未超过控制上限值 2.82，且点子分布未呈现异常规律性变化，由此可以判定在 1~20 周时间内，该乳企奶站中氟甲喹检出的数值呈现一个稳态趋势，不需要触发平均值–标准偏差预警。但需注意，第 20 周的平均值已经接近上限值，要跟紧监测，在后续时间中是否会超过上限控制线。

表 5-11　1~20 周生鲜乳中氟甲喹检出率数据统计

样本号（周）	氟甲喹每日平均值（µg/kg）					平均数 $\bar{X}$	标准差 δ
	X1	X2	X3	X4	X5		
1	0.18	0.06	0.53	1.43	2.35	0.91	0.87
2	0.76	3.01	2.23	0.13	0.71	1.37	1.07
3	0.85	2.44	2.31	2.09	1.96	1.93	0.57
4	3.22	3.09	1.76	0.52	0.31	1.78	1.23
5	0.44	3.19	2.58	1.45	0.66	1.66	1.07
6	0.68	2.30	1.47	0.51	0.52	1.10	0.70
7	1.76	0.36	0.53	2.49	4.23	1.87	1.42
8	1.89	2.38	3.99	0.55	1.23	2.01	1.17
9	2.34	3.08	0.11	0.67	3.22	1.88	1.27
10	1.90	1.34	0.57	2.42	1.69	1.58	0.62
11	0.85	2.45	0.58	2.34	0.81	1.41	0.81
12	0.24	2.16	4.21	0.06	0.75	1.48	1.55
13	3.21	2.09	0.54	0.38	0.47	1.34	1.13
14	0.86	1.13	1.78	2.07	0.44	1.26	0.60
15	0.90	2.31	1.77	0.62	0.54	1.23	0.69
16	2.08	0.82	0.09	0.35	1.09	0.89	0.69
17	1.57	0.75	0.32	0.75	2.33	1.14	0.72
18	1.25	1.09	0.78	0.99	1.09	1.04	0.15
19	0.93	2.01	2.22	0.83	0.62	1.32	0.66
20	2.34	5.33	2.32	0.88	3.21	2.82	1.46
总和						30.02	18.44

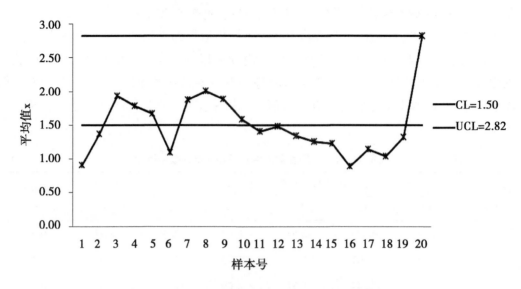

图5-22 1~20周生鲜乳中氟甲喹平均值-标准偏差控制图

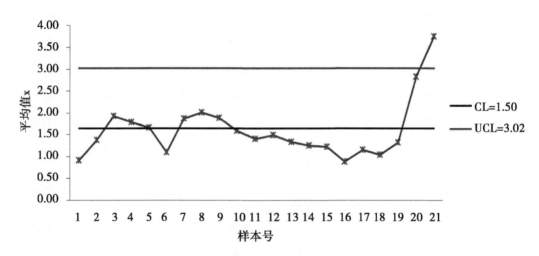

图5-23 1~21周生鲜乳中氟甲喹平均值-标准偏差控制图

假如第21周的检测数据平均值为3.75μg/kg，标准偏差值为0.63，则重新计算CL和UCL值后作平均值-标准偏差控制图5-23。可见，20周的平均值已经接近UCL值，21周的平均值已经超出UCL值，说明21周的氟甲喹检出值已经处于异常状态，需要触发平均值-标准偏差预警。应及时追溯氟甲喹用药过程，查找导致氟甲喹平均值升高的原因，提出并采取控制措施，以防止氟甲喹含量进一步升高或出现超标现象。

第三节　应用效果和取得的成效

1. 在以往的风险监测中，人们以国家限量为标准，检验样品的合格性。但未超标样品及无残留限量样品的浓度能否造成慢性的非致癌性风险，以危害系数（HQ）评价通过成年人饮用的暴露量，与 ATSDR 和 JECFA 制定的参考量比较，以确定其安全性，是合理和必要的危害评价方法。

2. 通过比对分析欧盟、美国、CAC、澳大利亚、新西兰、加拿大、日本和中国所规定的生鲜乳中兽药残留限量，确定了生鲜乳中抗菌类、激素类和抗寄生虫类药物残留是全球关注的重点。其中，抗菌类药物的β-内酰胺类、磺胺类、大环内酯类、氨基糖苷类、喹诺酮类、四环素类、多肽类列为重点监控兽药。

3. 采用问卷调查研究，对我国生鲜乳主产区奶牛易患疾病、发病季节、发病区域和常用兽药进行调查发现，乳房炎、感冒发热、肠胃病、蹄病和子宫炎等是奶牛最易患的五类疾病；抗菌类药物和中草药制剂为奶牛疾病治疗过程中最常用的药物，按照兽药使用率高低依次排序为：β-内酰胺类、四环素类、氨基糖苷类、大环内酯类、喹诺酮类和磺胺类。

4. 综合分析结果，确定β-内酰胺类、喹诺酮类、磺胺类、四环素类和大环内酯类等五类兽药为Ⅰ级风险预警类兽药；激素类药物和抗寄生虫类药物为Ⅱ级风险预警兽药；消炎镇痛类、消化系统类和农药除虫类为Ⅲ级风险预警类药物；其他类为Ⅳ级风险预警类药物。

5. 开展了基于休哈特控制图分析法的生鲜乳中兽药残留风险预警方法研究，建立了生鲜乳中兽药残留超标预警（C1 预警）、兽药残留检出率异常预警（J-Pn 控制图预警）和兽药残留平均值-标准偏差预警（$\bar{x}$-δ 控制图预警）方法。

6. 对某大型乳企生鲜乳中达氟沙星和氟甲喹连续 20 周 1 000 批次样品检测数据分析表明：1~20 周内，未发现兽药超标样品，不需触发兽药残留检测值超标预警；1~20周内，各样本中达氟沙星检出个数均低于 12.82，检出情况处于稳定状态，不需触发兽药残留检出率异常预警；1~20 周内，各样本中氟甲喹平均值均低于 2.82，检出值处于稳定状态，不需触发平均值—标准偏差预警。

7. 采用休哈特控制图分析理论建成的生鲜乳中兽药残留超标、检出率异常和检出值异常等预警方法，不仅为生鲜乳中兽药残留风险预警提供科学依据，也将为其他农产品开展风险预警提供新思路。

第四节　未来展望

根据我国农产品生产的现状，基于国外先进的风险排序方法，建立适宜于我国农产品质量安全风险排序技术，不仅可以为政府对农产品质量安全监管提供数据和理论支撑，大大缩短监管成本，提高监管成效，还可以最大限度地降低农产品生产过程中的风险隐患，保障农产品质量安全，从而保障人们的身体健康。

休哈特控制图分析方法可以对兽药残留的检出率和实际检出值的变异情况进行预警，从而对兽药残留安全事件的发生起到提前预知和防范的作用。但控制图只是一个"报警器"，只能显示异常，不能指明原因。因此，当采用控制图分析出异常状况时，应紧密联系生产，对应寻找原因，提出控制措施，将兽药残留超标的可能性扼杀在萌芽状态。

本研究中仅以某大型规范养殖场为例，进行了控制图分析和应用，并取得了满意的效果。可以看出，控制图分析理论的应用需要大量的历史数据做积累，合格数据越多，控制图的可靠性就越大。我国各级生鲜乳质监部门和乳品企业，在日常监管中都积累了海量的检测数据，可以尝试采用控制图分析法分析我国生鲜乳中兽药残留或其他危害物的检出情况，通过分析可建立不同地区、不同生产模式的控制图分析数据库，为进一步开展风险预警提供数据支持。

参考文献

曹斌. 2006. 食品质量管理 [M]. 北京：中国环境科学出版社.

柴勇，杨俊英，李燕，等. 2010. 基于食品安全指数法评估重庆市蔬菜中农药残留的风险 [J]. 西南农业学报，23（1）：98-102.

董庆利，郑丽敏，宋筱瑜，等. 2013. 即食食品中单增李斯特菌的 FSO 值确定 [J]. 食品与发酵工业，39（11）：193-197.

姬瑞，曹慧，徐斐，等. 2015. 即食熟肉制品中主要致病菌的风险排序 [J]. 食品科学，36（11）：197-201.

兰丰，王志新，鹿泽启，等. 2017. 山东主产区苹果和梨中农药残留风险因子排序 [J]. 植物保护，43（03）：181-186.

梁俊，赵政阳，樊明涛，等. 2007. 陕西苹果主产区果实农药残留水平及其评价 [J]. 园艺学报（5）：1123-1128.

刘浩，卓黎阳. 2005. 统计过程控制与 HACCP [J]. 中国酿造，12：61-64.

马丽萍，汪少敏，姜慎，等. 2014. 利用食品安全指数法对地产蔬菜农药安全风险评价 [J]. 中国卫生检验杂志，24（2）：247-249.

聂继云，李志霞，刘传德，等. 2014. 苹果农药残留风险评估 [J]. 中国农业科学，47（18）：

3655-3667.

秦燕, 李辉, 李聪. 2004. 控制图分析在食品安全预警中的应用 [J]. 中国公共卫生 (9): 69-70.

孙建国, 杨永茂, 孙家义. 2008. 质量控制图在出口食品加工企业监管工作中的应用 [J]. 口岸卫生控制 (1): 28-31.

孙静. 2002. 最近国家标准 GB/T 4091—2001 《常规控制图》理解与实施 [M]. 北京: 中国标准出版社.

王冬群, 吴华新, 沈群超, 等. 2012. 慈溪市水果有机磷农药残留调查及风险评估 [J]. 江苏农业科学, 40 (02): 229-231.

魏强华, 黄少燕, 邓桂兰. 2007. 控制图在速冻汤圆菌落总数监控中的应用 [J]. 食品工业科技 (12): 85-87.

伍爱. 2004. 质量管理学 [M]. 广州: 暨南大学出版社.

徐孝宙, 杨国林, 刘庆新, 等. 2010. 奶牛主要疾病治疗用药调查 [J]. 北方牧业 (3): 27.

张欣然, 李培武, 丁小霞, 等. 2016. 花生中真菌毒素危害因子风险排序研究 [J]. 中国油料作物学报, 38 (2): 237-241.

赵良娟, 姚霞, 张宏伟, 等. 2009. 控制图在肉及肉制品微生物监测过程中的应用 [J]. 食品研究与开发, 30 (5): 169-171.

郑楠, 李松励, 许晓敏, 等. 2013. 牛奶中霉菌毒素风险排序 [J]. 中国畜牧兽医, 40 (S1): 9-11.

周聪, 彭黎旭. 2007. 水果蔬菜中铅、镉、铬测定的质量控制图制作和应用 [J]. 热带作物学报 (2): 102-107.

Al-Zahrani J H. 2012. Natural radioactivity and heavy metals in milk consumed in saudi Arabia and population dose rate estimates. Life Science Journal, 9(2): 651-656.

Anderon M. 2011. Pathogen-produce pair attribution risk ranking tool to prioritize fresh produce commodity and pathogen combinations for further evaluation[J]. Food Controlm, 22(12): 1865-1872.

Critto A, Torresan S, Semenzin E, et al. 2007. Development of a site-specific ecological risk assessment for contaminated sites: Part I. Amulti-criteria based system for the selection of ecotoxicological tests and ecological observations[J]. Science of the Total Environment(379): 16-33.

Feigenbaum A, Pinalli R, Giannetto M, et al. 2015. Reliability of the TTC approach: learning from inclusion of pesticide active substances in the supporting database[J]. Food&Chemical Toxicology (75): 24-38.

Kruizinga A G, Briggs D, Crevel R W R. 2008. Probabilistic risk assessment model for allergens in food: sensitivity analysis of the minimum eliciting dose and food consumption[J]. Food& Chemical Toxicology, 46(5): 1437-1443.

Linkov I. 2013. For nanotechnology decisions, use decision analysis[J]. Nano Today(8): 5-10.

Mcnab W B. 1998. A general framework illustrating an approach to quantitative microbial food safety risk assessment[J]. Journal of Food Protection, 61(9): 1216-1228.

Mitchell J. 2013. A Decision analytic approach to exposure – based chemical prioritization [J]. PLoS ONE,8.

Sailaukhanuly Y. 2013. On the ranking of chemicals based on their PBT characteristics:Comparison of different ranking methodologies using selected POPs as an illustrative example[J].Chemosphere(90): 112-117.

Son Y K,Yoon C G,Rhee H P,et al. 2013. A review on microbial and toxic risk analysis procedure for re-claimed wastewater irrigation on paddy rice field proposed for South Korea[J].Paddy and Water Envi-ronment,11(1):543-550.

Zuin S,Micheletti C,Critto A,et al. 2011. Weight of Evidence approach for the relative hazard ranking of nanomaterials[J].Nanotoxicology(5):445-458.

第六章 风险控制规程

第一节 微生物风险控制规程

一、国内外研究进展

甘肃是具有先天优势的草业大省，人均占有草场面积居全国第三位，改革开放以来，甘肃畜牧业饲养规模日益增大，奶产业成为全省农村经济中产业化程度比较高、发展最快的产业，随着人们经济收入的提高和消费观念的不断转变，生鲜乳及其乳制品也将成为人们不可或缺的蛋白质来源，生鲜乳的安全问题也日渐得到人们的重视。因此，确保甘肃地区生鲜乳质量安全是甘肃奶产业持续健康发展的关键。近年来，国外针对生鲜乳微生物的来源及影响因子、微生物多样性、主要腐败菌和致病菌及产生的毒素等方面的研究很多，但国内这方面的研究依然很少，且生鲜乳中的微生物受不同牛场环境卫生、制冷链、贮存和泌乳牛自身健康等诸多因素的影响。

（一）生鲜乳有害微生物来源

健康的泌乳牛所产的生鲜乳可能由于前期乳房挤奶准备不足、牛奶处理程序的不当以及与挤奶和存储设备相关的一些不好的卫生习惯而引起污染（Garedew 等，2012），生鲜乳中的大多数菌在牛棚和挤奶厅中都可以检测到，泌乳牛、牛舍（垫料及管理）、挤奶和存储设备、乳头与乳管、挤奶工、饲料、清洗水、空气和土壤等其他环境因子均可能成为生鲜乳微生物的来源。

1. 牛场设备及管理

挤奶厅的卫生环境状况可直接影响到肠杆菌属（*Enterobacter*）污染生鲜乳的程度（Donkor 等，2007），如蜡状芽孢杆菌（*Bacillus cereus*）和假单胞菌属分别可从土壤、饲料、挤奶设备、乳房、牛奶罐和水进入生鲜乳（Simoes 等，2009），大肠杆菌可随清洗设备和牛体的水进入生鲜乳（Marjan 等，2014；Banik 等，2015），而且相关设备和泌乳牛体的清洗不彻底或者挤奶工卫生习惯不良好也可能引起金黄色葡萄球菌的严重污染（Iyer 等，2010）。

粪便和牛床是大肠菌群和环境链球菌的主要来源，生存于牛床材料上的葡萄球菌和一些革兰氏阴性菌可通过乳头和乳管污染生鲜乳，有研究发现，挤奶前清洗乳头可减少生鲜乳中的乳球菌（Mallet 等，2012），而棒形杆菌属（*Clavibacter*）和苍白杆菌属（*Ochrobactrum*）在泌乳牛乳头和生鲜乳中均有检测到（Coton 等，2012），Beenres 等（2000）以双歧杆菌属（*Bifidobacterium*）为指标检测牛的粪便是否为生鲜乳污染的主要来源时发现，88%的生鲜乳样品和95%的粪便样品中均检测到双歧杆菌，此外，弯曲杆菌也可通过粪便进入生鲜乳（Oliver 等，2005）。

2. 空气和饲料

畜舍及挤奶厅内空气及飘浮的灰尘中常常含有许多微生物，通常包括球菌、细菌芽孢和真菌孢子，呈气溶胶状态分散在空气中，因此，牛体本身带有一定数量的微生物，在清洗不彻底的情况下与生鲜乳有接触时即可进入引起污染。青贮饲料中也包含了大量对生鲜乳质量和安全存在潜在的危害因子，可通过污染泌乳牛从而进入生鲜乳，是牛奶中李斯特菌、大肠杆菌、霉菌毒素、厌氧孢子形成体（梭菌属）和好氧孢子形成体（主要是芽孢杆菌属和类芽孢杆菌属的来源（Driehuis，2013）。此外，生鲜乳菌群结构也受饲喂方式的影响，长时间户外饲养可增大葡萄球菌的污染（Tatsuro 等，2010）。

3. 患病乳牛

患病乳牛也是生鲜乳微生物的重要来源，其中乳房炎是最主要的污染源，患乳房炎奶牛的牛乳中会有金黄色葡萄球菌和病原性大肠杆菌等，泌乳牛其他部位患病时，病原菌也会通过血液循环进入乳汁，如患结核或布氏杆菌病的牛分泌的乳中会有结核杆菌或布氏杆菌（王丽芳，2013）。泌乳牛乳头顶点微生物被视为是生鲜乳微生物的潜在来源，不同牛场乳头顶点微生物也有一定的差异，这可能是由于不同牛场牛床材料存在的潜在危害因子不同造成的。Braem 等（2012）在患有乳腺炎的泌乳牛乳头顶点检测到细菌17个属，分属于放线菌（32%）、拟杆菌（1%）、变形菌（42%）和厚壁菌门（25%），调查还发现环境因子是乳腺炎发生的主要危害因子（Braem 等，2012），最常观察到的乳腺炎病原体乳房链球菌及停乳链球菌主要来源于奶牛所处的环境，金黄色葡萄球菌可能来自牛乳房或人的皮肤（Donkor 等，2007），而无乳链球菌是一种常寄生于乳房的病原体，在挤奶过程中可以直接从一头牛传输到其他牛（Hope，2000）。

4. 贮存温度和时间

储存温度和时间也是导致细菌污染加重的重要原因（Wallace，2008），温度大于4℃时，微生物生长繁殖较快，而储存时间超过24h，嗜冷菌会大量繁殖，如蜡样芽孢杆菌（*Bacillus cereus*）的繁殖和肠毒素的产生均与牛奶储存温度有关（Necidová 等，2015），许多致病菌在挤奶开始时数量不足够引起疾病，但受贮存温度和时间等的影响而逐渐积累增多，有研究发现。在4℃贮存条件下，生鲜乳存放36h，对质量影响不大，在生鲜乳存放温度达到 10 ~ 15℃ 时，存放时间不宜超过 12h（剧柠和夏淑鸿，2013）。

5. 季节和地区

生鲜乳微生物菌落组成也受季节和地区的影响（Poznanski 等，2004），研究发现 γ-变形菌在春季和冬季，杆菌在夏季，放线菌在秋季分别拥有很高的物种丰富度（达到 18 ~ 21 种，不同环境如高山，峡谷和低洼地带的生鲜乳微生物构成也不同（Bonizzi 等，2007），近年来关于牛场管理卫生情况与生鲜乳质量安全的研究也很多（汪银锋，2009；Elmoslemany 等，2010；Pandey 等，2014），牛场管理规范化对于从源头上消除生鲜乳微生物的污染具有重要的意义。

（二）生鲜乳有害微生物对牛奶质量和人体健康的影响和危害

1. 历史上一些由饮用生鲜乳及其乳制品而引起的中毒事件

生鲜乳中的有害为微生物主要分为两类，一类是降低牛奶品质、影响消费者身体健康甚至导致死亡的有害菌，以细菌为主，如结核菌（*Mycobacterium tuberculosis*）、沙门氏菌（*Salmonella*）、大肠杆菌（*Escherichia coli*）、李斯特菌（*Listeria monocytogenes*）、弯曲杆菌（*Campylobacter*）、金黄色葡萄球菌（*Staphylococcus aureus*）和空肠弯曲菌（*Campylobacter jejuni*）等曾引起人类多次疾病暴发。另一类是嗜冷菌、噬菌体和梭菌（*Clostridium*）等可导致奶酪、液体奶和一些新鲜乳制品腐败的腐败菌（Martin 等，2011），此外，酵母菌和霉菌也与生鲜乳及其乳制品的腐败有关。明确生鲜乳中有害微生物的来源、冷藏和巴氏杀菌对微生物的影响，以及重要腐败菌和致病菌的危害与防治，将有助于帮助企业和农户提升生鲜乳生产质量。

2. 主要有害微生物的危害及研究进展

（1）芽孢杆菌属

在泌乳牛牛体的污染菌中，大多数是芽孢杆菌和大肠杆菌，芽孢杆菌及孢子广泛存在于牛舍周围，若牛舍通风条件不好，则会使空气及尘埃中的细菌污染生鲜乳的概率增大，芽孢杆菌也是泌乳牛乳头上检测到的主要需氧耐热菌（范江平，2003）。

引起生鲜乳污染的芽孢杆菌主要有地衣芽孢杆菌（*Bacillus licheniformis*）、球形芽孢杆菌（*Bacillus sphaericus*）、蜡样芽孢杆菌（*Bacillus cereus*）、短小芽孢杆菌（*Bacillus pumilus*）、枯草芽孢杆菌（*Bacillus subtilis*）、环状芽孢杆菌（*Bacillus circulans*）和解淀粉芽孢杆菌（*Bacillus amyloliquefaciens*），其中枯草芽孢杆菌、蜡样芽孢杆菌和地衣芽孢杆菌是巴氏杀菌乳和超高温杀菌乳的主要污染因素之一（Raats 等，2011），蜡样芽孢杆菌也是 6 ~ 7℃ 储存的巴氏杀菌奶和乳酪货架期的限制因子，由于其可以产生一种或者多种肠毒素而引起食物中毒（Driehuis，2013）。欧盟在 2010 年测试奶粉时发现呈阳性杆菌毒素的样品达到 3.8%（Authority，2013），另有研究表明，在包装乳的腐败中，60%是由革兰氏阳性杆菌如芽孢杆菌引起的。芽孢杆菌可以形成耐热孢子，在超高温灭菌（UHT）条件下依然存活且一般处于休眠状态，但在产品贮藏、运输、销售过程中，遇到适宜条件就会被激活，逐渐转化为营养细胞，不断生长繁殖，产酸、产气，导致牛奶变质（伍良军，2004）。

（2）葡萄球菌属：金黄色葡萄球菌

金黄色葡萄球菌（*Staphylococcus aureus*）是革兰氏阳性菌，引起最常见的泌乳牛乳房炎（Perill 等，2012），使泌乳牛患有慢性、临床和隐性乳房炎，该菌是一种人畜共患体，其中一些金黄色葡萄球菌也是一种重要的食源性致病菌，可引起人类很多疾病，像食物中毒、胃肠炎、肺炎、败血症等，由于其高发生率和潜在风险性引起人们的广泛关注。金黄色葡萄球菌可通过生鲜乳及其乳制品传播，有调查发现83.5%的生鲜乳样品中可检测到金黄色葡萄球菌，另有研究发现38%的生鲜乳、11%的巴氏杀菌奶被金黄色葡萄球菌污染。

金黄色葡萄球菌的毒力是由于可以产生过氧化氢酶、脂肪酶、DNA 酶和溶血素类等酶和毒素的原因，其中耐热肠毒素（SEs）是最主要的毒力因子，其症状有恶心、剧烈呕吐和痉挛，有时还会有腹泻；研究发现大多数金黄色葡萄球菌菌株能够产生肠毒素 D（68.8%），而产生肠毒素 A 的菌株占到 12.8%（Oliveira 等，2011），且 SEA 在美国、日本、英国和法国等国家被认为是引起 SEP 暴发的主要原因，温度是影响其在生鲜乳中产生的关键因子。目前发现的肠毒素除五个经典型肠毒素（SEA-SEE）之外，近年通过与经典 SE 序列的相似性比较发现 16 种新型肠毒素（SEG-SElV），其中 SEG、SHE、SEI、SER、SES 和 SET 已被确定为食物潜在中毒剂。通过猴子饲喂试验发现 SelK、SelL、SelM、SelN、SelO、SelP、和 SelQ 在金黄色葡萄球菌引起的食物中毒中可能发挥一定的作用，但其作用机理尚不清楚。前人对生鲜乳及乳制品中分离得到的 227 株金黄色葡萄球菌进行测定得到 15 种肠毒素（SEsSels）的基因，且发现大多数菌株不止含有一个毒素基因，sec（28.6%）是出现频率最高的基因，sea、sed、ser 和 selj（20%）次之，seg、sei 和 seh 相对较少（Carfora 等，2015），同样的研究发现 sea 是检测出现频率最高的基因（30.7%），其次为 seb（26.9%）和 sed（15.37%）（Nazari 等，2014）。

由于过度使用抗生素药物，许多金黄色葡萄球菌也具有耐药性，有研究对分离得到的 219 株金黄色葡萄球菌进行抗生素试验时发现 70%以上的具有多种抗生素抗性（Wang 等，2015），*ermC* 是最常见的耐药基因，*ermA* 是最少频率检测到的基因，与此结论相反，在耐甲氧西林葡萄球菌的红霉素和四环素抗性基因的调查中发现 *ermA* 基因的检测率最高。随着多药物抵抗机制的改变和 *mecA* 阴性 MRSA（耐甲氧西林金黄色葡萄球菌）菌株的出现，金黄色葡萄球菌的抗性变得越来越复杂，且不同的多位点序列分析中出现了 MRSA-IV 菌株（Wang 等，2015），MRSA（耐甲氧西林金黄色葡萄球菌）在医学上是一种重要的病原菌，已有报道显示动物很可能是人类 MRSA 菌株的潜在来源（Riva 等，2015），而对于泌乳牛来说，生鲜乳是一条很重要的传播途径，在生鲜乳及其乳制品中也已分离到 MRSA 菌株，生鲜乳及其乳制品一起被认为是与金黄色葡萄球菌相关食物中毒的主要来源。

早期的研究表明，泌乳牛乳头上的金黄色葡萄球菌与泌乳早期的感染相关联，挤奶设备、空气、牛舍、饲料及其人类都可能是金黄色葡萄球菌的来源，调查显示，金黄色葡萄球菌在整个农场都有发现，且传播方向可能是由环境传向挤奶设备再到牛奶及其奶制品。近期研究还表明，牛奶在加工厂的储存温度及在消费者采用的热处理方式是影响金黄色葡萄球菌含量的主要原因，其他影响因素还包括在农场牛奶的储存时间和温度，牛奶热处理温度和处理时间，但目前，关于生鲜乳及其乳制品中金黄色葡萄球菌尤其是 MRSA 的检测和控制还有待进一步研究。

（3）肠杆菌属（大肠杆菌）

大肠杆菌是一种革兰氏阴性兼性厌氧菌，是与人体肠内宿主形成互利共生的条件性致病菌，它最早被确定为人类病原体是在 1982 年，是一种食源性高毒、高侵染和低剂量（少于 10~100 个细胞）的致病菌。该菌可引起贫血、胃痉挛、腹泻和溶血性尿毒综合征等疾病，不仅是奶牛乳房炎的主要致病菌之一，也是环境中重要的致病微生物，是评定生鲜乳、乳制品及粪便污染的重要卫生指标。根据不同的生物学特性，将致病性大肠杆菌分为五类，肠侵袭性大肠杆菌（EIEC）、致病性大肠杆菌（EPEC）、肠出血性大肠杆菌（EHEC）、弥散黏附性大肠杆菌（DAEC）、肠产毒性大肠杆菌（ETEC）和肠黏附性大肠杆菌（EAEC）。大肠杆菌人畜共患体的特性归因于其 Vero 毒素的产生和多药抗药性，未经高温消毒的牛奶及其乳制品很可能引起大肠杆菌血清型为 O157 和其他一些非 O157（O145、O22 和 O157 等）的暴发。志贺毒素大肠杆菌（STEC）是一组能够产生志贺毒素的大肠杆菌，但并不是所有的 STEC 都有致病性，STEC 导致人类严重疾病主要是因为可以产生 Stx 基因，基于抗原性差异将 Stx 基因分为两类：*Stx1*（*Stx1a*、*Stx1c* 和 *Stx1d*）和 *Stx2*（*Stx2a*、*Stx2b*、*Stx2c*、*Stx2d*、*Stx2e*、*Stx2f* 和 *Stx2g*），其中 *Stx2a*、*Stx2c* 和 *Stx2d* 是与人类严重疾病相关最常见的亚型，现已报道的 STEC 菌株血清型已超过 400 种，但许多并不常见，在生鲜乳及其乳制品中检测到的概率大概在 0%~13%。

大肠杆菌 O157:H7 是肠出血性大肠杆菌（EHEC）中与生鲜乳最相关的致病性大肠杆菌，引起的疾病临床症状有轻度腹泻、溶血性尿毒综合征、出血性紫癜及血栓性血小板减少性紫癜，严重威胁乳品行业的安全，STEC 在世界不同地区引起多起食源性疾病的暴发，而由大肠杆菌 O157:H7 引起的疾病事件占 STEC 引发的 91.4%，此外，另有研究表明由生鲜乳直接生产的奶酪、巴氏杀菌不彻底和后期处理不规范均可能导致大肠杆菌 O157:H7 和大肠杆菌 O26:H1 的污染。贮存温度对生鲜乳及乳制品中大肠杆菌 O157:H7 的存活和活性的影响较大,菌数量及其代谢活性在 4℃时降到最低,巴氏灭菌 (72℃下进行 15s) 可以使大肠杆菌 O157:H7 失活。

肠致病型大肠杆菌 (EPEC) 也是一种很重要的病原菌,它可使人类患胃肠炎和引起食物中毒,大多数肠致病型大肠杆菌 (EPEC) 菌株也可以产生 Vero 毒素 (VT),但其致病性目前并不清楚。在埃及,乳制品中发现最多的血清型是 O111、O126、O128、O26、O25 和 O125,而在伊拉克,血清型为 O111、O86、O125 和 O119 的菌株经常可以在奶酪中分离到。调查发现在生鲜乳奶酪中检测到携带独立基因大肠杆菌概率为 0~55.3%,虽然许多大肠杆菌检测都含有 vtx 基因,但并不是所有的都有致病性。在大肠杆菌的防治方面,表面活性肽不仅具有抑制大肠杆菌 O157 的作用,还具有明显的杀菌效果,添加 10% 的新鲜大蒜液也能够很好的抑制生鲜乳中大肠杆菌的增殖,有很好的应用前景。

(4) 其他有害菌

李斯特菌对胎儿、新生婴儿、老人和免疫系统较弱的群体影响较大,从轻度流感腹泻到脑膜炎和败血症均有发生,在一些李斯特菌散发病例研究中发现一半以上的疾病暴发与牛奶及其奶制品有关。而且调查还发现,饮用从零售商购买的牛奶患李斯特菌病的风险更大,可能是由于贮藏不规范导致李斯特菌在贮藏期间增长。李斯特菌感染途径非常复杂,19% 的牛场样品包括牛粪、牛奶、青贮饲料、土壤和水中检测到李斯特菌;另有研究者检测发现李斯特菌在设备、环境和生鲜乳中的发生率分别为 18.8% (6.3% 为单增李斯特氏菌)、54.7% (40.6% 为单增李斯特氏菌) 和 44.4% (22.2% 为单增李斯特氏菌);此外,13.1% 加工环境和 12.3% 外部环境中也监测到李斯特菌,李斯特菌可在土壤、饲料、水和粪便中长期存在的生物学特性,是其进一步形成生物膜的重要条件,有助于污染最终产品,李斯特菌主要通过食品污染传播给人类,未经高温消毒的生鲜乳及其奶酪是一种很重要的传播途径。空肠弯曲菌是引起急性胃肠炎的主要原因,可导致痉挛,血性腹泻,呕吐,腹痛,并可能引起神经系统疾病格林巴利综合征,在欧洲生鲜乳中检出频率为 0~6%,在意大利北部、波兰、大不列颠、法国等生鲜乳中均有检测到,检出频率大概在 1.4%~4.6%,初步研究表明牛是主要污染源,但其具体传播途径目前还不清楚,而对于牛来说,直接饮用生鲜乳是引起疾病暴发的主要原因,全基因多位点序列分析可用于检测弯曲杆菌疫情。由沙门氏菌感染引起的人类疾病有伤寒和胃肠道疾病,在罐装牛奶中检测到沙门氏菌的频率很低,一般低于 1%,如巴西自 2000 年之后由沙门氏菌引起的疾病暴发很少,仅有 15 起。小肠结肠炎耶尔森菌可使人患类似阑尾炎,虽然巴氏灭菌会杀了小肠结肠炎耶尔森菌,但是如果巴氏杀菌不彻底或发生二次污染,它也可在冷藏温度下繁殖,是导致小儿肠炎的主要原因。结核分枝杆菌是与奶相关的最耐热病原体,而生孢梭菌则可导致乳制品的腐败。

二、生鲜乳微生物数量的控制措施

（一）生产前处理的控制

奶牛的饲养环境是非常重要的一个环节，饲料、水、空气、圈舍等都可能是生鲜乳污染源。定期的有针对性的对环境进行清洁、通风、清洁牛体，不仅可以对生奶和挤奶设备和容器形成保护，而且可以大幅抑制微生物的生长。此外，增强对奶牛患乳房炎的检测，禁止患病奶牛生产生鲜乳，也是一个必要的措施。严格按挤奶操作规程挤奶是有效防控生鲜乳微生物超标的关键技术措施，可从源头上最大限度地减少微生物进入生鲜乳，还可以减少奶牛乳房炎的发生。挤乳前应彻底清洗牛乳房，乳头清洁同时可以对乳房起到按摩和刺激作用，促进垂体产生催产素，激发排乳反射，有利于牛奶的排出。

前三把奶其中含有大量的微生物，因此在挤奶时应选择弃去，用专门容器收集，避免废弃奶污染地面环境，导致病原微生物传播感染。此外，弃去的前乳可以用来观察牛奶中是否有凝块、絮状物或水样奶，以便及时发现临床乳房炎，做到及时治疗。挤奶后要将生鲜牛奶冷却至4℃以下，存放于合格检疫的存储设备中，并定期进行检查。

对生产中用到的辅料进行严格审查和控制，供应商资必须提供完整真实有效的有审核资质的第三方机构出具的报告。指导督促奶农、奶站和乳品加工企业，加强检验检测，严厉打击掺杂使假行为，坚决杜绝掺杂使假现象的发生。

（二）生产过程的控制

车间的环境要进行严格的控制。安装紫外杀菌灯或者臭氧消毒设备定期对空气进行消毒杀菌。对生产加工设备进行定期的消毒，每日检查牛奶冷藏罐制冷效果是否正常，以防止微生物污染管道和储藏设备，消除隐患。

生鲜乳在使用前要进行短时的高温杀菌，在其营养体生长后进行第二次灭菌杀灭耐热芽孢菌的营养体。从而彻底杀灭耐热芽孢菌。牛乳热杀菌后如果不立即使用，应立即冷却至0~4℃冷藏。避免牛乳的质量受到耐热芽孢菌的营养细胞过度生长的影响。每次挤奶工作全部结束后，必须按严格的操作程序对挤奶场所及所有的挤奶设备进行清洗和消毒，以防止微生物滋生，对牛奶造成二次污染。

（三）生鲜乳嗜冷菌控制策略

生鲜乳营养丰富，是乳制品生产的主要原料，同时也属于高风险性的食品原料，是微生物的良好培养基。嗜冷菌是一类在低温环境下存活，最高生长温度不超过20℃，最适生长温度在15℃，在0℃仍可生长繁殖的微生物统称；绝大多数为革兰氏阴性菌，已鉴定的嗜冷菌属有假单胞菌、弧菌、无色杆菌、黄杆菌、嗜纤维菌和螺菌等。生鲜乳采用冷藏运输方式，嗜冷菌在生鲜乳低温冷藏过程中普遍存在并大量繁殖。虽然这类微生物经巴氏杀菌或超高温灭菌可被杀死，但其产生的耐热蛋白酶和脂肪酶仍具有残留的酶活性，这些耐热酶在乳制品储藏流通过程中继续分解脂肪和蛋白质，从而影响乳制品质量安全。目前国际上嗜冷菌检测的标准方法是国际乳品联合会的检测标准（IDF 标准），IDF Standard 101A 中嗜冷菌数的检测方法为：在 6.5℃条件下培养 10d 计数；IDF Standard 132A 中嗜冷菌数的检测方法为：在 21℃条件下培养 25h 计数。我国现行的用于生鲜乳及巴氏杀菌乳中嗜冷菌数的测定方法是 NY/T 1331—2007《乳与乳制品中嗜冷菌、需氧芽孢及嗜热需氧芽孢数的测定》，此方法参照 IDF Standard101A 中嗜冷菌数的检测方法。

关于生鲜牛乳中嗜冷菌的检测方法研究很多，如利用嗜冷菌产生的脂肪酶活性和菌数间的直接关系，间接测定嗜冷菌数；3M 细菌测试片法；选择假单胞菌属特异性引物进行 PCR 扩增代表生鲜乳中的嗜冷菌，建立嗜冷菌快速 PCR 计数的方法；目前利用现代技术研究出的检测方法应运而生，如：rDNA 核酸序列、凝胶电泳、肽核酸探针、荧光标记物等方法。这些方法所需设备和耗材成本高、操作专业性较强、更无法满足中小型企业的检测需要。

目前最常用到的检测方法主要为实时光电微生物法。利用实时光电微生物法快速测定生鲜乳中嗜冷菌可以大大缩短检测时间，是一个既快速又准确的方法，适合工业化应用。基于传统的培养基理论和染色技术，结合光电计数（OptoElectronic Counting Technology）和计算机技术进行微生物检测。

三、项目主要创新成果

（1）通过微生物的研究，观察菌落总数、总大肠菌群和一些致病菌的一些指标可以直接对乳品的安全性及质量进行评价；

（2）通过研究菌落的生存条件，改变温度、pH 值、湿度等采集、储存条件以控制生鲜乳中微生物的数量。

生鲜乳中细菌的含量是评价生鲜乳质量的一个重要指标，细菌的种类和数量是影响生鲜乳品质的重要因素。生鲜乳中的细菌的来源是多方面的，可能来自牛体自身、牛舍周围环境、挤奶工具、运输及加工过程。生鲜乳质量的好坏对下游产品的质量起关键的作用，建立一种快速有效的检测方法检测生鲜乳中细菌的种群结构及数量，对生鲜乳的品质控制及其后续的奶制品加工工艺具有重要的理论指导意义。

四、生鲜乳微生物检测分析

目前，对于生鲜乳中细菌菌群的研究主要分为传统培养法（表型特征鉴定）和非培养的方法（基因型特征鉴定）。

传统培养法是利用不同的选择性培养基对细菌进行筛选分离培养，并结合特定的生理生化反应鉴定细菌的种类。但此法操作繁杂、耗时耗力且特异性不强。要想全面地反映生鲜乳中细菌的种类多样性不能仅靠传统细菌培养技术。在细菌分离培养过程中将细菌置于人为环境下，偏离了它们原本的生存环境，改变了细菌原本的群落结构。因此，利用传统培养技术来研究生鲜乳中的细菌种类有很大的局限性。

　　非培养法是利用现代分子生物学技术直接对乳中细菌的宏基因组 DNA 进行分析研究，进而对乳中的细菌种群进行鉴定，主要是多种基于 PCR 技术的分子学方法如聚合酶链式反应-变性梯度凝胶电泳、核糖体限制性 DNA 分析、聚合酶链式反应-限制性片段长度多态性（RFLP）、单链构象多态性分析、核糖体限制性 DNA 分析、高通量测序等。

　　这些方法相对于传统培养法来说操作简便、快速、准确且灵敏，已被广泛应用于检测乳制品中细菌种类鉴定、系统发育及种群多样性的研究，可对乳中细菌种类进行快速检测，保障乳制品的质量安全。

　　我国对生鲜乳的现场检测主要是对感官指标和简单的理化指标及细菌总数的检测，对其中细菌的种类检测涉及的较少。但目前常用的 16S rDNA 测序技术对生鲜乳中可培养菌的鉴定及对宏基因组 DNA 进行 16S rDNA-ARDRA 技术建立克隆文库两种方式相结合的方式对生鲜乳中细菌多样性的研究，可有效防范生鲜乳中对人体有害的致病菌及其毒素的危害，避免问题奶源进入加工工序，可从源头奶制品的质量安全进行控制。

第二节　兽药风险控制规程

一、国内外研究进展

　　奶牛业是可持续发展的朝阳产业，发展奶牛业不仅直接关系到中华民族的体质强壮，也直接涉及我国农业结构战略性调整，农业增效、农民增收的大问题。在现代化农业生产中，奶牛产业被突出列为加快发展的项目。目前，与发达国家相比，我国奶牛发展规模还较小，因此，奶牛产业有广阔的发展空间和良好的发展前景。然而，在奶牛规模化养殖中，致力于追求动物的最佳生产状态，削弱了畜禽环境适应能力和抗病能力，导致动物疫病增多。目前我国奶牛养殖方式正从分散化养殖向规模化养殖方式转变，奶牛养殖业不断发展的同时其兽药使用亟待规范。

　　2010 年我国奶牛存栏数达 1 260 万头，奶牛养殖业的发展又拉动了兽药生产和经营行业的发展。2010 年 11 月底，我国兽药 GMP 生产企业达 1 606 家，很多企业还在增加生产线，扩大生产规模。兽药行业的巨大发展潜力吸引了大量企业加入生产和经营行业，也导致了兽药生产和经营行业的激烈竞争。所以兽药企业（包括兽药生产企业和兽药经营企业）争夺市场的现象普遍出现，加上我国目前奶牛养殖业生产的自身特征导致了奶牛养殖过程中兽药的不规范使用，带来了一系列潜在的不良后果。兽药使用不规范首先影响对奶牛疾病的治疗，用药不当既不利于奶牛康复又影响奶牛产奶性能；其次不规范用药后如果不严格执行休药期会影响牛奶的质量，造成牛奶质量不过关，乳品加工企业拒收，影响了养殖户的利益；再次，如果不合格牛奶不慎流入乳品加工企业，将会损害消费者的身体健康，造成不可挽回的损失。由于奶牛养殖过程中兽药的不规范使用影响面广，后果严重。Henson 等（2005）认为保障农产品质量安全必须从生产源头抓起，特别是如果生产环节的农产品出现农药残留超标，那会一直延续到餐桌，影响消费者的健康安全，提出从农田到餐桌全程农产品质量管理理论。王秀清等（2002）认为应成立一个涉及农业和食品部门的全国统一机构，促进整体食品质量信号的有效传递，以确保食品安全。农户是理性个体，其行为追求效益最大化。在追求效益的过程中，农户可能会忽略一些别的因素，如滥用农药化肥提高产量。农产品质量问题正是农户理性行为和非理性行为矛盾的结果。因此，要对农户行为进行监督、管理，使农户生产的农产品符合质量安全的要求（朱艳，2005）。食品质量安全的研究成果告诉我们质量安全要从源头抓起，要发展规模化经营，要注意经营者行为受多方面影响。兽药的使用关系到乳品质量安全，其管理涉及整个供应链。

乳及乳制品因其高营养等特点在世界范围内的发展速度有目共睹，可以说是当今最具发展潜力和前景的食品之一。作为一切乳及乳制品的源头，生鲜乳的安全保障是一个关键环节。其中，生鲜乳中兽药残留问题备受关注。针对兽药残留，我国农业农村部 235 号公告中做出了明确的限量要求，实际检测中需要严格遵守。但违规使用兽药的情况仍然非常严重。奶牛养殖中兽药使用供应链包括兽药生产行业、兽药经营行业、奶牛养殖行业和乳制品加工行业 4 个环节，分析了兽药供应链的自身特征，指出了各环节存在的问题，提出了兽药规范化使用的对策。

（一）兽药供应链特征分析

美国的 Stevens 认为："通过增值过程和分销渠道控制从供应商的供应商到用户的用户的流就是供应链，它开始于供应的起点，结束于消费的终点。"兽药供应链一般由四个环节的节点组成：兽药生产、兽药经营、兽药使用（养殖场）和乳品加工企业。兽药供应链的重要特征有以下几点：

1. 供应链长，涉及环节较多

奶牛养殖中兽药供应链具备乳制品供应链较长的特征。通常的供应链涉及相关四个环节，包括提供兽药的源头兽药生产企业，中间兽药营销环节的兽药经营企业，使用兽药的兽医和养殖场（养殖小区），负责牛奶检测的奶站和乳品加工企业。

2. 供应链各环节信息不对称

兽药供应链各环节的节点主体信息存在不对称，尤其是使用兽药的养殖场和兽药生产与经营企业之间存在信息不对称。兽药生产企业作为产品的生产者，对自己的产品了解较多，但由于兽药的专业性较强，而养殖场所有者及兽医文化水平有限，对兽药了解有限。此外，乳品加工企业和养殖场之间存在信息不对称，养殖场对自己生产的原奶质量比较清楚，而乳品加工企业却受检测技术所限不能保证所有的原奶质量。

3. 供应链各环节利益不均衡

近几年由于养殖业的迅速发展，截至 2010 年 11 月底，我国兽药 GMP 生产企业达到 1 606 家，同时许多生产企业都在整改扩建和不断增加生产线。兽药生产行业被称为"永远的朝阳行业"，是当前利润增长最快的十大行业之一（戈军珍，2008）。兽药生产行业的发展带动了兽药经营行业的发展，兽药经营企业规模不大但数量较多。相对于兽药生产企业和兽药经营企业来说奶牛养殖行业的利润较低，而单头奶牛的成本较高，养殖风险较大。

（二）兽药供应链各环节现状及存在的问题分析

尽管从大趋势来看，我国已经在兽药经营、使用和监管方面有了很大进步，建立了用药记录制度，完善了禁用兽药制度，确立了休药期制度，建立了兽药残留监控制度和残留监控结果公布制度，禁止销售含有违禁药物或者兽药残留超过标准的食用动物产品，无公害农产品、绿色食品、有机食品认证也在大力推广。

（三）兽药和兽药生产行业

我国通过 GMP 认证的兽药生产企业以中小规模企业为主，到 2009 年底，年产值 5 000 万元的企业占 90% 左右，年产值 1 亿元以上的企业仅占 4.5%，2011 年兽药 GMP 的强制实施促使行业进行规范和整合，使原有的兽药生产企业数量大大减少，这样就使得一部分在资金、管理等方面不具备优势的企业被淘汰。总体上我国兽药生产企业的研发能力比较弱，与国外相比有较大差距。我国兽药生产环节主要存在以下问题：一是产品同质化问题。我国 2005 版《中华人民共和国兽药典》共收载兽药品种 1 500 多个，而市场上实际销售的品种却有十几万个，多数企业同时生产同一产品现象很普遍。兽药生产企业多数是小规模生产，研发能力较弱，导致兽药市场产品同质化现象严重。目前由于兽药生产企业基础条件差，投资力度小，原料药的研究与开发主要是仿制，且开发的品种较少、质量不高。产品同质化导致兽药流通领域的竞争很激烈，广告炒作现象普遍，各种促销返点盛行。二是假药和禁用药问题。激烈的竞争加上原料价格的不断上涨给兽药生产企业增加了成本压力，企业基于获取利益的目的降低生产管理成本，造成部分企业不按照 GMP 要求组织生产，甚至一些企业生产假冒伪劣药品和禁用药品。三是品牌问题。兽药生产企业品牌意识薄弱，导致形成品牌影响力的企业和产品很少。

1. 兽药经营行业

兽药经营行业的高利润是众所周知的，但这种情况随着兽药经营行业的竞争不断加剧而有所下降。兽药经营企业存在以下问题：一是违法经营问题。兽药经营企业的经营范围有明确的规定，但有些兽药经营企业在经营兽药的同时经营兽用生物制品，还有一些兽药经营企业利欲熏心，经营过期药品、假药和禁用药。二是经营人员素质问题。很多兽药经营者素质不高，对兽药知识了解很少，这样不仅不能给养殖户提供有效的参考意见，对其所经营的药品质量也不能提供保障。三是恶性竞争问题。由于兽药经营行业利润不断下滑，竞争不断激烈，恶性竞争现象普遍存在，很多经销商为了获取更多利益主动上门推销药品，为了保证疗效把一些浓度高的禁用药销售给养殖户。

2. 养殖场

养殖场环节跟兽药有关的问题主要有以下两方面：一是养殖场的药房不按规定管理。有些养殖场的药房建在养殖区，造成监管人员无法正常检查。有些养殖场药品管理混乱，药品采购和使用记录不全。单头奶牛的高成本使得养殖户非常关注奶牛的健康，所以在奶牛疾病治疗上愿意花大价钱购买特效药甚至使用一些禁用药和人用药。乳品加工企业对不合格的牛奶会拒收从一定程度上限制了养殖场的药物滥用，但仍有一些养殖户因利益所驱使铤而走险。二是养殖场兽医综合素质不强，表现在三个方面：一是兽医素质问题。国家规定养殖场必须有自己的兽医，但是目前我国职业兽医师的数量远远不能满足需求，所以在很多养殖场存在着养殖户兼兽医或防疫员兼兽医的现象，这使得兽医素质得不到保障。二是兽医用药问题。非职业兽医师对假药和禁用药的辨别能力较差，对假药和禁用药了解不够，导致出现药物滥用的现象。在用药过程中这些人多数基于习惯做法，而其很多习惯本身就不规范。三是用药记录不规范。很多非职业兽医师担任兽医时认识不到用药记录的重要性，导致用药记录不规范。

3. 乳品加工企业

经调研发现，奶牛养殖过程中使用的药物60%以上为人用禁用药和禁用兽药。乳品加工环节是兽药使用过程最后的控制，但是我国目前由于检测技术比较落后及检测标准不完善等问题导致乳品加工企业对有些兽药残留还不能及时发现。乳品加工企业也受检测技术和成本所限不能对所有的项目进行检测，对于一些非国家强制检测项目难以做出检测，影响了牛奶质量，出现有药残的牛奶，造成乳品质量的安全隐患。提高乳品检测水平是目前乳品加工环节面临的首要问题。

（四）奶牛养殖过程中兽药规范化使用管理对策

对奶牛养殖过程中进行兽药的规范化使用和管理是防止牛奶中兽药残留和残留超

标的有效途径。

1. 牛奶中兽药残留和残留超标的原因

（1）防治奶牛疾病过程中使用兽药控制病情

牛奶中的兽药残留主要来自奶牛疾病预防和治疗过程中所使用的药物。特别是泌乳期的奶牛患有乳房炎、子宫内膜炎等疾病，抗生素和化学药物使用频繁，常以一种或两三种联合的形式给药。药物进入血液后，会经血液分布到乳腺组织，并随乳腺的分泌进入乳汁中，造成乳汁中药物的残留。

（2）药物的滥用

乳房炎是奶牛的常见病，在我国治疗此病的常规方法是采用抗生素直接注入患牛乳房，从而造成抗生素在牛奶中残留。反复使用抗生素，会使耐药菌株增加，这又促使临床兽医在治疗过程中加大抗生素的用量，使用剂量较 10 年前增加了 1 倍，从而造成牛奶中抗生素严重超标。

（3）不按规定执行兽药规定的休药期

兽医临床使用的药物一般都有休药期，奶牛泌乳期允许使用的药物也都有相应的弃奶期（各种药物的弃奶期见《中华人民共和国农业农村部公告 278 号》）。一些养殖户在使用兽药治疗奶牛疾病时不执行药物的休药期，往往导致牛奶中兽药残留超标。例如：恩诺沙星注射液的休药期为 14 天，即奶牛在应用恩诺沙星注射液以后 14 天内的牛奶是不能销售的，需要进行无害化处理。

（4）不规范使用抗菌药物引起的残留

抗菌药物只能用于动物疾病的治疗和预防，但是，有一些不法的奶牛养殖户为了保证原奶的质量或者满足原奶收购中的某些指标（如细菌总数），非法在原奶中添加抗生素，例如在牛奶中非法添加青霉素和链霉素来抑制牛奶的酸败和细菌的大量繁殖，从而导致牛奶中抗菌药物残留超标。

（5）使用违禁或淘汰药物造成残留超标

违禁药物在兽医临床上是禁止使用的，人用药也禁止在兽医临床上使用。一些养殖户在治疗动物疾病时，另辟蹊径，使用违禁药物（金刚烷胺）、人用药（青霉素）和淘汰药物（氯霉素）来治疗动物疾病，由于这些药物国家未做相应的休药期规定，在常规药物品种残留检测时又不易被检出，很容易造成药物残留。

（6）给药途径不当

在治疗疾病时不按说明说上标注的给药途径进行用药治疗，凭经验进行给药，经常把肌肉注射和静脉注射的药物进行皮下注射，这样极易导致药物成分失效或产生大量的药物残留。

（7）盲目用药

众多小型养殖企业和奶牛养殖户，没有专业的兽药，奶牛生病时凭借经验用药治疗，不注意药物的合理配伍和配伍禁忌，认为药物量和药物品种越多，效果会越好，但是这样盲目使用，不仅会加大用药成本，还会导致药物中毒和药物残留超标。

2. 兽药残留的主要危害

（1）危害人体健康

许多兽药具有慢性、蓄积毒性作用，如氯霉素能对人和动物的骨髓细胞，肝细胞产生毒性作用，导致严重的再生障碍性贫血；抗生素在牛奶中残留，人类食用含抗生素残留的牛奶可引起过敏反应，甚至危及生命；食用含抗生素残留的牛奶达到一定量以后，使敏感菌产生耐药性，人患病后若使用同类抗生素治疗致使无效或药效降低，威胁人体健康。违规使用违禁化合物导致中毒，激素类药物残留可影响人体正常激素水平和功能。

（2）造成奶牛机体蓄积中毒

如氨基苷类抗生素中的庆大霉素、链霉素、卡那霉素等大量或长期用药时，可损害前庭耳蜗神经和肾脏，如青霉素类的过敏反应；服用诺氟沙星后在强光照射下出现的光敏反应等。

（3）造成奶牛双重感染现象

奶牛肠道内环境中有益菌群和有害菌群同时存在，在日常饲养中如长期违规添加抗生素，可将该两种菌群杀灭，停药后其他有害病菌极易乘虚而入，从而容易暴发其他疾病造成双重感染现象如土霉素，四环素类药长期使用可导致消化道紊乱等，多种药物同时使用可造成肝、肾器官解毒排泄功能超负，功能减弱或器官组织损害，特别是盲目大量重复用药危害更为严重。

（五）兽药残留的检测

兽药残留的检测是牛奶流向消费者的最后保障环节。乳品加工企业应注重风险管理，加强对原料奶的监控，增加奶牛养殖过程中违规使用兽药的成本。有关部门应加大对兽药管理的检查力度，建立完善的管理监控系统，普及快速、准确、简便的检测方案，进一步保障消费者的健康圈。兽药残留可分为抗生素类、驱肠虫药类、生长促进剂类、抗原虫药类、灭锥虫药类、镇静剂类和 β_2 肾上腺素能受体阻断剂。其中抗生素类残留危害巨大，已经引起世界各国和国际团体的高度重视。人长期摄入含抗生素残留的动物性食品后，可造成药物积累，甚至产生耐药性，破坏胃肠道菌群环境，造成生态毒害。因此，食品中，特别是牛奶中抗生素残留的快速检测越来越受到人们的重视。

1. 抗生素类兽药残留的原因及危害

兽药是用于预防和治疗畜禽疾病的药物。动物性食品中的兽药残留对人的潜在危害愈来愈引起人们的重视：动物在反复接触抗生素等抗菌药物后，动物体内的耐药菌株会大量繁殖并传播给人，给临床治疗带来困难；四环素、链霉素等药物及环境中的化学药品可引起致畸、致突变、致癌、生殖毒性等特殊毒性作用；氯霉素、大环内酯类药物等对人体产生的有害或不良生物学改变，导致急性、亚急性或慢性毒性作用；青霉素类等药物其代谢和降解产物产生过敏反应或变态反应，引起皮炎、皮肤瘙痒、过敏性休克或危及生命；具性激素样活性的化合物作为同化剂用于畜牧业生产，其残留会影响人的正常性激素功能，甚至发生肿瘤。因此，快速、准确、经济、简便、多残留同时检测的技术研究非常关键。兽药残留种类很多，按用途可以分为抗生素类、合成抗生素类、抗寄生虫类药、生长促进剂和杀虫剂等。其中乳中抗生素残留日益受到关注。

2. 磺胺类药物残留检测方法的研究进展

目前动物性食品中磺胺类药物残留的检测方法主要包括微生物检测法、分光光度计法、免疫分析法、色谱法及色/质联用技术等。磺胺是一类具有对氨基苯磺酰胺结构的药物，在动物体内分布广泛，血液中含量居首，肝、肾次之。磺胺通过干扰细菌的叶酸代谢而抑制细菌的生长繁殖。孙晶玮等（2008）利用超声波提取，采用氯仿-丙酮进行液-液萃取处理，利用 RP-HPLC、甲醇-水-乙酸为流动相进行直接分析，添加回收率达到 81.98%~104.16%，标准偏差小于 9.0%；胡海燕等（2009）建立了牛奶中多种磺胺类药物残留检测的 UPLC 法，定量限为 50μg/kg。郭伟等（2009）建立同时测定牛乳中 24 种磺胺类药物多残留的 UPLC-ESI-MS/MS 分析方法。样品提取和净化采用的是经改良 QuEChERS 技术，样品的平均回收率在 64.2%~110.9%。倪姮佳（2014）以生物素化的核酸适配体（biotin-SA07）为识别工具，合成出酶标抗原 SM2-GA-HRP，建立了用于检测磺胺二甲嘧啶的直接竞争化学发光分析方法。该方法的检测限为 0.92ng/mL，线性范围 1.85~21.57ng/mL。

3. 氟喹诺酮类（FQs）药物残留检测方法的研究进展

氟喹诺酮类（FQs）药物合成抗菌药，抑制脱氧核糖核酸螺旋酶，阻碍细菌 DNA 复制，有广谱杀菌作用，副作用小。FQs 大多不溶于非极性有机溶剂，易溶于冰醋酸、稀矿酸或稀碱溶液，对光不稳定。样品前处理方法包括液液分配、固相萃取、基质固相分散、在线透析等。液液分配是利用药物在有机相和水相间不同分配系数进行转移，除去干扰物质，如用氯仿或乙酸乙酯提取后，用碱性缓冲液抽提分析物，酸化后再用氯仿或乙酸乙酯提取水相。固相萃取（SPE）吸附剂一般为 C_{18}、氧化铝、氨丙基磺酸型和丙磺酸型离子交换树脂。在线透析和富集可以使药物分子穿过透析膜进入欲富集柱中用淋洗剂洗去杂质，再用洗脱剂洗脱至分析柱中而分离。FQs 的检测方法主要包括生物测定法、分光光度法、色谱法及色谱-质谱联用技术等。米铁军（2013）建立了牛奶中 FQs 药物多残留检测的荧光偏振免疫分析方法，该方法是通过检测荧光标记抗原（和待测物）在与特异性的抗体竞争性结合前后 FP 值的变化，来定量计算小分子待测物的含量。孟哲（2015）采用超高效液相色谱-四极杆-高分辨飞行时间质谱技术，快速筛查、定量分析乳制品中 8 种 FQs 药物残留，以体积比 100∶1 的乙腈和 20% 三氯乙酸溶液作溶剂和 Oasis HLB 固相萃取净化，实现了目标物的同时提取和有效净化。邢广旭（2013）结合了胶体金标记技术与免疫膜层析技术，合成人工结合全抗原，可在 1~5 min 内判定样品中是否含有 FQs。

4. 四环素类药物残留检测方法的研究进展

四环素类包括四环素、土霉素、金霉素、强力霉素等，是一类碱性光谱抗生素，与细菌核蛋白体 30S 亚基在 A 位特异性结合，阻止氨酰 tRNA 在该位置上的联结，阻止肽链延伸和细菌蛋白质合成，改变细胞膜通透性，抑制 DNA 复制。四环素在 0.03mol/L 盐酸溶液中能保持长期稳定。牛奶等液体样品一般通过离心去除部分蛋白和颗粒，再用乙酸盐、磷酸盐、McIlvaine 或 McIlvaine/EDTA、琥珀酸盐、柠檬酸盐缓冲液、三氯乙酸等稀释。另可用超滤法提取牛奶。再进行液液分配、固相萃取（SPE）、基质固相分散、超滤、免疫亲和色谱和在线痕量富集等净化处理。液液分配利用二氯甲烷等疏水性有机溶剂将脂溶性杂质洗去；SPE 柱固定相多为 C_{18}、多聚类和环己基，另可将反相柱与阳离子交换柱串联使用，或混合填料使用；基质固相分散采用 C_{18}，搭配同份量的 EDTA 和草酸，可加快提取速度。乙腈-乙酸乙醋溶液洗脱，高效液相色谱（HPLC）法检测，回收率范围是 63.5%~93.3%，变异系数小于 10%。其他测定方法还有微生物测定法、薄层色谱、荧光分光光度法和毛细管电泳法。Stolker 等（2008）对牛奶中四环素类兽药残留进行了测定，采用 StrataX SPE 柱进行前处理，LC-TOF-MS 进行测定。Koesukwiwat 等（2007）采用 HLB 柱进行净化，对牛奶中磺胺和四环素类兽药进行了检测，回收率为 72.0 %~97.4%，定量限为 0.6~8.6ng/mL。苏璞（2011）建立了高通量的四环素类抗生素残留检测的悬浮芯片技术，检测限为 0.05~781.25ng/mL。

5. 硝基呋喃类药物残留检测方法的研究进展

硝基呋喃类药物及其代谢物对人体有致癌、致畸等作用，1995 年起欧盟禁止其在水产和畜禽食品中使用。该类药物代谢产物因与蛋白质结合稳定，故一般通过代谢物检测反映其原形药残留情况。牛奶等样品先用氯化钠稀释，或冷冻脱水，再用乙腈、乙酸乙酯、二氯甲烷、二氯乙烷进行提取。净化处理包括液液分配、固相萃取（SPE）、基质固相分离等。液液分配可在酸性条件下用二氯甲烷提取，加入氯化钠，效果会更好，加入正己烷可去脂质；固相萃取以 C_{18}、XAD-2 应用最多；基质固相分离以 C_{18} 用的最多。测定方法有薄层和液相色谱法，紫外、荧光、电化学或质谱检测。陶燕飞（2011）建立了牛奶中硝基呋喃类药物代谢物的 LC-MS/Ms 定量确证方法。样品采用 ASE 提取，溶剂为甲醇/三氯乙酸，再用邻硝基苯甲醛超声衍生，用乙酸乙酯提取，HLB 净化，分析物采用高效液相色谱/串联质谱定性检测。

二、项目主要创新成果

要想搞好奶牛场生鲜乳质量安全管理，必须从源头上确保生鲜乳的质量安全，从而减少兽药使用，须做到以下几点：

（一）硬件设施良好齐全

环境条件及设施是奶牛养殖场生鲜乳生产必需的基础条件。

1. 牛场的选址与布局

场址要交通便利，水质好，无有害气体及其他污染的因素，并离学校、公共场所、居民区等敏感区域 500m 以上。奶牛场要按要求设置功能区和必备功能室舍，粪便污物处理区和病牛隔离圈，布局合理且相互之间有门、消毒池、消毒室相隔离。

2. 生产建筑符合要求

（1）牛舍

场区牛舍要坚固耐用，排水通风良好，地面和墙面应便于清洗，且耐酸、碱等消毒药液清洗消毒。要有运动场，运动场要保持干燥；运动场的地面材料、坡度符合排水、牛蹄健康的要求。

（2）饲养区

饲养区门口通道地面设消毒池，人行通道除设地面消毒池外，最好设紫外线消毒灯。

（3）道路

场区内的道路硬化、平坦、无积水。牛舍、运动场、道路以外地带绿化。人员进出、饲料入场、产品出场及牛场废弃物出场等分别设置出入口，净污道分开。

3. 挤奶与检验设施要求

（1）挤奶设备

应具有与生产规模适应的机械化挤奶设备、配套的冷藏贮罐、运输罐车。有完善的清洗系统，保持挤奶设备及所有容器具的清洁卫生。牛奶做到挤出 2h 内冷却到 4℃以下。生鲜乳设单间存放，出场生鲜乳要使用有生鲜乳车辆运输证的经消毒的奶罐车装运。

（2）检验设施

设有与生产能力相适应的微生物和产品质量检验室，并配备工作所需的仪器设备。

4. 无害化处理设施

场内设牛粪尿、褥草和污物等处理设施，废弃物遵循减量化、无害化和资源化的原则。

（二）严格把握奶牛引进

引进奶牛主要是杜绝疫病引入，注意索要引种检疫记录、奶牛引种前档案和预防接种记录。当地畜牧兽医部门出具的无重大动物疫情证明。当地动物防疫监管机构出具的《动物及动物产品运载工具消毒证明》《动物产地检疫合格证明》或《出具境动物检疫合格证明》。引进的牛只隔离观察至少 45d，经动物防疫监督机构检查确定健康合格后，可供生产使用。

（三）实行科学的饲养管理

1. 根据不同的生理阶段分群饲养

定时添加饲草饲料，不喂冰冻的饲草和饲料；夏天气温高于 29℃ 时要有降温防暑措施、冬天气温低于 0℃ 时注意保温；牛舍和运动场多设饮水点；经常清洗消毒水槽、料槽和工具；定期浴蹄、修蹄；每天运动 2~3h；及时清理牛床、运动场，定期除虫。

2. 动物防疫消毒

（1）预防接种

要求结合当地实际情况，有选择地进行疫病的预防接种工作。在炭疽高发区每年三四月间，全群进行无毒炭疽芽孢苗的防疫注射。每年春秋两次对全群进行口蹄疫免疫注射。要结合本场实际制定疫病监测方案；每年春、秋两季要对全群进行布病和结核病监测。

（2）牛舍消毒

牛舍清扫干净。定期用有效的低毒消毒剂进行带牛环境消毒，避免消毒剂污染牛奶；定期用有效消毒剂对各种器械进行消毒。挤奶前对乳房进行消毒擦拭。清洗工作结束后及时将粪便及污物运送到贮粪场。

（3）场工作人员取得健康合格证后方可上岗

饲养员和挤奶员工作时穿戴工作服装，要经常清洗；并经常修剪指甲。进生产区应洗手、换鞋和更衣，工作服不得穿出场外。

（四）严格兽药饲料等投入品的使用管理

养殖场外购饲料的应考察企业资质，保存饲料生产企业提供的饲料注册证明材料复印件、购销合同和外购饲料的检测报告、购货发票。自己生产饲料的养殖场需要建立饲料原料接收、饲料配方档案及生产记录，饲料原料和各批次生产的饲料产品均保留样品，样品应保留至该批产品保质期满后 3 个月。无发霉、变质、结块、异味现象。干草类及秸秆类和青绿饲料贮存时，通风良好，防止日晒、雨淋、霉变，防止青贮饲料变质；饲料贮存场地不使用化学药剂。

（五）严格牛乳质量监控

1. 严格挤奶管理

要根据奶牛的不同泌乳阶段和产乳水平每日挤奶 2~3 次；挤奶前应对挤奶设备、贮奶罐进行清洗消毒；挤奶员在挤奶前应进行消毒；挤奶前清洗、擦干乳房；挤奶时头三把牛乳挤净后，对乳头进行药浴消毒；机器挤奶时，搏动器搏动次数每分钟应控制在60~70次，防止空挤；病牛和处在弃乳期的牛不准机器挤奶，应采用人工挤奶，并单独容器贮存；人工挤奶时，应先挤健康牛，后挤病牛。挤出的牛乳应经消毒、干净的过滤器或多层纱布过滤；挤出的生鲜牛乳应在2 h内冷却到0~4℃，贮存期间不得超过6℃。

2. 严格牛乳销售运输管理

每天应对生鲜牛乳进行常规指标自检，不合格者不准出场；奶牛产犊前15d、产后7d的乳、治疗期间和弃乳期内奶牛产的乳、乳房炎乳不应作为食用牛乳销售；不得向牛乳中掺水、掺杂、掺入有毒有害物质及其他物质。生鲜牛乳运输应使用密闭、清洁并经消毒的不锈钢保温奶槽车或贮运奶容器。生鲜牛乳应在挤出后48h内运输到乳制品加工企业，运输过程中乳温应保持在0~6℃。

三、应用效果和取得的成效

随着人民生活水平的提高，生鲜乳、市售鲜奶和奶制品是生活的必需品，奶制品中药物残留是影响奶品质的重要因素之一，减少或控制兽药残留量是最有效的措施。所以我们以控制兽药残留作为研究目标，初步取得以下几个方面的成效：①向养殖户普及兽药的使用对象、使用期限、使用剂量和休药期等知识，让其使用农业农村部规定的兽药作为饲料添加剂，取得初步成效。②教授动物饲养管理的正确方法，比较传统的饲养观念和国外先进的饲养管理技术的优劣势，从而改善了饲养环境，致使动物的免疫力增强，降低了疾病的发病率，减少了兽药的使用。同时使用中兽药、微生物制剂，饲用酶制剂来代替残留高的兽药，通过实施发现可降低粪便药物的残留以及减少环境的污染，而且还有降低温室气体排放的效果。③普及消毒防疫工作，使养殖户意识到"防重于治"，定期对奶牛畜舍做好消毒，一定程度上减少了疫病的发生率，从而减少兽药的使用和残留问题。④讲述盲目使用药物导致奶牛药物中毒、增加成本和药物残留的真实案例，使人们产生危机感，大多养殖户开始聘请专业的兽医师去为奶牛做好预防和治病的工作，即减少了疫病的传播也减少了兽药的使用。⑤大力宣传兽药残留会造成耐药菌的生产、以及具有潜在的致癌性、发育毒性（儿童早熟）、环境污染等的问题，使人们充分认识到兽药残留对人类健康和生态环境的危害。同时广泛宣传和介绍科学合理使用兽药的知识，提高了许多养殖户的科学技术水平，也使其自觉地遵守兽药的使用。⑥向养殖户推荐快速测药物残留的试剂盒以及试纸等，他们可以长期追踪药物残留的情况和规范养殖。⑦许多不法经销商抓住养殖户觉得兽药价格昂贵这一心理，不按照GMP要求组织生产，生产一些假冒伪劣药品和禁用品，低价售出，而养殖户认为对疫病的治疗有着一样的疗效，更愿意去买这种药品，从而忽略药品对奶牛产奶品质的影响和奶制品中药物的残留。大力宣传正规药品的益处和假药带来的影响，大多数养殖场检查了兽药的成分和商标，淘汰假药和违禁药。

四、未来展望

实施兽医残留监控，保障畜产品安全是一项长期而艰巨的工作，涉及各方面，不仅需要各级政府和管理部门的高度重视和监控，也需要广大人民群众的参与和协助监管。从长远来看将饲养管理和兽药残留监控体系建设作为一项政策进行不断的研究和改善是减少兽药残留最有效的方法：①完善与残留相关的法律法规，以及有关兽药禁止使用和使用量的监控，加强对兽药监控的落实工作；②明确监控体系各个部门的相关职责，确保从每个环节严格控制；③加强监测仪器等相关硬件设备，提高监测能力；④做好兽药的研发和毒性测试；⑤寻找替代品，利用高效，残留少，低毒的兽药或重视中兽药、酶制剂和微生态剂的研制、开发和应用；⑥改善养殖小区的环境，注重"防重于治"的思想，各部门应在重大疫病复发季节，大力宣传对养殖场的清洁和消毒工作，减少疫病的发生率和兽药的使用率；⑦确保对生鲜乳、市售鲜奶和奶制品的品质和成分的严格检测，从而打消养殖企业的侥幸心理，从根源上控制兽药的残留和药物的规范使用；⑧相关部门应定期对养殖企业的责任人进行管理的培训，传播奶制品中兽药残留所带来的不良影响，让其意识到兽药残留对人类健康和生态环境所带来的危害，从而规范饲养管理和兽药使用。

五、其他拓展

目前国家对饲料生产企业实施鼓励政策，饲料企业注册门槛低，企业规模大小不一，部分企业内部管理混乱，导致市场上饲料质量鱼龙混杂，饲料中滥加药物甚至违禁药物现象严重。某些饲料企业为了逃避报批，在饲料生产环节擅自添加兽药或者违禁药品，且不印在标签上，加上许多养殖户对控制兽药残留意识低。这些是造成兽药残留形成的主要因素。因此，今后政府主管部门应对饲料生产企业和农户加强管理，以及 GPS 式的跟踪和进行不定期突击检查。

第三节　重金属风险控制规程

一、国内外研究进展

乳及乳制品是蛋白质、脂肪、碳水化合物、矿物质元素等营养素的最好来源，已逐渐成为人们日常饮食中必不可少的食物，尤其像母乳和婴幼儿配方奶粉，几乎成为满足婴幼儿正常生长发育的主要食物，其质量的好坏与营养素水平直接影响着婴幼儿的健康，因此，备受人们的重视与关注（李广录和赵宗胜等，2014）。乳及乳制品中含有多种矿物质元素，关乎人体的正常生长发育、新陈代谢。因此，检测并控制好乳及乳制品中矿物质元素的含量，是有效保证其质量与安全的必要条件。目前，乳及乳制品中矿物质元素的检测方法包括原子吸收光谱法、原子荧光光谱法、电感耦合等离子发射光谱法、电感耦合等离子质谱法等多种方法，各有优缺点，导致科研、生产和贸易工作者难以选择。

矿物质元素，是构成机体组织的主要元素，对于人体健康具有重要的影响。乳制品中既含有钙、钾、钠、镁等常量元素，又含有锌、铁、锰、铜等微量元素（王绪和与左德全，1993），还有可能存在实际生产中被砷、汞等有毒元素污染的可能性。GB 5413.21—2010 中提供检测婴幼儿配方食品和乳品中钙、铁、锌、钠、钾、镁、铜元素的方法，针对有毒有害元素的检测主要按 GB 2762—2012《食品中污染物限量》中规定的方法检测（董仕林，1990）。

乳及乳制品中的矿物质元素是人体必需的营养物质，具有特殊的生物活性，例如，锌具有调节和增强人体免疫功能，干扰病毒复制，维持生物膜稳定性的作用。因此，测定乳及乳制品中的矿物质元素具有重大的意义。

自三聚氰胺事件之后，乳制品安全广受人们的关注，而生鲜乳作为生产乳制品的原料，其质量安全是保证乳制品安全的基础。为了确保生鲜乳的安全，我国相继颁布了《中华人民共和国农产品质量安全法》和《中华人民共和国食品安全法》，并对生鲜乳进行化学、生物性危害风险评估（陈新慧与王学文，2012）。风险评估是对事物或某一事件可能带来的损失或影响程度的量化评测方法，基本模式为：危害鉴定、剂量—反应关系评定、暴露评价和风险特征评估（杜艳君和莫杨等，2015）。危害鉴定是通过收集大量资料，包括有害物质的理化性质、毒理学性质和药物代谢动力学，暴露途径、方式，以及其在体内的新陈代谢等，为该物质危害人群健康的能力做出科学的定性评估。剂量—反应关系是推导人体的极限摄入量，确定风险因子剂量的水平与人体健康的定量关系。暴露评估是通过被评估物在环境中的浓度与分布和接触人群的特征鉴定来定性说明暴露方式，定量计算暴露量、暴露频率和暴露期。风险特征是利用上述三个阶段的数据，评估在不同条件下，某种效应的发生概率或可能产生的危害程度，通过与每日允许摄入量（ADI）、每周暂定耐受量（PTWI）、非致癌物质摄入参考剂量（RFD）等标准值对比来评估风险，为风险决策及采取防范措施提供科学依据（秦俊法，2000）。

生鲜乳的化学危害物包括霉菌毒素、重金属、食品添加剂、兽药残留、农药残留等，其评估任务是找出生鲜乳中产生危害的化学物质并展开毒理学评价。重金属一般指比重大于 5 的金属，约有 45 种，如铜、铅、锌、铁、钴、镍、锰、铬、汞、钨、钼、金、银等。从食品安全方面来看，最引起人们关注的主要是汞、铅、铬，以及类金属砷等有显著生物毒性的重金属（姚扶有，2013）。其中砷虽然是非金属元素，但其来源及危害都与重金属相似，所以通常也将其列为重金属之一。重金属主要通过污染食品、饮用水及空气而最终威胁人类健康。乳制品中重金属元素的来源途径大致可分为两种：一是由原料乳带入，环境由于自然原因或人为原因含有重金属元素，从而造成动物饲料的污染；二是乳制品在采集、运输、加工过程中的偶然污染（李海燕，2016）。重金属具有累积效应，在体内的降解速度缓慢，长期饮用含有重金属残留的乳品，会毒害人体肝脏、脾脏、骨髓和免疫系统。

生鲜乳中重金属含量与奶牛品种、采样地区、奶牛日粮和饮水中的重金属含量均有密切关系。从有机农场采集西门塔尔牛和荷斯坦奶牛的生鲜乳各20份，检测有毒重金属（镉，铅）和主要的矿物质元素（钙、镁、磷、铜、铁、锰、硒、锌）含量。研究表明，西门塔尔牛能更有利地结合矿物质，重金属浓度较荷斯坦奶牛的生鲜乳较低，其中铅、镉和铜的浓度显著低于荷斯坦奶牛，铁和镁的浓度显著高于荷斯坦奶牛，钙和锰浓度较高，并发现硒。在这两个品种的生鲜乳样品中均出现铜浓度较低的样品，也出现了铅浓度高于限量的样品。此外，研究发现下列元素浓度之间呈显著的正相关关系：Pb-Cd，Pb-Se，Cd-Se，Cd-Mn，Zn-Cu，Zn-P，Ca-P，Ca-Mg 和 Mg-P。这种相关性在其他品种中也有发现。

来自奶牛监督和无监督饲喂的生鲜乳样本中铜，铅，锌含量并无显著差别，然而并不代表其当前的浓度和其他不具有毒性的金属对于人类健康不存在风险。

影响生鲜乳中的重金属的因素有很多，季节对生鲜乳中的重金属有显著影响，但是这与采样地的工业周期有极大的关系。有研究表明由于水源的改变，生鲜乳中铅和镉的含量夏季最高，冬季最低，这与电厂污染物排入水中的季节性变化有关，此外，作者认为生鲜乳中重金属含量可能与农药使用有关。通过检测伊宁市周边不同规模养殖场中农区水样、玉米秸秆、混合精料和原料奶中铅、镉、汞、砷的含量，得出规模养殖场样品中重金属水平远低于小区养殖和散户养殖，且重金属主要来源为混合饲料和青贮玉米，是由于饲料种植的过程中，灌溉水中重金属和农药残留富集。原因如下：规模养殖场远离人口密集区，无生活垃圾污染；规模养殖场多采用大型深井自足供水，地下水水位较低，受重金属污染较少；规模养殖场多拥有自备青贮玉米种植地，农药使用规模化、科学化，饲料污染较少。因此，建议在饲料种植过程中，合理使用农药，减少污染源，同时饲喂用水远离人类生活垃圾污染，以确保乳品安全生产。

生鲜乳中重金属含量与奶牛品种、年龄及农田生态系统息息相关。农田生态系统作为全球生态系统的重要组成部分，也是人类获取食物的物质基础（洪家祥和严毅梅，2009）。20世纪中叶以来，随着工业化和城市化的不断发展，重金属元素通过降尘、施肥、灌溉等途径进入农田，向农田生态系统输入，在降低土壤肥力和作物的产量与品质的同时通过食物链危及人类健康。土壤，饲草，水源，饲料等环境参数综合影响生鲜乳及乳制品质量。随着人们对乳制品安全及重金属在农田生态系统内的迁移、循环及重金属污染土壤的治理等问题的关注，此类研究逐渐增多，下面将对此类研究进行归纳总结。

中国水稻研究所与农业农村部稻米及制品质量监督检验测试中心 2010 年发布的《我国稻米质量安全现状及发展对策研究》称，我国 1/5 的耕地受到了重金属污染，其中镉污染的耕地涉及 11 个省 25 个地区。宋伟等根据重金属污染案例发生的数量和区域位置研究表明：我国耕地受土壤重金属污染的比重占耕地总量的 1/6 左右。辽宁、河北、江苏、广东、山西、湖南、河南、贵州、陕西、云南、重庆、新疆、四川和广西 14 个省区可能是我国耕地土壤重金属污染的重点区域，其中辽宁和山西的耕地土壤重金属污染可能尤其严重。可见，金属在农田的积累已经成为关系到粮食安全和环境风险的一个重要问题。

Jiang 等（2014）以重金属（砷、镉、汞、铅、铬、铜、锌）在海南地区农业土壤的全年每年投入进行了研究，结果表明汞是用于农业土壤之中最应关注的元素，其次是镉和砷，其他重金属元素威胁不大。Li 等（2015）通过调查中国云南省 20 世纪 60 年代铅/锌冶炼厂周围土壤有毒金属的分布和分析，认为表层土壤中大量的铅和砷可能对儿童健康造成风险。Cao 等（2014）通过收集和分析人血液样本，认为铬、砷和镍污染导致儿童的致癌危险比安全水平高 30~200 倍。

重金属广泛存在于环境中，并有两个主要来源：人类活动和地质背景（Cherubini 等，2008）。Chandrasekaran 等（2015）通过对印度泰米尔纳德山区采样分析后认为镍、钴、锌、铬、锰、铁、钛、钾、铝、镁的浓度主要由天然来源来控制，即主要受存在的天然岩石的影响。重金属通过金属矿开采，尾矿，泥浆，灰尘沉积和污泥等途径进入环境。Kongtae 等（2014）研究表明沉积物中金属的空间分布在工业园区附近的浓度显著较高，这表明金属污染是人为来源所造成的。Hu（2014）研究表明铅，锌或镉浓度与距离金属冶炼厂的距离成指数相关下降（$R^2 > 0.9$），这表明金属粉尘沉积是土壤重金属污染的重要来源。相比于灌溉，重金属从大气沉降和化肥积累的风险的可能性相对较低（Jiang 等，2014）。

植物中金属的浓度表明该地区的重金属污染状态，并且各种植物物种从土壤中富集和吸收重金属的能力不同。He（2014）通过评估中国深圳福田红树林重金属污染的特点，对红树林沉积物和植物中的八大重金属（铜、锌、铬、镍、砷、镉、铅和汞）进行了监测，结果表明，锌>砷>铜≈铬>铅>镍>镉≈汞在沉积物岩心，其中镉、砷、铅、汞含量均高于背景值近 10 倍。因素分析表明人为影响改变了金属的流动性和生物利用度。而 Wan（2014）研究表明锌、砷、镉和铅在水稻中的浓度于对应土壤样品中的浓度呈正相关且金属富集的顺序是锰>锌>银>镉>铜>铅>砷。Liang 等（2014）调查了 10 种原生草本植物，发现芒草和白茅对汞和镉有潜在的修复功能。Ge（2015）研究表明几乎所有的植物主要是在地上的组织积累重金属。Liu（2014）研究表明蓼毛竹、姜、油茶、和龙葵的地上部分锰和镉浓度高。节芒、飞蓬、籼稻和鸡眼草对重金属和土壤苛刻条件表现出高抗。这些品种能很好地适应当地恢复退化土地的植物固化技术的策略。Kumari 等（2015）研究表明芦苇比香蒲对铜、镉、铬、镍、铁具有较高的累积能力。唐文杰等（2008）研究表明，在 Mn、Cd 是主要污染因子的土壤中。植物体内的 Mn 含量较高，优势植物对土壤重金属元素的富集能力普遍较低，部分植物对特定金属元素的转移能力较强。矿物质可通过工业和采矿活动进入食物链经生物浓缩后进入人体造成危害，但是对于农作物对重金属元素进行富集并通过食物链经畜产品进入人体的研究目前并不多。SolisC 等研究认为重金属从土壤到植物再到生鲜乳的转化特别低，但是试验设计中并没有涉及牧场饮用水中重金属含量的检测和研究。

有效监测食品中的重金属，能够有效指导人们进行购买，避免人们购买食用重金属污染食物而出现重金属中毒。重金属中毒能对人体造成很大的损害，并且是在很长的时间中缓慢发生作用的，往往是在症状很严重的时候才被发现。

现阶段针对重金属元素的检测方法是电子吸收光谱法，根据其使用原理的不同又可以细分为原子荧光法、电感耦合等离子体质谱法、原子吸收光谱法、电感耦合等离子体发射法 4 大类。电感耦合等离子体质谱法（Inductively Coupled Plasma Mass Spectrometry，ICP-MS）是最近几年对元素进行检测的一种新型测量方法，发展非常迅速。它充分利用了电感耦合等离子体在高温下容易发生电离的特性以及四级杆质谱仪能够快速灵敏的进行扫描的优势，将二者有机结合在一起，是现阶段对痕量以及超痕量成分中多元素进行快速有效分析的最灵敏、最准确的检测方法。

与过去常用的无机分析技术进行比照，ICP-MS 技术不仅能够快速灵敏有效地对多种元素同时进行分析，在几分钟的时间里就能够完成对十几种元素的定量检测，而且能提供最低检出限，对同位元素也能够进行精确的分析，提供了最低检出限。随着技术的不断发展，ICP-MS 也得到了很大的完善，是我国当前针对食品中重金属含量进行检测的有效方法。

针对甘肃省内黄土高原—黄淮海灌丛草业生态经济区、蒙宁干旱草业生态经济区、西北荒漠灌丛草业生态经济区 3 个典型生态区域 21 个奶牛场生鲜乳的乳蛋白率、乳脂率、非脂固形物、乳糖含量以及铅、铬、汞、砷、镉等重金属含量等品质性状的季节动态，定量了日粮组成、饮水、气候、饲养规模对生鲜乳品质的影响。主要研究结果如下：①天水地区生鲜乳乳脂率、乳蛋白率和乳糖含量均为夏季显著低于其他季节（$P<0.001$），其他地区生鲜乳成分均为秋季显著低于其他季节（$P<0.001$），其中平凉地区的生鲜乳乳脂率、敦煌地区的生鲜乳乳脂率和乳蛋白率各季节差异不显著。②春季平凉地区乳脂率显著低于其他地区（$P<0.001$），夏季武威、张掖、酒泉三地的乳脂率显著高于其他季节（$P<0.001$）；春夏秋三季生鲜乳乳蛋白率和乳糖含量均为平凉地区显著低于其他地区（$P<0.001$）；秋冬两季各地乳脂率、冬季各地区乳蛋白率和乳糖含量差异均不显著。③季节和地域的互作对乳脂率（$P<0.001$）、乳蛋白率

（$P<0.001$）和乳糖含量（$P<0.001$）均有极显著影响。④运用主成分分析，从影响生鲜乳品质的12个因素（经度、纬度、月均温、月降水、奶牛存栏、泌乳奶牛头数、日粮粗蛋白、粗灰分、中性洗涤纤维、酸性洗涤纤维、粗脂肪及可溶性糖的摄入量）中选出5个主成分，得出奶牛养殖评价指标 $F=$（$F1×25.432+F2×19.423+F3×14.803+F4×11.248+F5×9.324$）$/80.230$，其中 $F1$ 为地理位置，$F2$ 为奶牛日粮纤维摄入量，$F3$ 为养殖规模，$F4$ 为气候条件，$F5$ 为奶牛日粮养分摄入量。F值由大到小分别为：酒泉>武威>张掖>白银>平凉>敦煌>天水；春季>夏季>冬季>秋季；规模养殖>小区养殖>散户养殖。⑤运用结构方程模型分析得出奶牛粗蛋白、中性洗涤纤维、酸性洗涤纤维和可溶性糖的摄入量以及月降水、纬度、泌乳牛头数对乳成分产量均有显著影响，其中奶牛中性洗涤纤维摄入量对生鲜乳乳蛋白和乳糖产量均有显著影响，直接作用值分别为-0.87（$P<0.001$）和-0.83（$P<0.001$）。⑥奶牛日粮与生鲜乳品质可用多元回归方程拟合：$Y=1.178-0.042×X1+0.046×X2$（$R^2=0.630$，$P<0.001$ 其中，Y：乳脂[kg/(d·头)]；$X1$：中性洗涤纤维[kg/(d·头)]；$X2$：粗蛋白[kg/(d·头)]。$Y=2.927-0.069×X1-0.046×X2-0.030X3$（$R^2=0.738$，$P<0.001$）其中，$Y$：非脂固形物[kg/(d·头)]；$X1$：中性洗涤纤维[kg/(d·头)]；$X2$：可溶性糖[kg/(d·头)]；$X3$：酸性洗涤纤维[kg/(d·头)]。$Y=0.215-0.006×X1-0.003×X2$（$R^2=0.717$，$P<0.001$）其中，$Y$：灰分[kg/(d·头)]；$X1$：中性洗涤纤维[kg/(d·头)]；$X2$：可溶性糖[kg/(d·头)]。⑦不同季节和不同地域的生鲜乳重金属单因子污染指数和综合污染指数均$\leqslant 0.6$，按照乳制品质量分级标准：甘肃地区生鲜乳安全，虽有污染物残留，但污染物含量接近或略高于背景值。生鲜乳重金属综合污染指数的排序由高到低分别是：冬季>秋季>春季>夏季；酒泉>白银>平凉>张掖>天水>武威>敦煌；小区养殖>散户养殖>规模养殖。其中，污染分担率最高的重金属元素为 Cr 和 Pb，甘肃地区生鲜乳中 Cd 的检出率为0。

生鲜乳中重金属含量与奶牛品种、采样地区、奶牛日粮和饮水中的重金属含量均有密切关系。从有机农场采集西门塔尔牛和荷斯坦奶牛的生鲜乳各20份，检测有毒重金属（镉、铅）和主要的矿物质元素（钙、镁、磷、铜、铁、锰、硒、锌）含量（双金与敖力格日玛等，2011）。

二、应用效果和取得的成效

三聚氰胺事件后，包括伊利和蒙牛在内的不少中国企业生产的乳制品被发现混入了有毒的三聚氰胺成分，中国的乳制品行业因此遭受了历史上最严重的信任危机。虽然乳制品企业对此表示了道歉，并召回了问题产品，但中国消费者对本国乳制品仍持怀疑态度，使乳制品行业大受打击（李胜利等，2008）。这场危机会让中国乳制品企业深刻认识到了产品质量安全的重要性。他们相信，只要产品质量安全不断提高，中国消费者会逐渐恢复对本国乳制品行业的信心（高凌燕，2014）。

目前，中国乳制品企业的原料奶一部分来自规模化牧场，另一部分则来自比较分散的奶牛养殖户。因此，为保证奶源安全，推进规模化牧场建设是关键。对于分散的奶牛养殖户，内蒙古正推广一种集中饲养的方式。养殖户可将自己的牛寄养到大型养殖场，由其按照专业标准饲养，他们则每年从养殖场的收入中获得分红。

为了振兴中国的乳业，几年来，党和政府在战略规划、产业政策、监管制度上采取了一系列前所未有的重大举措。据统计，自2009年实施食品安全法以来，食药监总局制定了19项有关婴幼儿配方乳粉方面的规章制度，其中2013年6月以来就有8项，主要涉及了乳制品婴幼儿配方乳粉原料把控、过程监管、产品配方、行业规范、质量要求、安全追溯等多方面的内容，涵盖了从生产到销售全过程、全链条、全覆盖监管（任珈瑶，2013）。

新规还部分修改非首次进口的乳品报检时所提供的检测报告规定的项目。一方面减少乳品中营养成分等检测项目，如除乳粉和调制乳粉保留蛋白质项目、乳清粉和乳清保留蛋白质项目、乳基婴幼儿配方食品保留蛋白质项目和脂肪项目外，所有其他乳品均取消了蛋白质、脂肪、酸度相关的检测项目；另一方面，增加对重金属元素的检测，更加注重民众食品安全。比如巴氏杀菌乳、灭菌乳、调制乳、发酵乳增加铅、汞、砷、铬四种重金属检测项目；稀奶油、奶油、无水奶油增加铅检测项目；乳粉和调制乳粉增加砷、铬、铅检测项目；牛初乳粉增加了砷、铬检测项目等。

乳制品质量安全不仅涉及消费者身体健康、生命安全，也关系到乳制品产业持续健康发展、国家经济稳定，以下内容是合格的大乳品企业必须具备的一些措施：

第一，运用PEST分析法分析了乳制品质量安全外部影响因素，以HACCP体系为指导思想分析了乳制品质量安全内部影响因素，在内外部影响因素分析的基础上设计了乳制品质量安全理论监测指标体系。为了既客观评价乳制品质量安全风险，又兼顾一些不能定量但又对乳制品质量安全有重大影响的因素，设计了定量和定性两套乳制品质量安全实用监测指标体系。

第二，对乳制品定量监测指标分析评价，2012年，17个监测指标中奶牛饮用水合格率和乳制品抽检合格率已经进入绿色区域，属于安全等级；人均国内生产总值、大专及以上学历人口比重、食品安全信息知晓率以及饲料和兽药抽检合格率2012年位于蓝色区域，属于较安全等级；2012年畜牧业占农业总产值比重、城镇人口比重、奶牛单产水平、HACCP体系认证率、原料乳体细胞数和高产奶牛年苜蓿采食量位于黄色区域，属于基本安全等级；乳制品加工业产值占食品工业产值比重、乳制品加工产业集中度和奶牛规模化养殖位于橙色区域，属于较不安全等级；人均乳制品消费量位于红色区域，属于不安全等级。

第三，采用主成分分析法建立乳制品质量安全综合评价模型，根据指标权重大小，把所有监测指标分为三大类：关键指标、一般指标和次要指标。通过指标权重大小可知人均国内生产总值、大专及以上学历人口比重、食品安全信息知晓率、城镇人口比重、奶牛规模化养殖比例、乳制品加工企业 HACCP 体系认证率、兽药合格率和奶牛年均苜蓿采食量对乳制品质量安全有重大影响，应该作为目前监测的重点。奶牛饮用水合格率、原料乳体细胞数、乳制品抽检合格率对乳制品质量安全影响较小，可以作为监测的一般指标。人均乳制品消费量、畜牧业占农业总产值的比重、乳制品加工业产值占食品工业产值的比重、奶牛单产水平、乳制品加工产业集中度和饲料抽检合格率对乳制品质量安全影响较小，可以作为次要监测指标。综合评价结果表明我国乳制品质量安全综合水平逐年上升。

第四，利用指数平滑法和趋势外推法的 10 种模型拟合定量监测评价指标的样本数据，选择最优拟合曲线，对监测评价指标进行了趋势预测，对 2013 年、2014 年的趋势进行预警分析。因此，未来经济发展水平和城镇化水平仍是影响乳制品质量安全水平的主要因素，奶牛规模化养殖比例偏低、乳制品加工企业的质量安全管理水平偏低依然是制约乳制品质量安全水平的关键因素。运用综合评价模型对 2013 年和 2014 年的综合状态进行预警，结果发现 2013 年和 2014 年均处于较安全状态。

第五，基于定性监测评价指标体系，从乳制品质量安全管理机构、相关法律法规、相关标准、检验检测体系和信息服务体系五个方面对乳制品质量安全监管体系进行定性评价。从官方兽医制度和执业兽医制度两个方面衡量兽医制度建设水平。从事件发生、网络舆情和事件影响三个方面对乳制品质量安全事件进行评价。根据牛口蹄疫疫情统计情况评价奶牛疫病情况。根据食品添加剂事件和相关法律法规建设情况对食品添加剂规范化使用状况进行评价。研究表明食品安全监管体系各指标安全水平逐渐提高，到 2012 年都达到基本安全状态；兽医制度建设水平逐渐提高，2012 年达到较安全水平；奶牛疫病和乳制品质量安全事件历年安全状态波动较大；食品添加剂规范化使用水平还处于较不安全状态。对定性指标中的四个警兆指标进行了定性预测。预计 2013 年和 2014 年我国监管体系完善水平和兽医制度建设水平为 B 级，处于较安全的水平；奶牛疫病未来两年我国奶牛养殖将面临更高的疾病风险，预测为 C 级，处于基本安全的状态；食品添加剂规范化使用程度将为 C 级，处于基本安全状态。

第六，基于定量指标体系及其所建立的综合评价模型对乳制品质量安全进行了实证研究。研究表明，2012 年我国奶牛规模化养殖比例、饲料抽检合格率和兽药抽检合格率、奶牛饮用水合格率、乳制品抽检合格率位于绿色区域，属于安全等级；人均国内生产总值、食品安全信息知晓率、河北省原料乳体细胞数和高产奶牛苜蓿采食量位于蓝色区域，属于较安全等级；畜牧业占农业总产值的比重、奶牛单产水平、乳制品加工企业 HACCP 体系认证率处于黄色区域，属于基本安全等级；人均乳制品消费量、城镇人口比重位于橙色区域,属于较不安全等级;2008年是我国乳制品加工产业集中度安全等级的分水岭,2008年之前处于绿色区域,安全等级,2008年至2012年处于红色区域,不安全等级。综合评价结果表明河北省乳制品质量安全综合水平逐年上升,2012年达到较安全水平。预警研究表明2013年乳制品质量整体处于较安全水平,2014年将处于安全水平(史永辉和唐宇翔,2007)。

第七,研究了乳制品产业链相关利益主体之间的信息不对称,设计了乳制品质量安全监管方式。研究表明奶牛养殖环节既是乳制品产业链的薄弱环节又是影响乳制品质量的关键环节。生产规模的不对称导致乳制品加工企业控制了生鲜乳定价权,不利于激励奶牛养殖户提供安全生鲜乳。目前我国乳制品市场处于混同均衡状态,政府不断完善监管措施能有效提高劣质乳制品的风险成本。乳制品质量安全监管应从政府、企业自身、媒体和消费者四个维度进行。

第八,在乳制品质量安全监管现状分析、监测评价、相关利益主体间博弈分析的基础上,从政府、媒体、奶牛养殖企业、乳制品加工企业和消费者5个角度提出了乳制品质量安全监管措施:完善乳制品质量安全监管体系;规范奶牛养殖,保障奶源安全;提升乳制品加工业科技创新能力和质量管理水平;充分发挥媒体的监督功能;提升消费者的监督能力。

三、未来展望

若饲草的生产地环境周边的土壤、灌溉水、化肥和空气中的铅、砷、汞、氟等有害物质含量超标,这些重金属则可能被饲草的根部和叶片吸收利用,就会造成饲草中的有害物质含量严重超标,这些饲草若被家畜动物摄食,在动物体内经过消化吸收后,这些重金属就会滞留在动物产品中,尤其肉和鲜乳,被人类利用,危害家畜和人类的健康。而重金属污染具有长期性、累积性、隐蔽性、潜伏性和不可逆性等特点,危害极大、持续时间长、治理成本高,严重威胁经济社会可持续发展。近年来,随着我国工业化进程加快和一些科技技术的产品的大量使用,长期积累的重金属污染问题开始逐渐显露,部分流域和区域涉重金属重大污染事件频发,大气层的臭氧层出现了空洞,草地农业生态系统遭到严重破坏,对人类生存造成严重威胁。因此生鲜乳质量安全风险控制规程的未来展望从以下几个方面进行:

(一)灌溉水源的重金属污染预防对策

重金属离子常存在于未经完全处理过的工业、生活废水等水体当中,水中重金属元素通常含有一定毒性且难以转化,经由不同排放途径进入水体环境后,然后利用这些水资源进行灌溉农田,进入植物组织中被家畜消化吸收,从而危害家畜的健康和生鲜乳的质量。

1. 灌溉水源重金属离子处理措施

化学沉淀、吸附、电解等方法常用于对水体中重金属离子进行处理，其中吸附法为在水体中添加用于吸附重金属离子的吸附剂，具有经济高效的特点。常用的吸附剂主要为天然矿物、工业制作中碱浸残渣等副产物以及聚乙烯硅—聚乙烯胺等有机复合材料。针对不同重金属离子所表现出的性质，在水环境中添加合适的吸附剂用于重金属离子的分离与回收。

2. 底泥重金属防治对策

工业废水排放后水体底泥重金属离子在一定条件下逐渐向水体释放，进而对水质造成持续破坏，因此治理水体中重金属在控制外部污染源的同时还需要有效改善内在环境。主要防治对策如下：①严格控制外部重金属元素的流入，在主要污染源头附近建立废水处理厂，外排水体在检查无误后才能排放，防止出现二次污染现象。②对于污染程度严重的底泥，可采取填入清洁碎石、泥沙等措施，条件许可情况下可投入适宜吸附型铺填物对水体环境进一步改善，考虑到水生植物对某些重金属元素具有一定吸附性，可择优选取强耐性水生物进行种植。③对于废水排放量较大的工业性生产企业，需对其进行严格环境检测，依据周边环境合理设置安全保障距离，对于重点防控区域内污水处理设施、清洁生产设备等进行定期检查，促进经济循环发展（陈桂秋和王川，2012）。

（二）生鲜乳的加工、储存、运输和销售

生鲜乳的加工、储存、运输和销售在食品加工、储存、运输和销售过程中使用和接触的机械、管道、容器以及因工艺需要加入的添加剂中含有的有毒金属元素会导致食品的污染。

（三）建立一套完整的体系

重金属污染危害大、治理成本高，对生态环境和群众健康构成了严重威胁，是各级政府和社会公众普遍高度关注的环境热点和焦点问题。在社会环境权益观日益增强，环境健康问题关注度日益提高的情况下，重金属污染问题更为敏感，且我国在"十三五"期间还面临控制汞排放等环境履约压力，重金属污染综合防治工作任务仍然非常艰巨。"十三五"将在"十二五"规划提出的总体思路和综合防控策略基础上，总结经验和问题，深化和优化重金属污染综合防治工作，抓住主要问题展开攻坚，由主要依靠末端治理向全过程环境管理转变，加强源头预防和过程控制，完善总量控制-质量改善-风险防范综合防控体系。"十三五"时期重金属污染防治主要思路包括：

从五大方面协同推进重金属污染防治工作。做好不同元素之间污染防治的协同增效，尤其在重有色金属矿采选、冶炼以及电镀等多种污染物并发的行业，应推广以去除主流污染物为主兼顾其他重金属污染物的技术。依托和借力三大行动计划中与重金

属污染综合防治相关的具体内容，如产业结构调整、污染控制、环境监管、执行特别排放限制区域、指标要求等，重金属"十三五"规划将有机融入相应内容与要求，保证重金属"十三五"规划充分借力三大行动计划，协同推进。

加强企业与人体健康的环境风险管控。环保部门已经掌握了很多进行风险管理的手段，比如企业和建设项目建设前的环境影响评价、企业运行后的环境监管、环境质量标准、企业排污标准等，都是防范环境健康风险的有力手段。

从污染综合防治向环境质量改善方向转变。"十二五"期间重在探索行业层上重金属污染综合防治思路和措施，"十三五"应继续坚持重点防控区域和重点防控企业这两个防控对象的思路，并在总结综合防治经验的基础上，以突出实际成效为目标，切实在一些有条件的地区率先实现环境质量改善的重点区域实现环境质量的改善。关注涉重金属行业产业发展规划，分析行业、区域涉重金属行业发展和重金属污染状况，在促进产业优化协调发展的基础上，对不同地区提出不同的产能控制、环境空间管控、优化产业布局等管控任务和要求，实行差异化目标指标和政策管理。

四、其他拓展

为了加强乳品质量安全监管，从 2008 年开始，国家相继出台了《中华人民共和国食品安全法》《乳品质量安全监督管理条例》《奶业整顿和振兴规划纲要》《生鲜乳收购管理办法》《乳品质量安全监督管理条例》等法律法规，使生鲜乳质量安全监管逐步走上法制化轨道。

2011 年，农业农村部先后制定和出台了《生鲜乳生产收购记录和进货查验制度》《生鲜乳质量安全异地抽检制度》《全国奶畜养殖和生鲜乳收购运输监督抽检方案》《奶畜养殖和生鲜乳收购运输环节违法行为依法从重处罚的规定》《生鲜乳收购站质量安全黑名单制度》等一系列制度。

2012 年 10 月 1 日，农业农村部制定并发布了《农产品质量安全监测管理办法》。2013 年 6 月 6 日，国务院办公厅和食安办又相继发布了《关于进一步加强婴幼儿配方乳粉质量安全工作的意见》《关于加强农产品质量安全监管工作的通知》和《关于加强奶源管理保障乳品质量安全工作的通知》。最高人民法院、最高人民检察院公布了《最高人民法院、最高人民检察院关于办理危害食品安全刑事案件适用法律若干问题的解释》。

2014 年，农业农村部发布了《关于进一步加强婴幼儿配方乳粉奶源安全监管工作的通知》和《关于确保婴幼儿配方乳粉优质奶源的六条措施》。这一系列法律法规和制度的出台，表明了我国对生鲜乳质量安全的重视程度越来越高，监管力度越来越大，质量安全防控措施更加明确和细化。

为构建严密的全产业链质量安全监管体系，2012 年以来，农业农村部按照《乳品质量安全监督管理条例》《生鲜乳生产收购管理办法》等规定，生产和监管并重，监测和执法并举，加强对奶牛场、奶站、运输车三个重点环节监管，实行生鲜乳收购和运输许可管理，推行政府抽检、奶站和乳品企业自检的乳品质量检验检测制度，并着重开展了以下三方面工作：

第一，推进监管信息化。在全国运行奶站和运输车监管监测信息系统，实时掌握奶站和运输车的运行和变化情况，对全国所有奶站和运输车实现精准化、全时段管理。

第二，推进监管制度化。连续9年开展生鲜乳专项整治行动，落实各地奶站、奶车专人监管制度，做到不漏站、不漏车。落实监管频次制度，定期对奶站、奶车进行巡查监管，特别是对婴幼儿配方奶粉奶源的奶站、运输车和奶牛场全部建档立案，纳入重点监管。

第三，推进监测常态化。连续9年组织实施生鲜乳质量监测计划，2012年以来，累计抽检生鲜乳样品14.4万批次，加大对铅、汞、铬、砷等重金属和黄曲霉毒素等的摸底排查，确保乳品源头质量安全。开展婴幼儿配方乳粉奶源质量安全专项监测和飞行抽检，重点对婴幼儿乳粉奶源相关的奶站和运输车进行全覆盖抽检，建立婴幼儿配方乳粉奶源质量安全追溯体系。

近年来，中国奶业以优质安全为核心目标，加快振兴与发展，标准化规模养殖水平大幅提高，规模牧场设施设备和管理水平不断提高，奶牛饲养环境和生产条件显著改善，全面实现机械化挤奶、生鲜乳冷链储运，生鲜乳卫生和营养指标大幅提升，政策法规和监管体系日益完善，综合生产能力和乳品质量安全水平不断提升。

2009—2015年连续7年的监测结果表明，我国乳品质量安全风险完全处于受控范围内，整体情况较好，为历史最好水平。

第一，生鲜乳中乳蛋白和乳脂肪等营养指标达到较高水平。监测结果表明，2011—2015年，生鲜乳的乳蛋白和乳脂肪的平均水平高于《食品安全国家标准 生乳》，规模牧场的营养指标水平优于全国水平，生鲜乳的质量安全水平大幅提升。

第二，生鲜乳中各项安全指标不断改善。菌落总数、黄曲霉素 M_1、体细胞数、铅、铬、汞等监测平均值远低于我国限量标准，表明我国奶牛养殖环境和奶牛健康状况显著改善，奶源质量安全状况良好。

第三，生鲜乳中不存在人为添加三聚氰胺、革皮水解物等违禁添加物的现象。自婴幼儿奶粉事件以来，不断强化生鲜乳质量安全监管，有效遏制了违禁添加等违法行为。

第四，建议消费者理性选择国产和进口乳制品。国产与进口液态奶相比，黄曲霉素 M_1、兽药残留和重金属铅等风险因子没有显著差异，均符合我国限量标准。进口 UHT 灭菌乳样品的糠氨酸含量高于国产 UHT 灭菌乳。

第四节 黄曲霉素风险控制规程

一、国内外研究进展

（一）国外饲料及牛奶中黄曲霉毒素的污染现状

国际上很多国家都对饲料中 AFB_1（黄曲霉素 B_1）制定了限量标准，联合国粮农组织系统整理了全球各地区对泌乳牛饲料及牛奶中 AFs 的限量，结果显示，截至 2003 年，共有 39 个国家对饲料中 AFB_1 的污染做出限量，其中 $5\mu g/kg$ 的限量标准使用较多（表6-1），被欧盟国家以及欧盟以外的个别其他国家所采用。通常对泌乳牛饲料严格地实施这一限量标准时，能够使牛奶中 AFM_1 的含量有效地控制在 $50ng/kg$ 以下。

表 6-1 世界各地对奶牛饲料中采用 AFB_1 不同限量的数目统计

饲料中 AFB_1 限量（$\mu g/kg$）	国家数目
50	2
25	1
20	3
15	1
10	5
5	27

目前，世界各地对饲料中黄曲霉毒素的污染均有研究。Hermínia 等（2007）从葡萄牙的 7 个奶牛饲养场采集的牛饲料样本中筛选黄曲霉毒素 B_1 自然发病率，从 1995 至 2004 年共采集了 1 000 份样品。采用高效液相色谱法（HPLC）进行分离、鉴定和定量分析，检出黄曲霉素 B_1 374 例（37.4%）；62（6.2%）份奶牛饲料样品的黄曲霉毒素 B_1 含量高于葡萄牙规定的最高限值（$5\mu g/kg$），其浓度范围为 $5.1\sim74\mu g/kg$；在这 62 份样本中，3.7% 的含量在 $5.1\sim10\mu g/kg$（平均 7.8），1.8% 的污染水平在 $10.1\sim20\mu g/kg$（平均 12.0），0.7% 超过 $20.1\mu g/kg$（平均 50.4）。Pleadin 等（2014）采用酶联免疫吸附试验（ELISA）为筛选方法，高效液相色谱串联质谱（LC-MS/MS）为验证性方法对 2013 年在克罗地亚北部、中部和东部的农场和饲料工厂中的 633 份玉米样品进行分析，来自所有调查区域玉米的黄曲霉毒素含量的平均值为 $81\mu g/kg$，最大值为 2 072$\mu g/kg$。

牛奶中的 AFM_1 主要由 AFB_1 在动物体内代谢转化而来，AFB_1 随霉变的饲料被摄入后，被运送到肝脏部位进行代谢。代谢过程主要依赖于肝脏的细胞色素氧化酶 P450 系统，在该系统协调下，AFB_1 经过羟基化途径生成 AFM_1，后者通过尿液排泄和乳汁分泌两种方式到达外界。AFM_1 具有强致癌性，且性质稳定不易去除，它普遍存在于乳及乳制品中，对其造成不同程度的污染。为了控制乳和乳制品中的 AFM_1 含量，最大程度降低其对人类健康的巨大威胁，各国依据国情以及乳及乳制品中 AFM_1 含量，制定了多种限量标准。据联合国粮农组织统计，截至 2004 年，世界各国采用了不同的 AFM_1 限量标准（表 6-2），其中将 50ng/kg 作为 AFM_1 限量标准的国家数目最多（表 6-3），当中绝大部分是欧盟国家，其他地区的若干国家也采用了这一限量。另一个被较多国家采用的限量是 500ng/kg，这一较高的限量为美国、中国、日本、韩国和若干欧洲国家所采用（表 6-2）。埃及的 AFM_1 限量值为 0，是目前世界上最严格的限量。尼日利亚的限量值最高，为 1 000ng/kg。各国制定不同的限量值与多种因素有关，例如各地不同的气候条件，饲料中 AFB_1 的污染水平，贸易往来国的限量标准以及本国的生产力发展水平等。

表 6-2　不同国家或组织对牛奶中 AFM_1 的限量（李延辉，2009）

国家/组织	牛奶 AFM_1 限量（ng/kg）
埃及	0
欧盟	50
澳大利亚	50
瑞士	50
土耳其	50
阿根廷	50
荷兰	100
美国	50
韩国	50
日本	50
尼日利亚	1 000

注：此处的牛奶不包含婴儿奶。

表 6-3　全世界各国对牛奶中采用不同 AFM_1 限量标准的数目统计

AFM_1 限量（ng/kg）	国家数目
15 000	1
5 000	1

（续表）

AFM$_1$ 限量（ng/kg）	国家数目
500	22
200	1
50	34
0	1

目前，世界各地对牛奶中 AFM$_1$ 的污染均有研究。东亚地区除中国外，印度尼西亚、韩国、日本和泰国都做过相关研究，例如 Nuryono 等（2009）对印度尼西亚的牛奶进行检测后发现，其 AFM$_1$ 污染程度较低（6~15ng/L）；韩国牛奶 AFM$_1$ 平均污染水平为26ng/L（Jieun 等，2009），与印度尼西亚相当；而日本牛奶中 AFM$_1$ 平均含量略高（85ng/L）（Sugiyama 等，2008）；泰国牛奶的 AFM$_1$ 发生率则为 100%，明显高于其他国家（Ruangwises，2009），这与当地高温高湿的气候条件易造成饲料霉变有很大关联。

（二）国内饲料及牛奶中黄曲霉毒素的污染现状

我国对饲料中 AFB$_1$ 的污染制定了限量标准（表6-4），玉米、棉粕和花生等常见饲料原料中 AFB$_1$ 限量为 50μg/kg，奶牛精料补充料中 AFB$_1$ 限量为 10μg/kg。我国在有关饲料中真菌毒素限量的国家标准 GB 13078—2001 中只对部分饲料种类规定了 AFB$_1$ 限量（中华人民共和国国家质量监督检验检疫总局，2001），但由于近年来我国霉菌毒素污染问题频发，我国的饲料行业标准技术委员会于 2016 年公布了即将颁布的新《饲料卫生标准》的修改内容，其中对多种饲料规定了 AFB$_1$ 限量（表6-4）。另外，很多国家及地区都规定了饲料中 AFs 总量须控制在 20μg/kg 以内，而我国国家标准有关饲料中 AFs 限量只涉及 AFB$_1$。

表6-4　我国饲料 AFB$_1$ 限量标准

饲料种类	饲料名称	AFB$_1$ 限量（μg/kg）
饲料原料	玉米粉、花生饼粕、棉籽饼粕、菜籽饼粕	<50
	豆粕	<30
	植物油脂（玉米油、花生油除外）	≤10
	玉米油、花生油	≤20
饲料产品	奶牛精料补充料	<10
	其他植物性饲料原料	≤30
	其他精料补充料	≤30
	其他配合饲料	≤20

AFB₁广泛存在于各种动物饲料中，给动物健康以及畜产品质量（特别是牛奶质量）带来巨大威胁，并造成严重的经济损失。联合国粮农组织对全球谷物受到 AFB₁ 的影响结果进行了统计，数据表明，全世界每年大约有四分之一的饲料谷物会不同程度地受到感染 AFB₁（Kabak 等，2013）。以为我国为例，张自强等（2009）检测了我国十一个省区饲料产品和原料中 AFB₁ 的含量，结果显示，99.51% 的饲料中检出 AFB₁，但饲料中 AFB₁ 的含量均较低，仅有 2.27% 的饲料样品中 AFB₁ 含量超过国家标准。张秀竹（2012）检测了采集自全国多个省市共 84 份原料中 AFB₁ 的污染水平，数据表明，96.4% 的饲料原料被 AFB₁ 感染，超标率为 0，且 98% 的饲料样品中 AFB₁ 的污染水平低于 20μg/kg。程传民等（2014）从全国采集 2 423 份饲料原料，其中华南地区饲料原料中 AFB₁ 超标率最高（7.26%），西南和华中部分地区超标率分别为 4.84% 和 4.41%，而东北地区整体上没有发现超标的样品。此外，该研究发现 7~12 月份样品超标率高于 1~6 月，全年北方地区的超标率低于南方地区。综上所述，我国各地的饲料普遍受到不同程度的 AFB₁ 污染，但饲料中 AFB₁ 含量超标率较低，在不同的地区、饲料类别和气候条件下，饲料中 AFB₁ 的含量表现出明显的差异性。

　　近年来有许多研究者对中国各个省份和地区的奶样中 AFM₁ 的含量进行了检测，如 Han 等（2013）从十个畜牧业大省采集牛奶 200 份，测得 AFM₁ 含量范围为 5.2~59.6ng/L，其中北京、黑龙江、山东、内蒙古、天津、宁夏、河北、山西、上海和广东十个地区奶样中 AFM₁ 的平均含量分别为 8、9.1、27.6、22.2、16.1、12.0、13.6、9.6 和 35.6ng/L。赵佳等（2013）对全国 29 个省、市和自治区的 224 份液态牛奶样品进行检测后发现，AFM₁ 含量范围在 5.05~130.32ng/L。上述研究中 AFM₁ 含量均符合我国国家标准（<500ng/L），这可能是由于近年来政府有关部门和乳品生产者关注牛奶质量安全，加大牛奶中 AFM₁ 的监管力度，奶牛场通过各种控制措施，例如改善饲料储存条件，调整精粗饲料比例和有效脱毒等措施来控制饲料中的 AFB₁ 污染情况。

　　（三）饲料及牛奶中黄曲霉毒素的富集与检测方法

　　1. 饲料及牛奶中黄曲霉毒素的富集方法

　　液—液萃取法（LLE）剂萃取或抽提。通常使用大量有机溶剂，在目前黄曲霉毒素的常规分析中应用较少。

　　固相萃取（SPE）可同时完成样品的富集与净化，比 LLE 快，节省溶剂，重现性好。刘柱等（2014）对 Mycosep 113、Mycosep 226、Mycosep 228 和 Waters HLB 柱 4 种多功能柱的净化效果进行了考察，发现 Mycosep 228 型多功能净化柱对玉米和花生中黄曲霉毒素 B₁、B₂、G₁、G₂、M₁、M₂、玉米赤霉烯酮、呕吐毒素和展青霉素 9 种真菌毒素有非常好的净化效果，建立了 MFC-HPLC 柱后光化学衍生的黄曲霉毒素检测方法。

2. 饲料及牛奶中黄曲霉毒素的检测方法

目前，黄曲霉毒素的检测方法主要有薄层分析法（Thin layer chromatography, TLC）、高效液相色谱法（High performance liquid chromatography，HPLC）、免疫分析法、生物传感器法以及毛细管电泳法（Capillary electrophoresis，CE）。

二、项目主要创新成果

（一）甘肃地区饲料和牛奶样品中黄曲霉毒素污染水平和季节动态的调查

1. 甘肃地区的地理位置、气候特征及其样品的采集

甘肃省位于中国的西北部，深居大陆内部，位于 32°31′~42°57′N，92°13′~108°46′E（欧阳志云等，2002），大部分地域位于我国地势二级阶梯上，它南北相距大约 10 个纬度，东西跨大约 16 个经度，面积为 45.37 km× 104 km。甘肃省地貌特征丰富，既有平原河流，又有高原山地，既有戈壁沙漠，又有湿地绿洲，多种地貌，从东至西，沿着河西走廊交错分布（刘刚等，2011）。甘肃省版图狭长，与四川、山西、新疆和青海等多个省区接壤。

甘肃省位于干旱气候、高寒气候和东亚季风气候的交界区，并且受西风带、高原季风、东亚季风和南亚季风的共同影响，因此气候类型很复杂，东南部气候温而湿，西北部气候冷而干（谢金南，2002）。甘肃地区太阳辐射较强，光照较充足，气温日、年均温相差较大，年平均气温在-0.3~14.8℃，干燥少雨，降水各地差异大，年平均降水大约 300mm（李占玲等，2009）。

甘肃省是我国的畜牧大省，也是很多乳品企业的奶源生产地，甘肃省的牛奶安全生产对该省乃至全国的奶业发展意义重大。近年来全国范围内牛奶安全问题频发，牛奶中 AFM$_1$ 的污染严重威胁到消费者健康。虽然以往很多学者分别对全国各省区市牛奶中的 AFM$_1$ 或者饲料中 AFB$_1$ 的污染情况进行了调查研究，但将两者结合起来进行系统分析的研究较少，因此在对牛奶中 AFM$_1$ 污染的来源及防治措施进行分析时较难获得全面和深入的结论。再者，虽然近年来规模化养殖是奶业发展的方向，但传统的散户生产仍占很大比例，在以往的研究中，很少有学者探究过这两种生产模式对牛奶中 AFM$_1$ 污染水平的影响。此外，相比国内其他地区，甘肃省牛奶的污染状况还未有学者做过深入探究。

基于上述原因，以甘肃地区牛奶和饲料样品为研究对象，检测 AFs 的污染水平，追踪牛奶中 AFM$_1$ 污染的季节动态，以查明其来源，进而采取有效方法避免或降低污染。此外，对比了规模厂和散户生产的牛奶中 AFM$_1$ 的污染情况，以了解不同的生产模式对其影响。研究结果可为生产者提供应用于生产实践的理论基础，从而为我国的食品安全生产与消费提供保障。

选取甘肃省7个市（图6-1）的规模奶厂和养牛散户作为采样点，采集饲料样品。饲料共采集337份，其中混合精饲料84份，精饲料原料140份（54份玉米，49份麸皮和37份胡麻油渣），麦草57份，苜蓿14份，玉米青贮42份。

在与饲料采集相同的采样点采集牛奶样品，从2015年3月份到12月份采集四季牛奶奶样，每个季度每个采样点3个重复，四季共采集全天混合奶样252份。

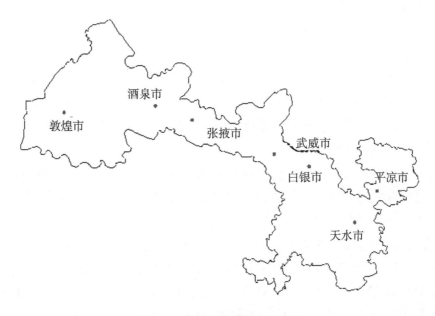

图6-1　样品采集地区分布示意

注：圆点标注位置即为样品采集的7个市，自东向西，依次为平凉、天水、白银、武威、张掖、酒泉和敦煌。

2. 甘肃地区饲料和牛奶中黄曲霉毒素污染的检测

在7个地区采集饲料后，饲料中黄曲霉毒素 B_1 的检测选用酶联免疫法。

3. 甘肃地区奶牛不同季节饲料的使用情况及饲料中黄曲霉毒素 B_1 的污染水平

全年采集的337份饲料中，每个采样点四季都使用了混合精饲料。粗饲料包括麦草和苜蓿（均为晾晒后的干草），以及粗饲料发酵产品青贮在四季中的使用量不同。结果发现，麦草和苜蓿一类粗饲料在夏季的使用率大于其他三个季节。青贮因其高营养和较好的口感，在四季中均被使用，但在秋季的使用率最高，夏季使用最少。

不同种类饲料中 AFB_1 污染情况不同。受 AFB_1 污染的饲料包括玉米、麸皮、油渣、混合精饲料、麦草和青贮，其中青贮饲料污染最严重，麦草污染程度较低，苜蓿中 AFB_1 检出率为0；相对于麦草和苜蓿等粗饲料，精饲料包括混合料和原料更易感染 AFB_1。饲料原料中，胡麻油渣 AFB_1 污染程度最高，而玉米较低。青贮饲料 AFB_1 污染最严重，显著高于其他种类饲料（$P<0.05$）。

甘肃地区 AFB$_1$ 污染因饲料种类的不同存在较大差异。并且调查结果显示，不同季节饲料使用情况不同。在饲喂泌乳牛的饲料中，精饲料和粗饲料全年均被使用，夏季青粗饲料的使用量大于其他季节，青贮在秋季的使用率最高，而在寒冷干旱的缺青季节，精饲料在饲喂配方中的比重加大。因青粗饲料比精饲料更易感染 AFB$_1$，青贮饲料在多种饲料中 AFB$_1$ 污染程度最高，故不同季节不同的饲料配比可能会影响泌乳牛所产牛奶中 AFM$_1$ 的污染情况。

4. 甘肃地区牛奶中黄曲霉毒素 M$_1$ 的污染水平和季节动态

252 份奶样中有 126 份奶样检出 AFM$_1$，检出率为 50%。全年 AFM$_1$ 的平均含量较低，牛奶中 AFM$_1$ 含量范围为 1.02~64.18ng/L。全部奶样的 AFM$_1$ 水平均低于国家标准 500ng/L，3 个奶样超过欧盟限量标准（50ng/L）。秋季奶样 AFM$_1$ 水平不论是平均值还是检出率均显著高于其他三个季度（$P<0.05$）。夏季奶样的 AFM$_1$ 水平及检出率均显著低于其他三个季度（$P<0.05$）。

甘肃省四季牛奶 AFM$_1$ 污染水平整体较低，春季、夏季、秋季和冬季低于 5ng/L 超低浓度范围内的奶样所占比例较大，尤其是夏季奶样，AFM$_1$ 浓度低于 2ng/L 的样品量占当季总量的 86%，并且样本中 AFM$_1$ 含量皆低于 10ng/L；春季所有奶样中 AFM$_1$ 含量低于 20ng/L；四季奶样中，只有秋季 5% 的奶样中 AFM$_1$ 含量超过欧盟标准，但低于国标，春、夏和冬季奶样中 AFM$_1$ 含量均低于欧盟标准。

通过对甘肃地区 252 份牛奶中 AFM$_1$ 含量的检测发现，甘肃地区牛奶 AFM$_1$ 污染范围较广（检出率 50%），但全部检出奶样的 AFM$_1$ 含量均低于我国国家标准。从全国各地牛奶 AFM$_1$ 污染情况来看，甘肃地区牛奶 AFM$_1$ 污染在全国范围内处于较低水平。赵佳等（2013）对我国 29 个省、市、自治区的 224 个液态纯牛奶进行检测后发现，AFM$_1$ 含量范围在 5.05~130.32ng/L，其中最低值为甘肃兰州的奶样，与本研究中呈现出的甘肃地区四季奶样 AFM$_1$ 污染水平接近。在全世界范围内，非洲等不发达地区和南亚等处于热带季风气候地区的国家中，其牛奶 AFM$_1$ 污染水平较高，欧洲地区污染程度普遍较低，而包括中国在内的东亚地区牛奶中 AFM$_1$ 的污染大部分处于中度水平。导致不同地区牛奶中 AFM$_1$ 污染水平差异较大的原因除了与气候和地域性差异有关之外，还与不同的饲喂模式、管理实践和检测途径有关。

甘肃年平均气温为在 -0.3~14.8℃，干燥少雨，年平均降水大约 300mm（李占玲，2009）。常年干燥低温的气候条件并不适宜黄曲霉菌生长。甘肃省饲料中 AFB$_1$ 污染处于较低水平，与该省牛奶中 AFM$_1$ 污染程度低的结果一致。甘肃地区牛奶中 AFM$_1$ 的含量和发生率均在秋季呈现最大值，夏季呈现最小值。近年来，国内外均有关于牛奶中 AFM$_1$ 污染水平季节动态的研究（表 6-5）。

在不同的季节，奶牛采食的饲料种类不同，而不同季节具有的不同气候条件也会导致饲料质量发生变化，这可能是牛奶中 AFM$_1$ 含量呈现出显著季节动态性的原因之一。

表 6-5 国内外牛奶中 AFM_1 含量的季节动态变化

样品类型	样品量 (n)	检出样品量及检出率 n（%）	AFM_1 含量 (ng/L)	超欧盟标准样品量及超标率 n（%）	参考文献及国家
春	18	14（77.8）	29.1±22.6	1（5.6）	
夏	18	8（44.4）	31.9±26.7	2（11.1）	Xiong 等，
秋	18	5（27.8）	31.6±25.3	1（5.6）	2013/China
冬	18	16（88.9）	123.6±101	13（72.2）	
春	33	11（33.3）	47~150	—	
夏	33	3（9.1）	25~102	—	Golge，2014/
秋	63	20（31.8）	42~552	1（0.2）	Turkey
冬	47	19（40.4）	33~1101	4（8.5）	
春	59	53（89.8）	53±25	116（49）	
夏	59	49（83.1）	48±22	—	Rahimi 等，
秋	59	55（93.2）	77±42	—	2009/Iran
冬	59	56（94.9）	78±47		
夏	56	20（36）	28±2	20（36）	Iqbal 等，
冬	48	19（40）	73±6	19（40）	2013/Pakisatan
春	212	—	375±382	66.5	
夏	122	—	39±38	15.5	Tomasevic 等，
秋	64	—	103±178	21.8	2015/Serbia
冬	280	—	358±383	74.2	
2 月	749	—	69.5±114.6	45.9	Bilandzic 等，
4 月	969	—	44.8±50	29.9	2014/Croatia
7 月	355	—	14.1±7.57	0	

总体而言，甘肃地区牛奶中 AFM_1 污染调查显示，该地区四季奶样中均有 AFM_1 检出，但污染程度远低于国家限制水平，在世界范围内属于较低污染，因此适合发展奶业。

5. 不同生产模式对牛奶中黄曲霉毒素 M_1 污染情况的影响

分别对规模厂和散户这两种类型牛奶生产场所生产的牛奶中 AFM_1 污染情况进行统计分析，结果显示，采集自散户的 141 份奶样中有一半以上检出 AFM_1，检出率为 53.19%，略高于全部奶样的检出率 50%。

采集自规模厂的 111 份奶样中有 51 份发生 AFM_1 污染,略低于全部奶样的发生率和散户奶样的发生率;散户全年奶样中 AFM_1 平均含量高于规模厂全年奶样 AFM_1 水平,但差异不显著 ($P<0.05$);其中春季、秋季和冬季三个季度规模厂奶样 AFM_1 污染程度均显著低于散户奶样 ($P<0.05$),而夏季规模厂和散户奶样 AFM_1 水平相近。

规模厂和散户生产的牛奶中 AFM_1 含量随季节变化趋势相同,从春季到冬季奶样中 AFM_1 水平均出现先降后升再降的规律,都在秋季达到最高值,夏季降为最低值,且四季奶样 AFM_1 含量均存在明显差异,秋季奶样 AFM_1 水平不论是平均值还是检出率均显著高于其他三个季度 ($P<0.05$),夏季奶样的 AFM_1 水平及检出率均低于其他三个季度,并且差异显著 ($P<0.05$)。

本研究结果显示,从牛奶生产场所规模大小的角度出发,对比规模厂与散户,发现在全年大部分时间内,具有一定饲养规模、生产管理更规范化、标准化的规模厂生产的牛奶中 AFM_1 污染水平低于散户产品。分析其原因,可能是因为规模厂无论是饲料原材料购进、饲料储存管理、AFB_1 污染饲料处理和精粗饲料配比,还是青贮饲料制作、生产车间卫生管理以及奶牛健康管理和人员分配等各个方面都比散户更规范化、更科学化。

散户牛奶中 AFM_1 污染较高的原因主要包括无系统的饲料验收工作,较差的饲料储存环境和养殖饲喂环境,几乎没有污染物检测系统,以及无溯源性。故散户生产无霉菌毒素污染牛奶的关键因素包括饲料验收程序、饲料储存条件、生产环境和外源污染等。

三、未来展望

(一) 黄曲霉毒素的预防和控制措施

1. 饲料原料种植企业对黄曲霉毒素的预防和控制措施

第一,选择无霉菌感染的土壤种植饲料作物,保持土壤的通风透水性,尽量避免大量腐烂物的堆积,生物型资源施肥后避免堆积,且要保持土壤的透气性,定期对土壤进行霉菌毒素检测,防止霉菌感染的田地用于饲草型农作物种植。避免过密的种植、平衡土壤的肥力、做好对昆虫侵扰的预防。

第二,选用无霉菌感染的灌溉水。选取无霉菌感染的水源作为灌溉水,通常为活水水源。定期对水源进行霉菌毒素检测,质量达标方可使用。

第三,选用和培育抗霉菌的饲料作物品种。不同的饲料品种对霉菌的敏感性不同,因此,注意培育抗性品种,可使饲料作物受霉菌侵染的机率大幅度下降,在法律和国家政策允许的情况下,基于生物工程技术,饲料原料生产型企业可与研究单位合作,或由企业研发部门自行研发抗霉菌的饲料作物品种。同时轮作,深耕和选择适当的时间种植作物均能降低霉菌侵染的几率。

第四，严格控制原料的水分及贮存环境。

第五，缺氧防霉。霉菌多为好氧菌，在密闭缺氧条件下生长会受到抑制。对水分含量较高的原料，可采取缺氧防霉的方法。

第六，添加防霉剂。防霉剂能降低饲料中微生物的数量、控制微生物的代谢和生长、抑制霉菌毒素的产生，预防饲料贮存期营养成分的损失，防止饲料发霉变质并延长贮存时间。

2. 饲料加工企业对黄曲霉毒素的预防和控制措施

第一，对原材料进行购买前验收。原料可能在收购前污染，在采购原料时要加强检查、验收。

第二，饲料的运输。此措施对原料生产企业同样适用，饲料运输过程中尽量避免磨破、压碎、鼠啃、虫咬，是避免玉米、花生等谷物的表皮和外壳损伤，破碎的花生易污染黄曲霉菌。

第三，严格控制原料及成品饲料的储存环境及时间。

第四，饲料加工过程。加工过程中设备死角残存料的累积极易滋生霉菌，应定期清理。

第五，青贮饲料加工及储存过程中的注意事项。青贮原料的含水量要适宜，过低难以压实，好氧菌大量繁殖饲料霉变。水分过多易压实结块，养分损失。青贮原料含水量一般应为 65%～75%，豆科牧草以 60%～70% 为宜，质地粗糙的原料 78%～82% 含水量为宜，幼嫩多汁原料含水量一般为 60%。

第六，饲料加工环境。加工作业若在非人为控制温度和湿度的环境下进行，一般避开高温高湿天气加工饲料，夏季选择早晚温度较低的时间段进行，若加工作业在厂房进行，应保持厂房干燥通风，亦可安装控温装置；加工生产线应保持干净整洁，定期清理饲料残渣，不堆积。

3. 奶厂对黄曲霉毒素的预防和控制措施

第一，奶厂选址及合理设计。选址在原则上符合要当地土地利用发展规划，与农牧业发展规划、农田基本建设规划等相结合，科学选址，合理布局。

第二，卫生挤奶。手工挤奶之前，乳头、乳房以及周围部分必须清洁；清除牛床上粪便，固定牛尾，用 40～45℃ 温水冲洗、并用干净的毛巾擦干乳房，乳头严禁涂布润滑油脂；挤奶时，头三把奶应弃去，应防止牛排尿或排粪污染牛奶。

第三，生乳的运输。运输奶罐应具备保温隔热、防腐蚀、便于清洗等性能，符合保障生鲜乳质量安全的要求。

第四，对原材料或饲料成品进行购买前验收，饲料可能在收购前污染，在采购时要加强检查、验收。合格的饲料生产优质生鲜乳的首要条件，质检员严格按照饲料原料质量标准进行检验，检验合格后方可接收入库。

第五，饲料的运输。规模场对饲料的运输主要包括两种情况，从饲料企业购进饲料时的运输，以及规模场内饲料的运输。从外购进饲料时，危害预防措施包括避免对饲料的物理破坏，做好饲料的防雨防潮，做好运输车辆的安全及卫生检查，防止交叉污染等。

第六，注意个人卫生。挤奶员必须定期进行身体检查，获得县级以上医疗机构出具的健康证明；应保证个人卫生，勤洗手、勤剪指甲、不涂抹化妆品、不佩戴饰物；手部刀伤和其他开放性外伤，未愈合前不能挤奶；建议挤奶操作时，应穿工作服和工作鞋，戴工作帽。

第七，个人健康。企业应建立并执行从业人员健康管理制度；乳制品加工人员每年应进行健康检查，取得健康证明后方可参加工作。

第八，HACCP（分析危险关键控制点）系统。HACCP方法在运作过程中辨别潜在的难题和风险然后开发可以消灭或者减小这些风险的步骤。关键控制点是指一个可以被控制以及食品安全风险可以被预防、消灭或降低到一定范围的点、步骤和程序。在观察这些点或实践中的忽视和错误会最终导致食品生产中不可逆的错误。

4. 奶牛养殖散户对黄曲霉毒素的预防和控制措施

第一，饲料验收。散户饲料来源包括两种：自产和购入。

第二，饲料储存。自产原料一般数量较多，储存时间较长，所以一定要控制好储存前的水分含量。

第三，环境问题。奶牛饲养区与饲料储存区域尽量保持一定距离；保持仓库以及饲喂场地以及挤奶场地的整洁卫生，及时清理奶牛粪便，定期更换垫料，防止不同区域交叉污染；定期清理饲喂槽，保持饲喂槽整洁，无过量饲料残渣堆积。控制饲料投放量，合理投放饲料，防止饲料长时间过量堆积在饲喂槽内，造成霉菌污染。

第四，生乳外源污染。设置干净整洁的挤奶区域，禁止在饲喂场地直接进行挤奶操作；挤奶人员应着装整洁，保持良好的个人卫生；挤奶设备使用后应及时清理，定期消毒，保持整洁；储奶罐等储奶装置使用完应马上清理，以防止装置死角因秽物堆积霉变，污染牛奶。

第五，执行检测。政府相关部门对散户牛奶每季度定期抽检，往乳制品加工厂送牛奶的散户接受奶厂品控部检测。

（二）饲料与牛奶中黄曲霉毒素富集与检测方法的发展方向

目前，对于复杂样品中黄曲霉毒素的样品前处理技术，吸附剂净化富集的相关技术（例如SPE和免疫亲和柱方法等）溶剂消耗少，已经逐步取代传统的样品前处理方法（例如溶剂消耗大的LLE法），多种净化技术的联合运用与多种黄曲霉毒素的同时检测是目前研究的热点。黄曲霉毒素分析的样品前处理技术逐渐向自动化、更高的样品分析通量、更少的溶剂使用量的方向发展。随着各国对食品安全愈加重视，食品安全标准也越来越严格，开发高效快速的样品前处理技术，提高分析的准确度，降低检测成本，最终实现在日常检测中的应用，具有深远意义。因此，如果在现有各种方法的基础上，简化操作步骤，降低成本，不但可以满足分析测试的基本要求，还可以促进草业、畜牧业和奶业的发展，从而带来巨大的生态、社会和经济效益。

四、其他拓展

牛奶中霉菌毒素的来源单一，主要源于被霉菌毒素污染的饲料，饲料被霉菌毒素污染是全球性问题，发展中国家比发达国家更严重，霉菌毒素污染饲料，主要发生在饲料的生长、生产、加工、储存等过程中，本规程基于危害因子关键控制点和防控技术，可以为不同模式、不同规模生产企业提供针对霉菌毒素污染的参考工具，提出既符合生产企业要求，又符合质量监管体系需求的生产规程和技术评价。

参考文献

白晓玲. 2009. 抗黄曲霉毒素 B_1 单克隆抗体的制备及鉴定 [D]. 呼和浩特：内蒙古农业大学.

陈桂秋，王川. 2012. 重金属污染底泥的安全处理处置技术 [C]. 国家水体污染控制与治理科技重大专项河流重金属污染控制技术交流会.

陈新慧，王学文. 2012. 加强监督管理确保生鲜乳质量安全 [J]. 中国畜牧兽医文摘 (2).

程传民，柏帆，王宇萍，等. 2014. 2013 年黄曲霉毒素在饲料原料中的污染分布规律 [J]. 中国饲料 (17)：39-44.

董仕林. 1990. "酶解——FAAS 法测定乳及乳制品中 Ca·Mg·Fe·Mn·Zn·Cu [J]." 中国食品卫生杂志 (2)：18-21.

杜艳君，莫杨. 2015. "环境健康风险评估方法　第四讲　暴露评估 (续三) [J]." 环境与健康杂志, 32 (6)：556-559.

杜祎，李敬龙，毕春元. 2015. 生物传感器法测定花生中黄曲霉毒素 B_1 [J]. 食品科技 (8)：310-313.

范江平，王明珠，毛华明. 2004. 不同来源的原料奶微生物指标的比较 [J]. 黑龙江畜牧兽医, 2：18-19.

高凌燕. 2014. 企业成长能力分析——基于伊利集团和蒙牛集团的对比分析 [J]. 中国商论 (6)：6-8.

戈军珍. 2008. 动保行业现状及未来 5 年走势分析 [J]. 中国畜牧兽医文摘 (2)：1-3.

耿韶磊. 2005. "巴氏杀菌乳和 UHT 灭菌乳中复原乳的鉴定" 标准出台 [J]. 中国畜牧业 (20)：15.

郭伟，刘永，刘宁，等. 2009. 超高效液相色谱串联质谱分析牛乳中 24 种磺胺类药物残留 [J].

分析化学研究报告，37（11）：1638-1644

洪家祥，严毅梅. 2009. 重金属的积累导致奶牛场生产力的下降［J］. 中国动物保健（5）：119-119.

胡海燕，徐倩，孙雷，等. 2009. 猪肉和牛奶中 10 种磺胺类药物残留检测超高效液相色谱法研究［J］. 中国兽药杂志，43（8）：1-4

贾涛. 2009. 高效液相色谱法检测饲料中三聚氰胺含量的探讨［J］. 饲料广角（10）：33-36.

剧柠，夏淑鸿. 2013. 原料乳中微生物的多样性［J］. 食品与发酵工业（2）：150-155.

李广录，赵宗胜. 2014. 牛奶中乳脂乳蛋白快速测定方法的建立与比较［J］. 上海畜牧兽医通讯（2）：54-55.

李海燕. 2016. 利用层次分析法对乳制品质量安全风险的建模分析［J］. 食品安全导刊（27）：57-58.

李胜利，曹志军，等. 2008. 如何整顿我国乳制品行业——三鹿奶粉事件的反思［J］. 中国奶牛（10）：11-15.

李延辉. 2009. 世界各国食品中化学污染物限量规定［M］. 中国标准出版社.

李占玲，徐宗学. 2009. 甘肃省 40 年来气温和降水时空变化［J］. 应用气象学报，20（1）：102-107.

李志强. 2003. 苜蓿干草日粮的高产奶牛瘤胃消化规律及饲养效果的研究［J］. 北京：中国农业大学.

刘刚，许宏健，马海涛，等. 2011. 基于国产卫星的大宗用地快速应急监测应用研究［J］. 测绘与空间地理信息，34（3）：78-80.

刘柱，陈万勤，沈潇冰，等. 2014. 多功能柱净化-柱后光化学衍生-高效液相色谱法同时检测玉米和花生中 9 种真菌毒素［J］. 分析科学学报，30（2）：168-172.

卢军锋，蒋春茂. 2011. 实施兽药 GSP 的现实需求分析［J］. 中国兽药杂志，45（6）：57-60.

马涛. 2007. 黄曲霉素分析方法简介与比较［J］. 科学之友（2）：148-148.

孟哲. 动物源食品中抗生素及其代谢物快速筛查与多残留定量.

米铁军. 2013. 动物性食品中喹诺酮类药物残留的荧光偏振免疫分析研究［D］. 北京：中国农业大学：107-108

倪姮佳. 2014. 恩诺沙星和磺胺二甲嘧啶核酸适配体的筛选及化学发光检测方法的研究［D］. 北京：中国农业大学.

欧阳志云，刘康，徐卫华，等. 2002. 西部生态功能区区划的方法与应用研究［C］. 中国科协 2002 年学术年会.

彭志兵，章烜，蒋建云. 2013. 液液萃取-高效液相色谱法测定粮食中黄曲霉毒素的研究［J］. 粮食科技与经济（1）：4-4.

秦俊法. 2000. 铷的生物必需性及人体健康效应［J］. 广东微量元素科学，6（3）：1-14.

屈俊成，张昕，张峰，等. 2016. 免疫亲和柱净化—高效液相法测定饲料中黄曲霉毒素［J］. 当代畜牧（10）：51-52.

任珈瑶. 2013.《企业生产婴幼儿配方乳粉许可条件审查细则征求意见稿》解读. 中国质量与标准

导报（9）：66-67.

史永辉，唐宇翔. 2007. HACCP管理体系在液态乳品加工企业中的应用. 中国奶牛（11）：48-49.

双金，敖力格日玛. 2011. 奶牛品种对乳中氨基酸含量的影响研究. 中国奶牛（10）：32-34.

宋月，陈颖，白欣. 2016. 光化学衍生-高效液相色谱法检测食品中的黄曲霉毒素［J］. 实用预防医学，23（7）：882-884.

苏璞. 2011. 牛奶中多种抗生素的悬浮芯片检测技术研究［D］. 北京：中国人民解放军军事医学科学院：76

孙晶玮，赵新淮. 2008. RP-HPLC快速分析牛奶中六种磺胺类抗生素残留［J］. 食品工业科技，29（4）：274-276，278

陶燕飞. 2011. 动物源食品中兽药残留多组分定量/确证方法的关键技术研究［D］. 武汉：华中农业大学：52

汪银锋. 2009. 原料奶质量与挤奶卫生关系的研究［J］. 郑州：河南农业大学.

王瑞国，苏晓鸥，程芳芳，等. 2015. 液相色谱—串联质谱法测定饲料原料中26种霉菌毒素［J］. 分析化学（2）：264-270.

王秀清，孙云峰. 2002. 我国食品市场上的质量信号问题［J］. 中国农村经济（5）：27-32.

王绪明与左德全. 1993. FAAS法测定营养素中K、Na、Ca、Mg、Mn、Cu、Zn、Fe等微量元素［J］. 光谱学与光谱分析（6）：73-77.

伍良军. 2004. 超高温灭菌奶微生物污染的质量控制［J］. 中国乳业（7）：51-52.

谢金南，董安祥，尹东，等. 2002. 甘肃省干旱气候变化及其对西部大开发的影响［J］. 气候与环境研究，7（3）：359-369.

邢广旭. 2013. 氟喹诺酮类药物多残留免疫学检测技术研究［D］. 郑州：河南农业大学：74

杨玉云. 2016. 我国首次发布奶业质量报告整体达国际标准［J］. 中国食品，705（17）：153-153.

姚扶有. 2013. 当重金属入侵你的身体［J］. 健康生活（11）：32-33.

张秀竹. 2012. 饲料中黄曲霉毒素B1监测及其对蛋鸡肝脏脂类代谢和抗氧化功能的影响［D］. 泰安：山东农业大学.

张子仪. 2000. 中国饲料学［M］. 北京：中国农业出版社.

张自强，柏凡，张克英，等. 2009. 我国饲料中黄曲霉毒素B1污染的分布规律研究［J］. 中国畜牧杂志，45（12）：27-30.

赵佳，董永，张晓明，等. 2013. 我国市售液态纯牛奶黄曲霉毒素M₁含量调查分析［J］. 中国奶牛（6）：46-49.

赵晓联，龚燕，孙秀兰，等. 2005. 金标免疫层析法检测黄曲霉毒素B₁的方法［J］. 粮油食品科技，13（6）：49-51.

周洁. 2015. 环境毒物及癌症标志物检测的新型电化学生物传感器研究［D］. 杭州：浙江大学.

朱艳. 2005. 基于农产品质量安全与产业化组织的农户生产行为研究：以浙江省为例［D］. 杭州：浙江大学.

Arroyo-Manzanares N, Gámiz-Gracia L, Soto-Chinchilla J J, et al. 2010. On-line preconcentration for the determination of aflatoxins in rice samples by micellar electrokinetic capillary chromatography with laserinduced fluorescence detection,Electrophoresis 31(13):2180-2185.

Banik SK,Das K K,Uddin M A,2015. Microbiological quality analysis of raw,pasteurized,UHT milk samples collected from different locations in Bangladesh[J].Stamford Journal of Microbiology,4(1):5-8.

Bellio A,Bianchi D M,Gramaglia M,et al. 2016. Aflatoxin M1 in Cow's Milk:Method Validation for Milk Sampled in Northern Italy[J].Toxins,8(3):57.

Bilandzic N,Bozic D,Dokic M,et al. 2014. Seasonal effect on aflatoxin M1 contamination in raw and UHT milk from Croatia[J].Food Control,40(40):260-264.

Bonizzi I,Feligini M,Aleandri R,et al. 2007. Genetic traceability of the geographical origin of typical Italian water buffalo Mozzarella cheese:a preliminary approach[J].Journal of applied microbiology,102(3):667-673.

Boudra H,Barnouin J,Dragacci S,et al. 2007. Aflatoxin M and Ochratoxin A in Raw Bulk Milk from French Dairy Herds[J].Journal of Dairy Science,90(7):3197-3201.

Braem G,DeVliegher S,Verbist B. 2012. Culture-independent exploration of the teat apex microbiota of dairy cows reveals a wide bacterial species diversity[J].Veterinary Microbiology,157(3):383-390.

Carfora V,Caprioli A,Marri N,et al. 2015. Enterotoxin genes,enterotoxin production,and methicillin resistance in Staphylococcus aureus isolated from milk and dairy products in Central Italy[J]. International Dairy Journal,42:12-15.

Coton M,Delbés-Paus C,Irlinger F,et al. 2012. Diversity and assessment of potential risk factors of Gram-negative isolates associated with French cheeses[J].Food Microbiology,29(1):88-98.

Donkor E S,Aning K G,Quaye J. 2007. Bacterial contaminations of informally marketed raw milk in Ghana[J].Ghana Medical Journal,41(2).

Driehuis F. 2013. Silage and the safety and quality of dairy foods:a review[J].Agricultural and Food Science,22(1):16-34.

Elmoslemany A M. Keefe G,Dohoo I,et al. 2010. The association between bulk tank milk analysis for raw milk quality and on-farm management practices[J].Preventive Veterinary Medicine,95(1):32-40.

Elzupir A O,Elhussein A M. 2010. Determination of aflatoxin M1 in dairy cattle milk in Khartoum State, Sudan[J].Food Control,21(6):945-946.

Fallah A A,Rahnama M,Jafari T,et al. 2011. Seasonal variation of aflatoxin M1,contamination in industrial and traditional Iranian dairy products[J].Food Control,22(10):1653-1656.

Garedew L,Berhanu A,Mengesha D,et al. 2012. Identification of gram-negative bacteria from critical control points of raw and pasteurized cow milk consumed at Gondar town and its suburbs,Ethiopia[J]. BMC Public Health,12(1):950.

Golge O. 2014. A survey on the occurrence of aflatoxin M1 in raw milk produced in Adana province of Turkey[J].Food Control,45(45):150-155.

Han R W,Zheng N,Wang J Q,et al. 2013. Survey of aflatoxin in dairy cow feed and raw milk in China

［J］.Food Control,34(1):35-39.

Henson S,Masakure O,Boselie D. 2005. Private food safety and quality standards for fresh produce exporters:The case of Hortico Agrisystems,Zimbabwe［J］.Food Policy,30(4):371-384.

Hope A. 2000. Laboratory Handbook on Bovine Mastitis［J］.Australian Veterinary Journal,78(7):488-488.

Iqbal S Z,Asi M R. 2013. Assessment of aflatoxin M1,in milk and milk products from Punjab,Pakistan［J］.Food Control,30(1):235-239.

Iyer R,Anand SK,Dang K A. 2010. Incidence of microbiological hazards in organized and peri urban dairy farms and single animal holdings in a tropical environment［J］.Research Journal of Dairy Science,4:3-7.

Jieun L,Byungman K,Janghyuk A,et al. 2009. Occurrence of aflatoxin M1 in raw milk in South Korea using an immunoaffinity column and liquid chromatography［J］.Food Control,20(2):136-138.

KArlt,Brandt S,Kehr J. 2001. Amino acid analysis in five pooled single plant cell samples using capillary electrophoresis coupled to laser-induced fluorescence detection,J. Chromatogr. A.,26(2):19-325.

Kabak B,Dobson A D, Var I. 2006. Strategies to prevent mycotoxin contamination of food and animal feed:a review［J］.Critical Reviews in Food Science and Nutrition,46(8):593-619.

Kang'Ethe E K,Lang'A K A. 2003. Aflatoxin B1 and M1 contamination of animal feeds and milk from urban centers in Kenya. ［J］.African Health Sciences,9(4):218-226.

Kitagawa F,Otsuka K. 2014. Recent applications of on-line sample preconcentration techniques in capillary electrophoresis,J. Chromatogr. A.,1335(6):43-60.

Koesukwiwat U,Jayanta S,Leepipatpiboon N. 2007. Validation of a liquid chromatography-mass Spectrometry multi-residue method for the simultaneous determination of sulfonamides,tetracyclines,and pyrimethamine in milk［J］.Journal of Chromatography A:1140.

Kos J,Levic J,Duragic O,et al. 2014. Occurrence and estimation of aflatoxin M1 exposure in milk in Serbia［J］.Food Control,38(1):41-46.

Liu D L. 2008. The Assembly of a Novel Enzyme Biosensor for Aflatoxin B1 Detection［J］.China Biotechnology,28(3):44-52.

Lombardi FL,Cherubini P C,et al. (2008). "Tree rings used to assess time since death of deadwood of different decay classes in beech and silver fir forests in the central Apennines(Molise,Italy). "Revue Canadienne De Recherche Forestière,38(4):821-833.

Mallet A,Guéguen M,Kauffmann F,et al. 2012. Quantitative and qualitative microbial analysis of raw milk reveals substantial diversity influenced by herd management practices［J］.International Dairy Journal,7(1):13-21.

Maragos C M,Greer J I,1997. Analysis of aflatoxin B1 in corn using capillary electrophoresis with laser-induced fluorescence detection,J. Agric. Food Chem.,45(11):337-4341.

Marjan S,Kanta Das K,Noor R,et al. 2014. Drug-resistant bacterial pathogens in milk and some milk products［J］.Nutrition & Food Science,44(3):241-248.

Martin N,Murphy S,Ralyea R,et al. 2011. When cheese gets the blues:Pseudomonas fluorescens as the causative agent of cheese spoilage[J].Journal of Dairy Science,94(6):3176-3183.

Martins H M,Mendes Guerra M M,2007. d'Almeida Bernardo F M. Occurrence of aflatoxin B1 in dairy cow feed over 10 years in Portugal(1995-2004). [J].Revista Iberoamericana De Micología,24(1): 69-71.

Nachtmann C,Gallina S,Rastelli M,et al. 2007. Regional monitoring plan regarding the presence of afla-toxin M1,in pasteurized and UHT milk in Italy[J].Food Control,18(6):623-629.

Nazari R,Godarzi H,Rahimi F,et al. 2014. Enterotoxin gene profiles among Staphylococcus aureus isola-ted from raw milk[J].Iranian Journal of Veterinary Researc,15(4):409-412.

Necidová L,Bursová Š,Skočková A. et al. 2015. Growth and enterotoxin production of Bacillus cereus in cow,goat,and sheep milk[J].Acta Veterinaria Brno,83(10):3-8.

Nuryono N,Agus A,Wedhastri S,et al. 2009. A limited survey of aflatoxin M1 in milk from Indonesia by ELISA[J].Food Control,20(8):721-724.

Oliveira C J B,Júnior WDL,Queiroga R,et al. 2011. Risk factors associated with selected indicators of milk quality in semiarid northeastern Brazil[J].Journal of dairy science,94(6):3166-3175.

Oliver SP,Jayarao BM,Almeida RA. 2005. Foodborne pathogens in milk and the dairy farm environment: food safety and public health implications[J].Foodbourne Pathogens & Disease,2(2):115-129.

Omar S S. 2016. Aflatoxin M1 Levels in Raw Milk,Pasteurised Milk and Infant Formula[J].Italian Jour-nal of Food Safety,5(3):158-160.

Pandey N,Kumari A,Varma AK,et al. 2014. Impact of applying hygienic practices at farm on bacteriolog-ical quality of raw milk[J].Veterinary World,7(9):754-758.

Parker C O,Tothill I E. 2009. Development of an electrochemical immunosensor for aflatoxin M1 in milk with focus on matrix interference[J].Biosensors & Bioelectronics,24(8):2452-2457.

Pei S C,Zhang Y Y,et al. 2009. Detection of aflatoxin M1 in milk products from China by ELISA using monoclonal antibodies[J].Food Control,20(12):1080-1085.

Perillo J,Ceccarelli D,Spagnoletti M,et al. 2012. Molecular characterization of enterotoxigenic and borde-rline oxacillin resistant Staphylococcus strains from ovine milk [J]. Food Microbiology, 32 (2): 265-273.

Pleadin J,Vulić A,Perši N,et al. 2014. Aflatoxin B 1,occurrence in maize sampled from Croatian farms and feed factories during 2013[J].Food Control,40(1):286-291.

Poznanski E,Cavazza A,Cappa F,et al. 2004. Cocconcelli. Indigenous raw milk microbiota influences the bacterial development in traditional cheese from an alpine natural park[J].International Journal of Food Microbiology,92(2):41-151.

Raats D,Offek M,Minz D,et al. 2011. Molecular analysis of bacterial communities in raw cow milk and the impact of refrigeration on its structure and dynamics[J].Food Microbiology,28(3):465-471.

Rastogi S,Dwivedi P D,Khanna S K,et al. 2004. Detection of Aflatoxin M1 contamination in milk and in-fant milk products from Indian markets by ELISA[J].Food Control,15(4):287-290.

Riva,A. ,Borghi,E. ,Cirasola,D. et al. 2015. Methicillin–Resistant Staphylococcus aureus in Raw Milk: Prevalence,SCCmec Typing,Enterotoxin Characterization, and Antimicrobial Resistance Patterns[J]. Journal of Food Protection,78(6):1142–1146.

Ruangwises S,Ruangwises N. 2009. Occurrence of aflatoxin M_1 in pasteurized milk of the School Milk Project in Thailand[J].Journal of Food Protection,72(8):1761–1763.

Sadia A,Jabbar M A,Deng Y,et al. 2012. A survey of aflatoxin M_1 in milk and sweets of Punjab,Pakistan [J].Food Control,26(2):235–240.

Santini A,Raiola A,Ferrantelli V,et al. 2013. Aflatoxin M_1 in raw,UHT milk and dairy products in Sicily (Italy)[J].Food Additives & Contaminants Part B Surveillance,6(3):181–186.

Shundo L,Navas S A,Lamardo L C A,et al. 2009. Estimate of aflatoxin M_1,exposure in milk and occurrence in Brazil[J].Food Control,20(7):655–657.

Siddappa V,Viswanath P. 2012. Occurrence of aflatoxin M_1,in some samples of UHT,raw and pasteurized milk from Indian states of Karnataka and Tamilnadu[J].Food & Chemical Toxicology,50(11): 4158–4162.

Simoes M,Simoes LC,Vieira MJ. 2009. Species association increases biofilm resistance to chemical and mechanical treatments[J].Water Research,43(1):229–237.

Stolker A A,Rutgers P,Oosterink E,et al. 2008. Comprehensive screening and quantification of veterinary drugs in milk using UPLC–ToF–MS[J].AnalyticalandBioanalyticalChemistry,391(6):2309–2322

Sugiyama K,Hiraoka H,Sugita K Y. 2008. Aflatoxin M_1 contamination in raw bulk milk and the presence of aflatoxin B1 in corn supplied to dairy cattle in Japan[J].Journal of the Food Hygienic Society of Japan,49(5):352–355.

Tatsuro H,Kobayashi M,Nomura M. 2010. Molecular–based analysis of changes in indigenous milk microflora during the grazing period[J].Bioscience,biotechnology,and biochemistry,74(3):484–487.

Tsakiris I N,Tzatzarakis M N,Alegakis A K,et al. 2013. Risk assessment scenarios of children's exposure to aflatoxin M_1 residues in different milk types from the Greek market[J].Food & Chemical Toxicology, 56:261–265.

Wang W,Bureau Q. 2006. The fast determination of aflatioxin M_1 in milk grease and its products with immunity affinity and fluorescence photometric method[J].Port Health Control,11(4).

Wang W,Bureau Q. 2006. The fast determination of aflatioxin M_1 in milk grease and its products with immunity affinity and fluorescence photometric method[J].Port Health Control,11(4).

Xiong J L,Wang Y M,Ma M R,et al. 2013. Seasonal variation of aflatoxin M_1 in raw milk from the Yangtze River D,elta region of China[J].Food Control,34(2):703–706.

第七章 特色奶畜生鲜乳质量安全防控技术集成与行业应用

第一节 国内外研究进展

一、国内外特色奶畜生鲜乳现状

动物乳不仅营养丰富而且含有多种生物活性成分，是自然界最完美的食品之一，对人类健康尤其是婴幼儿具有重要意义。2017年世界乳产量达到8.11亿吨，比2016年增长1.4%。从地理区域来说，亚洲、美洲和欧洲的产量增长，大洋洲产量有一定下降（FAO，2018）。牛乳占世界乳总产量的份额最大。与其他产乳动物相比，牛挤奶容易，储存奶的能力以及产奶量方面具有许多优点。特色乳是指牛乳以外的其他哺乳动物乳。世界乳产量几乎全部来自牛、水牛、山羊、绵羊和骆驼。其他不常见的产乳动物是牦牛、马、驯鹿和驴。产乳物种的存在和重要性在不同地区和国家之间差异很大。决定生产的乳品种的关键因素是饲料、水和气候。其他因素是市场需求，膳食传统和个体家庭的社会经济特征（例如，较贫困的家庭往往更多地依赖小型反刍动物）。据联合国粮农组织（FAO）统计，牛生产世界乳产量的83%，其次是水牛13%，山羊2%和绵羊1%，骆驼0.4%。其余的份额由其他品种产生，如马和牦牛。发展中国家大约1/3的乳量来自水牛、山羊、骆驼和绵羊。水牛是南亚牛奶的主要来源。最大的水牛乳生产国是印度和巴基斯坦，水牛比奶牛生产更多的乳。世界水牛数量约为1.68亿头；亚洲就占了95%以上；2%在非洲，特别是埃及；2%在南美洲；不到1%在澳大利亚和欧洲。水奶牛数量最多的国家是印度、巴基斯坦、中国、埃及和尼泊尔。在巴基斯坦、埃及和尼泊尔，水奶牛比普通奶牛更多。

在发达国家，几乎所有乳都是由牛生产的。在撒哈拉以南非洲，牛乳约占3/4，亚洲约占60%，拉丁美洲几乎全部是牛乳。来自牛以外的乳占亚洲乳产量的39%，非洲的26%，欧洲的3%，美洲的0.3%；在大洋洲几乎没有（FAO，2018）。

随着社会经济的发展和生活水平的提高，人们越来越重视特色乳的产业发展。一方面特色乳作为一类天然的新食品资源，近年来已逐渐成为研究开发的热点。另一方面尽管牛可以饲养在非常多样的环境中，但其他乳品种类往往在可以不能支持其他类型的农业生产的艰苦特殊地域进行乳业生产。如非洲土壤贫瘠地区的山羊，中亚大草原的马，干旱地区的骆驼，湿热带地区的水牛，以及青藏高原地区的牦牛等。在发展中国家，产奶的动物通常是在自给自足和小农系统中养育的。这些动物通常是多用途的，并且在例如低投入、管理差和环境恶劣的困难的条件下生长和生产。它们能很好地适应当地条件，但产乳的遗传潜力很低。发展中国家特色乳动物表现不佳是气候、低质量饲料、多用途动物产奶遗传潜力低等因素造成的，并且疾病发病率高。因此，特色乳产业的发展是希望与挑战并存的。

二、我国特色奶畜生鲜乳生产现状

特色乳在我国有着悠久的食用历史，但其工业化生产起步较晚。发展特色乳产业对促进农牧民增收致富、带动地方经济发展、丰富乳制品市场、增强国民体质具有积极意义。我国是多种家畜的发源和驯化地，古代先民早就把牛羊乳和其他家畜乳列为食品或饮品，并对乳类的营养作用、健康功效和医疗价值有了充分认知。《随息居饮食谱》写道："马乳甘凉，功同牛乳。而性凉不腻，故补血润燥之外，善清胆、胃之热，疗咽喉口齿诸病。利头目，止消渴，专治青腿牙疳。白马者尤胜。"马奶在古代已经大量使用并证实其营养丰富，具有良好的保健功效。《本草纲目》中记载着："驴乳，气味甘，冷利，无毒，热频饮之可治气郁，解小儿热毒，不生痘疹。"《本草纲目》中记载,："驼乳味甘、温、无毒，可补中益气，壮筋骨，令人不饥。"《饮膳正要》记载："驼乳，性温，味甘。有补中益气、强筋壮骨。治脾气虚弱、腹泻、四肢痿肢的功效。"国内外多项研究表明，特色乳营养功效主要集中在抗疲劳、免疫调节、抗氧化应激、抗结核、抗肿瘤以及辅助治疗慢性疾病等几个方面，这些营养功效与其优化的乳清蛋白与酪蛋白比例、特殊的脂肪比例有关；还与其含有乳清蛋白中的乳铁蛋白、免疫球蛋白及溶菌酶等保护性蛋白、丰富的维生素和微量元素以及某些生物活性物质等营养成分有关。目前，研究者多以功效学研究探究其含有的某一种营养物质，但若想更好的利用特色奶的营养保健功效，研究者也不能仅单一研究某一种成分，而忽略了混合成分发挥的协同作用（张世瑶等，2015）。

特色乳存在的问题主要有：

（一）奶源质量差异较大，卫生指标有待改善

特色生鲜乳主要来自分散的农牧民养殖户，虽然近年来出现一些养殖大户和养殖场，但养殖规模和软硬件建设均远落后于规模化奶牛场。饲养制度、日粮营养、挤奶管理大多不规范，畜群流动性较大，卫生和防、检疫制度不完善，存在较大的安全隐患。奶源质量不稳定，而且不同地域、不同季节间差距较大。脂肪、蛋白质的高低值相差常达 50% 以上，对加工产品的质量均衡稳定造成一定障碍。由于多数农牧民均采

用手工挤奶，牧区缺乏制冷设备，挤奶点距加工厂路途较远，在炎热的夏季，生乳在储运过程中微生物大量增殖，迫使加工过程中采用过热处理，严重影响产品质量提升。

（二）基础研究薄弱

对特色奶畜泌乳性能、泌乳规律、影响因素的研究甚少。在饲料营养上，缺乏特种乳泌乳母畜的饲养标准，不能完全适合特种乳母畜的生理特点和营养需要。乳的化学成分和理化指标也以零星研究较多，系统研究各成分和指标之间相互关系以及理化性质、加工特性者较为稀缺。由于消费者越来越重视乳品的保健作用，因此除了基本营养成分外，对特种乳功能性活性成分的研究显得尤为重要。迄今关于特种乳中生物活性成分的研究主要限于生乳，而且种类偏少，加工对活性物质影响的研究更为罕见。

（三）标准缺失，企业经营陷入困境

马、牦牛、驴、驼等乳及其乳制品是我国少数民族居民的传统食品，但相应的国家标准或地方标准仍然没有健全。产品按企业自行制定的"企业标准"组织生产和销售。由于缺乏统一的产品标准，各企业标准之间又有一定差异，给市场监管增加了难度。2018年12月修正的《中华人民共和国食品安全法》公布施行，食品监管部门对驴乳粉以外的各种特种乳制品企业标准均不再予以受理备案，由此导致企业原先已备案的产品到期后面临停产的窘境，新建企业也因不能进行产品备案而无法开工生产。因此制定、发布特种乳及乳制品食品安全地方标准实乃当务之急。

（四）市场有待规范

特种乳及乳制品目前尚处于初级发展阶段，市场比较混乱，具体表现在3个方面：一是产品质量参差不齐，假冒伪劣充斥其间；二是夸大功能性宣传，甚至宣称可以治疗多种顽疾和癌症，有误导或欺骗消费者之嫌；三是价位偏高，加工企业为了更好地保存生鲜乳中的营养物质和活性成分，采用低温喷粉、冷冻干燥等工艺，需要增加制作成本；消费者对特种乳认识欠缺，宣传、销售费用较高，因此乳制品价位也随之上升。但是如果为了追求一时的高额利润而不适当的抬高价位，违背市场规律和价格规律，必然把大部分消费者拒之门外，最终仍然会制约产业发展（陆东林等，2017）。

最近几年，我国特色乳和乳制品生产发展较快，市场上山羊、牦牛、马、驴、驼乳产品和品牌日渐增多，呈现出一片繁荣景象，特色乳生产也迎来新机遇。陕西、山东的山羊乳，广西①、云南的水牛乳，四川、青海的牦牛乳均得到较好的开发和利用并实现了工业化生产、产业化经营，尤其是奶山羊产业已经成为我国乳业的重要组成

---

① 广西壮族自治区的简称，全书同。

部分，在丰富乳品市场、增加农民收入、促进经济发展中发挥了积极作用。新疆①是我国畜牧业大省，奶畜资源十分丰富，其中奶牛、马、驴、骆驼的存栏量在全国分别排名第四、第二、第三和第一位。2005年以来，在企业家和科技人员的共同努力下，新疆特色乳生产有了长足的发展，兴建了一批特色乳加工企业和奶源生产基地，在驼乳、驴乳、马乳的基础研究和开发利用等方面取得了一系列成果，创造了较好的经济效益和社会效益。为了规范水牛乳和牦牛乳的生产与加工，中国乳制品工业协会于2010年末启动了特种乳行业规范的制定工作。已完成 RHB 701—2012《生水牛乳》、RHB 702—2012《巴氏杀菌水牛乳、灭菌水牛乳和调制水牛乳》、RHB 703—2012《发酵水牛乳》、RHB 801—2012《生牦牛乳》、RHB 802—2012《巴氏杀菌牦牛乳、灭菌牦牛乳和调制牦牛乳》、RHB 803—2012《发酵牦牛乳》和 RHB 804—2012《牦牛乳粉》等行业规范的制定工作，现已发布实施。随着一系列的标准实施，特色乳行业的发展必将会更加快速和健康。

第二节　项目主要创新成果

利用生鲜乳质量安全信息交流平台，举办研讨会交流特色乳开发利用的经验、检阅特色乳科研和技术成果、探讨特色乳生产开发中存在的问题以及未来的发展思路、促进特色乳产业健康有序发展。

一、2014 年度

1. 特色奶畜乳产业情况调查、筛选示范牧场。

2. 生鲜乳中黄曲霉毒素 M_1 检测技术研究。

3. 2014 年 12 月 29—30 日在成都举行特色奶畜乳中黄曲霉毒素 M_1 检测技术培训会。

培训内容：

（1）黑龙江省农垦乳品检测中心作了生鲜乳危害因子快速筛查检测技术专题报告。

（2）兰州大学作了鲜乳质量安全生产规程研究专题报告。

（3）西北农业科技大学作了山羊奶质量安全生产过程与质量安全现状专题报告。

（4）广西水牛研究所作了水牛奶质量安全生产过程与质量安全现状。

（5）安徽省农业科学院作了生鲜乳质量特征评价技术专题报告。

（6）四川省农业科学院作了特色奶畜乳中黄曲霉毒素 M_1 检测技术专题报告。

---

① 新疆维吾尔自治区的简称，全书同。

二、2015 年度

1. 到广西、阿坝特色奶畜乳产业情况调查。

2. 2015 年 10 月 29—30 日在成都举行生鲜乳高通量生物芯片检测技术培训班会。培训内容：

（1）南京大学的许丹科教授作了生物芯片技术在食品检测中的应用专题报告。

（2）农业农村部乳品质量监督检验检测中心（哈尔滨）作了生鲜乳中重金属砷不同形态的 HPLC-ICP-MS 检测技术专题报告。

（3）农业部乳品质量监督检验检测中心（哈尔滨）的陶大利作了生鲜乳中重金属铬不同形态的 HPLC-ICP-MS 检测技术专题报告。

（4）浙江省疾控中心的任一平教授作了乳品中乳铁蛋白的测定高效液相色谱—串联质谱法专题报告。

（5）农业农村部奶及奶制品质量监督检验测试中心（北京）文芳老师作了乳与乳制品乳铁蛋白含量的测定 SDS-PAGE 法专题报告。

（6）农业部奶产品质量安全风险评估实验室（上海））韩奕奕主任作了食品中乳铁蛋白的测定高效液相色谱法专题报告。

（7）兰州大学王召锋博士作了生鲜乳中黄曲霉毒素等霉菌毒素控制技术规程专题报告。

三、2016 年度

1. 建立生鲜牛乳中黄曲霉毒素 M_1、OTA、ZEA、ZOL 同时测定 HPLC-MS-MS 方法，并制定 MRT。

2. 2016 年 11 月 4—5 日在成都举行生鲜乳生鲜乳多残留检测技术培训会。培训内容：

（1）王加启首席专家作了中国优质乳工程专题报告。

（2）农业农村部奶及奶制品质量监督检验测试中心（北京）郑楠主任作了行业公益科研专项：生鲜乳质量安全评价技术及生产规程 项目进展专题报告。

（3）农业农村部奶及奶制品质量监督检验测试中心（北京）郑楠主任作了乳与乳制品中糠氨酸的检测技术专题报告。

（4）农业农村部乳品质量监督检验测试中心（哈尔滨）姜金斗主任作了生鲜乳监测新技术专题报告。

（5）农业农村部奶产品质量安全风险评估实验室（上海）韩奕奕主任作了生鲜乳苯甲酸、马尿酸检测技术专题报告。

3. 农业部乳品质量监督检验测试中心（哈尔滨）陶大利主任作了生鲜乳中多兽药

残留监测新技术研究进展与应用专题报告。

4. 农业农村部食品质量监督检验测试中心（成都）仲伶俐主任作了生鲜乳生物毒素的测定高效液相色谱—串联质谱法专题报告。

四、2017 年度

1. 验证黑龙江、内蒙古、山东、河北和上海 5 个省市生鲜乳样品中 52 种农药、亚硝酸盐和硝酸盐、铅、AFM_1 和 OTA 的含量。

2. 2017 年 12 月 27—28 日在成都举行生鲜牛乳及特色奶畜乳检测技术培训会。

培训内容：

（1）农业农村部奶及奶制品质量监督检验测试中心（北京）文芳博士作了生鲜乳中糠氨酸检测技术专题报告。

（2）农业农村部奶产品质量安全风险评估实验室（上海）韩奕奕主任作了生鲜乳冰点检测技术专题报告。

（3）农业农村部乳品质量监督检验检测中心（哈尔滨）主任作了生鲜乳中农药残留检测技术研究进展与应用专题报告。

（4）南京大学许丹科教授作了生鲜乳中农药残留、兽药残留快速检测技术（生物芯片检测技术）专题报告。

五、2018 年度

完成巴氏乳、UHT 灭菌乳和奶粉中糠氨酸、乳果糖、乳铁蛋白的分析评估的技术准备工作，并举行技术交流培训班。

第三节 成都市生鲜乳良好生产指南（初稿）

一、范围

本指南规定了奶牛饲养、防疫、用药、生鲜乳收集、运输应遵循的规范。本指南适用于成都市生鲜乳良好生产。

二、饲养

（一）饲草料

1. 养殖场应对饲草料的采购、进场验收、接收进行控制，应积极推广使用 TMR 料饲喂技术，并建立青贮料制作和 TMR 料制作过程控制规范，应规范饲草料的贮存和防护。

2. 每批饲草料应分批堆放整齐，标识鲜明。做到早进早出，防止饲草料的长期积压而降低品质。

3. 饲草料进场入库要有数量和日期记录。不得直接用饲料做垫料，地面散料应及时清理使用；饲草料应有专门仓库，并有相应的防鼠、防雨、防晒、防潮、防尘措施。

4. 对大宗原材料，应定期送到具有检测资质的机构进行检测，确保其质量。

（二）饮用水

1. 场区应有足够的生产和饮用水，饮用水水质应符合《NY 5027—2001 无公害食品 畜禽饮用水水质》规定。

2. 牛场在水的使用过程中应定期、不定期的对水质进行检测监控，还应每年取水样送相关部门检测 1~2 次水质；使用自来水的牛场应向自来水公司索要相关的自来水检测合格材料，并留存。

3. 若采用蓄水池蓄水，应进行日常的检查监测和定期清洗、消毒，做好有关记录。对于含泥沙比较多的井水，应每年对沉淀池、水塔进行淤泥清理、清洗、消毒，并做好相关活动的记录。

三、防疫

1. 应认真落实奶牛防疫、检疫、抗体监测、实行预防措施。

2. 对进出奶牛场的人员、运输车辆（饲草料、生鲜乳、牛粪运输等）、外购奶牛等采取适当有效的消毒措施，进场人员应换专用的工作服且彻底消毒。

3. 外购奶牛时首先要调查清楚当地牛只的防检疫及发病情况，进场前进行必要的隔离饲养处理。

4. 从外省购进的牛只应严格按照乳用动物跨省调运规定引进奶牛。

5. 应重视奶牛场的防疫注射及检疫密度，保证牛只均能得到有效注射，并不断规范和完善养殖档案，对遗漏的奶牛采取必要、有效的补救措施。

四、用药管理

（一）兽药贮存

1. 兽药仓库管理应有章可循，建有账、物、卡统一管理制度，药品的存放及标识、标志应合理、规范。

2. 应按照"先生产先使用"的原则使用，高度关注药品的有效期，应严禁和杜绝使用过期药品，尽量避免使用接近保质期的药品。

3. 对有储存温度要求的药品，需要提供相应的条件加以保证。特别需要注意存放疫苗的冰箱或冰柜及其温度，冰箱制冷是否正常、温度是否在可控范围、停电时应有有效的应对措施等，以免因贮存不当造成疫苗的失效和降效。

（二）休药期

用药牛只的休药期和治疗后转群、转棚记录应规范。治疗后转群、转棚应有正式交接手续，能追溯的原始记录完善保管，挤奶牛只药物残留应达到相关的规定标准。

（三）清洗剂、消毒剂残留

1. 生鲜乳收购站操作人员在设备设施清洗、消毒后应及时排放残留液。

2. 积极推广使用食品级的清洗剂、消毒剂以确保生鲜乳的质量安全。

3. 通过清洗、消毒使与生鲜乳直接接触的挤奶设备管道达到化学和细菌清洁度，至少应除去全部可见和肉眼看不见的污物。

五、挤奶

1. 挤奶前应对奶牛的皮毛特别是腹部、乳房、尾部进行清洁。

2. 应对挤奶员的手和擦拭奶牛乳房用的毛巾的污染进行控制。擦拭奶牛乳房的毛巾应干燥卫生。有条件的生鲜乳收购站应由专人负责毛巾的清洁检查和烘干工作，并做到一牛一毛巾，防止交叉感染。

3. 若采用挤奶设备进行挤奶，应及时清洗，加强维护保养，定期对拆洗和清洗效果进行检查并记录。

4. 应严格遵守国家有关标准和规定，专业处理初乳和干奶期的生鲜乳。

5. 对初乳和配种繁殖原因不能如期正常产奶的牛，其所产生鲜乳，经过检测正常后可混入正常生鲜乳。应加强对此类牛只的监管，经过必要的检测合格后进行合理的转群，并保存相关活动的原始记录备查。

6. 奶牛场应严格管理患乳房炎的牛只，应由专人负责此类奶牛的挤奶和奶的处理，禁止此类鲜奶混入正常生鲜乳。

六、生鲜乳贮存运输

1. 对生鲜乳贮存制冷系统应定期进行检查，保证生鲜乳温度在挤后 2 小时内达到 0~4℃。

2. 装车前，应检查运输车辆及运奶罐的卫生情况，不合格的应重新清洗；应检查运奶罐冷却系统是否运转正常。

3. 装车中要杜绝任何人为添加行为，检查生鲜乳出站温度。

4. 起运前，运奶罐有铅封要求的应认真封存；应规范填写生鲜乳交接单。

5. 司机和押运员须持有有效的健康证明，并经培训具有乳品质量安全知识。

6. 生鲜乳运输车辆应装有 GPS 定位系统，运输中乳制品生产企业可随时查看其所在位置。

7. 生鲜乳收购站要严格按抽样留样规定留取样品备查，以利于溯源。

8. 当地畜牧兽医行政主管部门应明确机构，定岗定责，依法监管，严惩违规。

应定期、不定期的对生鲜乳收购站和运输车辆进行监督检查和检测，并及时向社会公布检查、检测结果，发现问题严格依法依规办理。

七、生鲜乳检验检测

应依据相关规定抽样检验，对经抽样检验不合格的生鲜乳，应报当地畜牧兽医行政主管部门的，并在其监督下按规定进行无害化处理。

第四节 应用效果和取得的成效

和普通牛乳一样，特色生鲜乳及其制品的质量控制和安全是一个复杂而耗时的系统性项目。涉及三个系统：管理组织，法律、法规和技术标准，需要所有三个系统一起运作（Wu 等，2018）。五年来，为促进我国特色乳产业的健康快速发展，利用生鲜乳质量安全信息交流平台，每年举行全国性培训交流会：

1. 2014 年组织全国 10 家以上特色奶畜乳质检机构，举办特色奶畜乳中黄曲霉毒素 M_1 检测技术培训班 1 次，培训检测技术人员 80 人次以上，并对培训后特色奶畜乳质量进行评价验证。

2. 2015 举办生鲜乳高通量生物芯片检测技术培训班 1~2 次，累计培训全国 10 家以上生鲜乳质检机构，培训检测技术人员 100 人次以上；举办特色奶畜乳质检机构、生产企业现场示范推广会 1 次；开展特色奶畜生鲜乳检测技术能力验证 1 次，并对培训后效果进行评价验证。

3. 2016 年举办生鲜乳多残留检测技术培训班和生鲜乳高通量生物芯片检测技术培训班 1~2 次，累计培训全国 20 家以上特色奶畜乳质检机构，培训检测技术人员 100 人次以上；开展检测技术能力验证 1 次。举办特色奶畜乳中玉米赤霉烯酮等霉菌毒素控制技术规程培训班 1 次，累计培训四川、西藏①、广西等省区奶牛养殖企业 40 家以上，培训技术人员 150 人次以上；举办特色奶畜乳质检机构、生产企业现场示范推广会 1 次，并对培训后效果进行评价验证。

4. 举办生鲜乳多残留检测技术培训班、生物传感器快速检测技术培训班和高通量生物芯片检测技术培训班 1 次，累计培训全国 20 家以上生鲜乳质检机构，培训检测技

---

① 西藏自治区的简称，全书同。

术人员 150 人次以上。举办特色奶畜乳中黄曲霉毒素、玉米赤霉烯酮等霉菌毒素控制技术规程培训班、特色奶畜乳中汞、铬、砷等重金属控制技术规程培训班 1 次，累计培训四川、西藏、广西等省区奶牛养殖企业 60 家以上，培训技术人员 200 人次以上；举办特色奶畜乳质检机构、生产企业现场示范推广会 1 次，并对培训后效果进行评价验证。

5. 2018 年集成建立特色奶畜乳质量安全危害因子防控技术体系 1 套，并示范培训全国 15 家以上质检机构和 70 家以上生产企业，培训技术人员 200 人次以上；举办特色奶畜乳质检机构、生产企业现场示范推广会 1 次，并对培训后效果进行评价验证。

第五节　展望未来

特色乳产业在我国具有特殊的社会和经济意义。中国地域辽阔、经济发展水平不一，资源禀赋多样。特色乳产业处于良好发展机遇期，但也面临一些困难和挑战（Dasenaki 等，2015）：

1. 各地应依据当地农户养殖特征、要素资源禀赋、特色奶畜品种、经济发展水平、气候条件、交通条件、自然环境等方面实际情况，实现生产与资源、环境、经济发展水平相适应，积极探索适合当地的适度养殖模式，提高农户生鲜乳生产的技术效率和经济效益，促进特色乳养殖业持续健康发展。

2. 特色乳生产规模通常较小，监管措施不一，尤其在牧区和半农半牧区等传统特色较为浓厚的地方，对生鲜乳质量安全监管责任的界定还有待明确。比如，在新疆和内蒙古等地对生鲜乳生产、加工、销售一体的牧户、农户及家庭小作坊的监管，对部分少数民族地区散奶直接销售的监管，以及在山东等省对一些城市里"鲜奶吧"等新出现的消费模式的监管，还存在管理部门和职责不明确等问题。一旦职责划分不清，就容易产生监管空白区，质量安全隐患几率也随之增大（McGlinchey 等，2008）。

3. 特种乳各具营养特色，但由于产量少，奶源分散，生产成本较高。各种家畜乳基本化学成分有一定的相似性，难免出现不法厂商在特种乳或乳制品中添加价位较低的牛羊乳或乳制品以牟取暴利的现象，需要研究制定特征性检测指标。为了防止在特种乳和乳制品中掺假牛乳，应该加速特种乳检验检测技术的研究，尽快制定不同乳种检验鉴别标准。

参考文献

陆东林, 徐敏, 李景芳, 等. 2017. 新疆特种乳产业发展现状、问题和对策 [J]. 新疆畜牧业 (5): 4-7.

张世瑶, 李莉, 陆东林. 2015. 特色乳营养功效研究新进展 [J]. 新疆畜牧业 (2): 19-22.

FAO. Gateway to dairy production and products[EB/OL].http://www. fao. org/dairy-production-prod-ucts/production/dairy-animals/en/.

Dairy Market Review,April 2018. FAO,Rome.

Song C,Zhuang J. 2017. Modeling a Government-Manufacturer-Farmer game for food supply chain risk management[J].Food Control,78:443-455.

Wu X,Lu Y,Xu H,et al. 2018. Challenges to improve the safety of dairy products in China[J].Trends in Food Science & Technology,76:6-14.